普通高等教育计算机专业专业基础课程系列教材

SHUZI LUOJI JICHU

数字逻辑基础

主编 艾玲梅

西安交通大学出版社
XI'AN JIAOTONG UNIVERSITY PRESS

内容简介

本书系统地介绍了数字逻辑的基本概念,主要内容包括数制与编码、逻辑代数基础、集成逻辑门电路、组合逻辑电路的分析与设计、时序逻辑电路的分析与设计、半导体存储器件与可编程逻辑器件、硬件描述语言VHDL简介等。书中选用了大量典型例题,并配有适当的习题,有助于读者巩固所学知识并加深理解、灵活运用。

本书可作为高等学校计算机专业本科尤其是师范类计算机专业"数字逻辑"课程的教材或教学参考书。

图书在版编目(CIP)数据

数字逻辑基础/艾玲梅主编.—西安:西安交通大学出版社,2020.9
ISBN 978 - 7 - 5693 - 1778 - 7

Ⅰ.①数… Ⅱ.①艾… Ⅲ.①数字逻辑—高等学校—教材 Ⅳ.①TP302.2

中国版本图书馆 CIP 数据核字(2020)第 163841 号

书　　名	数 字 逻 辑 基 础	
	SHUZI LUOJI JICHU	
主　　编	艾玲梅	
责任编辑	王　欣	
责任校对	陈　昕	
装帧设计	任加盟	

出版发行　西安交通大学出版社
　　　　　(西安市兴庆南路1号　邮政编码710048)
网　　址　http://www.xjtupress.com
电　　话　(029)82668357　82667874(市场营销中心)
　　　　　(029)82668315(总编办)
传　　真　(029)82668280
印　　刷　西安日报社印务中心

开　　本　787mm×1092mm　1/16　印张　15.875　字数　395 千字
版次印次　2020 年 9 月第 1 版　2020 年 9 月第 1 次印刷
书　　号　ISBN 978 - 7 - 5693 - 1778 - 7
定　　价　39.80 元

如发现印装质量问题,请与本社市场营销中心联系。
订购热线:(029)82665248　(029)82667874
投稿热线:(029)82664954　QQ:1410465857
读者信箱:1410465857@qq.com

前　言

为适应电子信息时代的新形势,并考虑目前的数字电路与数字逻辑课程的教材基本都是针对工科院校的电子、电气或计算机专业编写的,并不完全适合师范类本科院校计算机专业学生的培养现状和培养人才的迫切需要,结合多年的教学经验、改革与实践,作者编写了这本《数字逻辑基础》。

"数字逻辑"是高等院校计算机专业的一门重要基础课程,是计算机系统结构方面四门主干课程(数字逻辑、计算机组成原理、微机原理与接口技术、计算机系统结构)中的先导课程。课程的目的是使学生了解数字系统从提出要求开始,到用集成电路实现所需逻辑功能为止的整个过程,即深刻理解并掌握数字逻辑电路分析与设计的基本方法,重点是组合逻辑电路和同步时序逻辑电路的分析、设计和应用,为后续其它硬件课程的学习、数字系统的分析和设计奠定坚实的基础。

本教材针对师范类计算机专业读者的特点,编写力求深入浅出,通俗易懂;在保证理论知识够用的同时,注重理论联系实际,培养学生各方面的能力。

本课程的先修课是电路分析与模拟电子技术,教材讲授大约需要54学时,实验学时另外计算。

本书共分7章,包括数制与编码、逻辑代数基础、集成逻辑门电路、组合逻辑电路的分析与设计、时序逻辑电路的分析与设计、半导体存储器件与可编程逻辑器件、硬件描述语言VHDL简介等内容,每一章后都提供了习题。

本书由陕西师范大学艾玲梅和西安交通大学城市学院谭亚丽编写,其中第1、2、3、4章、第5章的5.1~5.4节、5.5.5节和小结,以及习题和附录由艾玲梅编写,第6、7章和第5章的5.5.1~5.5.4节由谭亚丽编写,全书由艾玲梅统稿。本书可作为普通师范类高等院校计算机科学与技术专业的本科生教材,也可作为其它高等院校电子信息、自动化等专业的教学参考书。

本书在编写过程中,得到了西安交通大学出版社的热情帮助和支持,在此表示衷心的感谢。

由于作者的水平和能力有限,加上数字电子技术发展飞速,书中难免会有疏漏之处,恳请读者批评指正。

编者

2020 年 6 月于陕西师范大学

目　录

第 1 章　数制与编码

数字系统的主要功能就是对数据信息进行控制、加工和处理,其中涉及逻辑运算和算术运算。逻辑运算是找出输出信号与输入信号之间的逻辑关系,以实现某种控制。算术运算是对数据信息进行加工、处理,以实现数学计算,由于其处理的对象是数,因此首先应该对数的基本特征有所了解。

本章在简单介绍数字逻辑电路后将首先介绍人们日常生活常用的十进制数,然后分别介绍数字系统中常用的二进制数、八进制数、十六进制数等不同数制的表示以及它们之间的互相转换方法,接着介绍带符号数的原码、反码和补码,最后介绍常用编码。

1.1　数字逻辑电路概述

1.1.1　数字电路和模拟电路

自然界当中存在着各种各样的物理量,这些物理量分别以声、光、电、磁和力等多种形式表现。尽管这些量的性质与表现形式不同,但根据它们的变化规律可以将其分成模拟量和数字量两大类。

模拟量在时间上和数值上都是连续变化的。表示模拟量的信号称为模拟信号,如图 1-1-1(a)所示。电话线中的语音信号就是随时间做连续变化的模拟信号,它的信号电压在正常情况下处处连续变化,不会突然发生跳变。工作在模拟信号下的电子电路称为模拟电路。

数字量在时间上和数值上都是离散的和量化的。它们的变化发生在离散的瞬间,它们的值仅仅在有限个量化值间阶跃变化。表示数字量的信号称为数字信号,如图 1-1-1(b)所示。例如,生产流水线上记录零件个数,每送出一个零件便给电子电路一个信号,记为 1,而没有零件送出给电子电路的信号是 0,不记数。因此,送出零件这个信号无论从时间上还是数值上都是不连续的,是离散的数字信号。工作在数字信号下的电子电路称为数字电路。

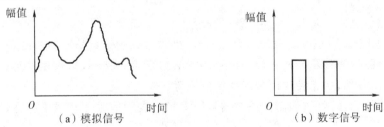

图 1-1-1　模拟信号和数字信号示意图

模拟信号和数字信号之间是可以相互转换的。模拟信号经过采样、量化转化为数字信号的过程称为模数(A/D)转换。将模拟信号转变为数字信号时,根据奈奎斯特采样定理,只要采样频率大于或等于信号最高频率的两倍,并有足够的二进制位数表示每一个采样信号,即可用二进制数表示模拟信号。随着数字电子技术的飞速发展,尤其是计算机技术在电子信息处理、通信、自动控制等诸多领域的广泛应用,模拟量与数字量的相互转换将是必不可少的。

1.1.2　数字逻辑电路及其特点

数字电路包括数字脉冲电路和数字逻辑电路两大部分。数字脉冲电路主要研究脉冲的产生、变换和测量;数字逻辑电路是对数字信号进行算术运算(加、减、乘、除等)或逻辑运算(与、或、非等)的电路。本书主要介绍数字逻辑电路的内容,为了简便,本书也称数字逻辑电路为数字电路。数字逻辑电路的一般框图如图 1-1-2 所示。

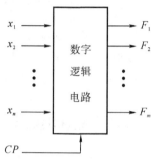

图 1-1-2　数字逻辑电路的一般框图

其中,$x_1, x_2, \cdots, x_n$ 为 n 个输入,$F_1, F_2, \cdots, F_m$ 为 m 个输出,CP 为时钟脉冲定时信号。每一个输入 x_i 和输出 F_i 都是时间和数值离散的二值信号,用数字 0 和 1 表示。

与模拟电路相比,数字电路具有如下特点:

(1)数字电路研究的问题是输入的高、低电平与输出的高、低电平之间的因果关系,即逻辑关系问题。

(2)数字电路的输入、输出变量都只有两种状态,因此组成数字电路的电子器件基本上都工作于开关状态。电子器件的导通和截止分别相当于开关闭合和断开。

(3)数字电路逻辑关系的研究工具主要是逻辑代数。数字电路中,输入、输出信号分别被称为输入变量和输出变量,均为二值量,即非"0"即"1",为二值逻辑函数。

(4)具有逻辑判断能力。数字电路不仅能进行数字信号的算术运算,还能够进行逻辑运算,即能够按照人们设计的规则进行逻辑推理和判断。

(5)数字系统精度易保持一致。由于数字系统使用的是开关电路,开关电路中电压电流的精确值并不重要,重要的是其所处的范围(高或低)。比如通常 TTL 电平的高电平为 $+3.5$ V 左右,低电平为 $+0.3$ V 左右。信号一旦数字化,处理过程中信息精度不会被降低。

(6)数字电路的一整套分析和设计电路的方法与模拟电路不同,采用的是逻辑代数、真值表、卡诺图、特征方程、状态转移图和时序波形图等。

(7)抗干扰能力强,可靠性高。数字信号用 1 和 0 表示信号存在或不存在,数字电路判定信号是否存在就非常容易,大大提高了电路的可靠性。同时,电路在遭遇外界干扰时,能在噪声的容限范围内最大限度正常工作。

(8)数字信号更容易长期保存。如可以将数字信息存入磁盘、光盘、U 盘等存储设备中长期保存。

（9）保密性好。采用多种编码技术可以加密数字信息，使数字信息不容易被获取，同时也可被压缩、传输、再现。

（10）产品系列多，通用性强，使用灵活，成本低。可采用标准的逻辑器件和可编程逻辑器件来设计不同用途的数字电路和系统。

数字电路的上述特点使得其发展非常迅速，被广泛应用于计算机、自动化装置数字采集和处理、医疗设备和通信等几乎所有的生产、生活领域，可以说每人每天都离不开数字电路。

虽然数字电路有诸多的优越性，但也有其局限性。比如被控制和测量的对象常常是一些模拟信号，必须经过模/数转换电路将模拟信号转换成数字信号才能被数字电路接收完成相应的任务。这样就会导致电路更加复杂，工作时间加长等诸多问题。

1.2　数　制

1.2.1　进位计数制

将数字符号按序排列成数位，并按照某种由低位到高位的进位方式计数表示数值的方法，称为进位计数制。在日常生活中人们习惯使用十进制，而在数字系统和其它场所有可能使用其它进位计数制，比如二进制、十六进制等。特别要强调的是，计算机使用的是二进位计数制。

通常无论采用哪种进位计数制，数值的表示都由两部分组成：基数和位权。将进位计数制允许使用的基本数字符号的个数称为该进位计数制的基数。位权是进位计数制中一个与数值所处位置有关的常数。位权大小就是以基数为底、以数字符号所处位置的序号为指数的整数次幂。各数字符号位置的序号记法为：以小数点为基准，整数部分自右向左依次为 0、1、$\cdots$，递增，小数部分自左向右依次为 -1、-2、$\cdots$，递减。

在进位计数制中，一个数值可以由整数和小数两部分组成。通常有两种书写形式，即多项式表示法和位置计数法。

多项式表示法：一个 R 进制数 N 按权展开的多项式表达式为

$$(N)_R = a_{n-1}a_{n-2}\cdots a_1 a_0 . a_{-1}a_{-2}\cdots a_{-m}$$
$$= a_{n-1} \times R^{n-1} + a_{n-2} \times R^{n-2} + \cdots + a_1 \times R^1 + a_0 \times R^0 + a_{-1} \times R^{-1} + a_{-2} \times R^{-2} +$$
$$\cdots + a_{-m} \times R^{-m}$$
$$= \sum_{i=-m}^{n-1} a_i R^i$$

其中，a_i 是 $0 \sim (R-1)$ 共 R 个数值中的任意一个；n 是整数位；m 是小数位；R^i 表示第 i 位数值的权值。由于基数为 R，每个数值位记满 R 就向高位进位，即**逢 R 进一**，因此称它为 R 进位计数制。

位置计数法：就是我们日常习惯使用的表示方法，比如 435.78。

1. 十进制

十进制（Decimal System）是人们日常生活当中最熟悉也是使用最多的一种数制，具有以下特点：

（1）具有十个不同的数字符号，简称数符，分别用 0、1、2、3、4、5、6、7、8、9 表示。

(2)位权值是$10^i (i=\cdots,-2,-1,0,1,2,\cdots)$。

(3)进位规则是"逢十进一"。

为了区分各种不同进制的数,通常在该数的右下角写上基数的阿拉伯数字,或者用其进制数的英文单词第一个字母大写来表示。

一个多位十进制数 $N=198.32$ 可以表示为

$$(N)_D = (198.32)_D = (198.32)_{10}$$

为了书写方便,默认十进制数符号 D 或 10 省略。

按多项式法将其展开如下:

$$(N)_{D(\text{或}10)} = \sum_{i=-m}^{n-1} a_i R^i = \sum_{i=-m}^{n-1} a_i \, 10^i$$
$$= 1 \times 10^2 + 9 \times 10^1 + 8 \times 10^0 + 3 \times 10^{-1} + 2 \times 10^{-2}$$

虽然人们熟悉并习惯使用十进制数,但由于需要十个状态表示十个代码,因此在数字电路中实现非常困难。

2.二进制

二进制(Binary System)是数字电路和数字系统最常用的一种数制,具有以下特点:

(1)具有两个不同的数值符号(数符),分别用 0、1 表示。在数字电路中利用具有两个稳定状态并且可以相互转换的开关器件就能够表示一位二进制数,电路实现简单且工作可靠性高。

(2)位权值是 $2^i (i=\cdots,-2,-1,0,1,2,\cdots)$。

(3)进位规则是"逢二进一"。

一个多位二进制数 $N=1101.01$ 可以表示为

$$(N)_B = (1101.01)_B = (1101.01)_2$$

为了书写方便,默认二进制数符号 B 或 2 省略。

按多项式法将其展开如下:

$$(N)_{B(\text{或}2)} = \sum_{i=-m}^{n-1} a_i R^i = \sum_{i=-m}^{n-1} a_i \, 2^i$$
$$= 1 \times 2^3 + 1 \times 2^2 + 0 \times 2^1 + 1 \times 2^0 + 0 \times 2^{-1} + 1 \times 2^{-2}$$

3.八进制

数字电路使用二进制,书写起来太长,不便于记忆,因此为了方便,人们又引入了八进制和十六进制。八进制(Octal System)数具有以下特点:

(1)具有八个不同的数值符号(数符),分别用 0、1、2、3、4、5、6、7 表示。

(2)位权值是 $8^i (i=\cdots,-2,-1,0,1,2,\cdots)$。

(3)进位规则是"逢八进一"。

一个多位八进制数 $N=237.5$ 可以表示为

$$(N)_O = (237.5)_O = (237.5)_8$$

按多项式法将其展开如下:

$$(N)_{O(\text{或}8)} = \sum_{i=-m}^{n-1} a_i R^i = \sum_{i=-m}^{n-1} a_i \, 8^i = 2 \times 8^2 + 3 \times 8^1 + 7 \times 8^0 + 5 \times 8^{-1}$$

4.十六进制

十六进制(Hexadecimal System)数具有以下特点：

(1)具有十六个不同的数值符号(数符)，分别用 0、1、2、3、4、5、6、7、8、9、A、B、C、D、E、F 表示。其中 A～F 分别表示十进制数的 10～15。

(2)位权值是 $16^i(i=\cdots,-2,-1,0,1,2,\cdots)$。

(3)进位规则是"逢十六进一"。

一个多位十六进制数 N＝5B.E 可以表示为

$$(N)_{H(或16)}=(5B.E)_H=(5B.E)_{16}$$

按多项式法将其展开如下：

$$(N)_{H(或16)}=\sum_{i=-m}^{n-1}a_iR^i=\sum_{i=-m}^{n-1}a_i16^i$$
$$=5\times16^1+11\times16^0+14\times16^{-1}$$

1.2.2　各种数制之间的转换

同一个数值可以用不同的数制表示，可以根据需要将同一个数值从一种数制转换成另外一种数制。例如，人们在日常生活当中采用十进制，在数字电路和数字系统中采用二进制，为了书写资料和编程方便采用八进制和十六进制。

1.其它进制数转换为十进制数

将其它进制数转换成十进制数采用按权展开相加的方法。常用的其它进制数主要有二进制数、八进制数、十六进制数。

例 1-2-1　将二进制数 $(1011.101)_2$ 转换为对应的十进制数。

解　$(1011.101)_2=1\times2^3+0\times2^2+1\times2^1+1\times2^0+1\times2^{-1}+0\times2^{-2}+1\times2^{-3}$
　　　　　　$=8+0+2+1+0.5+0+0.125$
　　　　　　$=(11.625)_{10}$

例 1-2-2　将八进制数 $(23.5)_8$ 转换为对应的十进制数。

解　$(23.5)_8=2\times8^1+3\times8^0+5\times8^{-1}=16+3+0.625=(19.625)_{10}$

例 1-2-3　将十六进制数 $(2D.A)_{16}$ 转换为对应的十进制数。

解　$(2D.A)_{16}=2\times16^1+13\times16^0+10\times16^{-1}=32+13+0.625=(45.625)_{10}$

2.十进制数转换为二进制数

十进制数转换为二进制数时需要将被转换的十进制数分为整数部分和小数部分，按照相应的规则分别进行转换。

1)整数部分转换

采取除 2 取余法。十进制整数转换为二进制数时，转换前后的数值是相等的，因此可以写成：

$$(N)_{10}=a_{n-1}\times2^{n-1}+a_{n-2}\times2^{n-2}+\cdots+a_1\times2^1+a_0\times2^0$$
$$=2(a_{n-1}\times2^{n-2}+a_{n-2}\times2^{n-3}+\cdots+a_1)+a_0$$
$$=2Q_1+a_0$$

即将上式两边同除以 2，得到的商和余数为

$$Q_1 = a_{n-1} \times 2^{n-2} + a_{n-2} \times 2^{n-3} + \cdots + a_1，余数为 a_0$$

依此类推，再将上式 Q_1 两边同除以 2，得到的新商和余数为

$$Q_2 = a_{n-1} \times 2^{n-3} + a_{n-2} \times 2^{n-4} + \cdots + a_2，余数为 a_1$$

重复上述过程，直至得到的商 $Q_n = 0$，余数为 a_{n-1} 为止，于是就得到了二进制整数的数符 a_0、a_1、$\cdots$、a_{n-1}。

例 1-2-4 将 $(37)_{10}$ 转换为二进制数。

解

```
2 | 37        余数   二进制数
2 | 18     … 1  =  a₀    最低位
2 | 9      … 0  =  a₁
2 | 4      … 1  =  a₂
2 | 2      … 0  =  a₃
2 | 1      … 0  =  a₄
    0      … 1  =  a₅    最高位
```

因此，$(37)_{10} = (100101)_2$，最先得到的余数为最低位。

2）小数部分转换

采用乘 2 取整法。将十进制小数转换为二进制小数，可以写成：

$$(N)_{10} = a_{-1} \times 2^{-1} + a_{-2} \times 2^{-2} + \cdots + a_{-m} \times 2^{-m}$$

将上式两边同时乘以 2，可以得到

$$2(N)_{10} = a_{-1} + (a_{-2} \times 2^{-1} + \cdots + a_{-m} \times 2^{-m+1})$$
$$= a_{-1} + P_1$$

由上式可见，$2(N)_{10}$ 乘积的整数部分是 a_{-1}，而小数部分是 P_1。若将 $2(N)_{10}$ 乘积的小数部分 P_1 再乘以 2，可以得到

$$2P_1 = a_{-2} + (a_{-3} \times 2^{-1} + a_{-4} \times 2^{-2} + \cdots + a_{-m} \times 2^{-m+2})$$
$$= a_{-2} + P_2$$

同样，乘积整数部分是 a_{-2}，而小数部分是 P_2。不断重复上述过程，就可以得到二进制小数的各位数符，即 a_{-1}、a_{-2}、$\cdots$、a_{-m}。

例 1-2-5 将 $(0.324)_{10}$ 转换成二进制小数的形式（精确到小数点后四位）。

解

```
        0.324
    ×     2      整数
     ─────────
        0.648    0 = a₋₁
    ×     2
     ─────────
        1.296    1 = a₋₂
        0.296
    ×     2
     ─────────
        0.592    0 = a₋₃
    ×     2
     ─────────
        1.184    1 = a₋₄
        0.184
    ×     2
     ─────────
        0.368
```

因此,$(0.324)_{10} \approx (0.0101)_2$,最先得到的整数为最高位。

此处应注意的是,小数部分的乘 2 取整不一定能使最后乘积为 0,转换值有可能是近似值,存在一定的误差。运算结束与否根据要求转换的精度而定。

将带有整数与小数的十进制数转换成二进制数时,应将整数部分与小数部分别按除以 2 取余和乘以 2 取整进行计算,然后合并两者的转换结果即可。

同理,若将十进制数转换成任意 R 进制数,则整数部分转换采用除以 R 取余数、小数部分采用乘以 R 取整数法。

3.二进制数与八进制数、十六进制数之间的相互转换

1)二进制数与八进制数之间的相互转化

八进制数的基数为 $8(8=2^3)$,因而二进制数转换为八进制的转换规则为:从小数点开始,分别向左、右每 3 位为一组,用 1 位八进制数表示,最后不满 3 位的加 0 将位数补齐。

例 1-2-6 将二进制数 $(101011.01011)_2$ 转换成八进制数。

解

$$\begin{array}{ccccc} 5 & 3 & . & 2 & 6 \\ \downarrow & \downarrow & & \downarrow & \downarrow \\ 101 & 011 & . & 010 & 110 \end{array}$$

即 $(101011.01011)_2 = (53.26)_8$。

而将八进制数转换为二进制数,只要将八进制数的每一个数值都用对应的 3 位二进制数表示即可。

例 1-2-7 求 $(64.7)_8 = (?)_2$。

解 $(64.7)_8 = (110100.111)_2$。

2)二进制数与十六进制数之间的相互转化

十六进制数的基数为 $16(16=2^4)$,因而二进制数转换为十六进制数的转换规则为:从小数点开始,分别向左、右每 4 位为一组,用一位十六进制数表示,最后不满 4 位的加 0 将位数补齐。

例 1-2-8 将二进制数 $(1111011.0010111)_2$ 转换成十六进制数。

解

$$\begin{array}{ccccc} 7 & B & . & 2 & E \\ \downarrow & \downarrow & & \downarrow & \downarrow \\ 0111 & 1011 & . & 0010 & 1110 \end{array}$$

即 $(1111011.0010111)_2 = (7B.2E)_{16}$。

与将八进制数转换为二进制数的方法相同,要将十六进制数转换为二进制数,只需将十六进制数的每一个数值都用对应的 4 位二进制数表示即可。

例 1-2-9 求 $(6F.C)_{16} = (?)_2$。

解 $(6F.C)_{16} = (01101111.1100)_2$。

1.3　二进制数的算术运算

1.3.1　二进制数的四则运算

如同十进制数一样,二进制数也可进行加、减、乘、除四则运算,且运算规则也相同,仅仅是进位基数不同而已。由于二进制数只有两个数值符号 0 和 1,所以二进制数的运算显然要比十进制数简单得多,数字电路实现简单。

1.加法运算

二进制数进行加法运算时按权对位相加,采用"逢二进一"的进位法则。加法的运算规则是:

$$0+0=0,0+1=1,1+0=1,1+1=10$$

例 1-3-1　求二进制数 1101 与 0101 之和。

解
$$\begin{array}{r} 1101 \\ +0101 \\ \hline 10010 \end{array}$$

上述加法运算中,最低位只是被加数与加数相加,没有考虑低位向本位的进位,称为"半加",其它位要考虑低位向本位的进位,即被加数+加数+低位向本位的进位,也称为"全加"。

2.减法运算

二进制数进行减法运算时按权对位相减,采用"借一当二"的借位法则。减法的运算规则是:

$$1-1=0,1-0=1,0-0=0,0-1=1(向高位借 1 当 2)$$

例 1-3-2　求二进制数 1001 与 0101 之差。

解
$$\begin{array}{r} 1001 \\ -0101 \\ \hline 0100 \end{array}$$

上述减法运算中,最低位只是被减数与减数相减,没有考虑低位向本位的借位,称为"半减",其它位要考虑低位向本位的借位,即被减数-减数-低位向本位的借位,也称为"全减"。

在数字系统中,为了减少电路器件数量,通常用加法代替减法,将在后面章节介绍其实现方法。

3.乘法运算

二进制数乘法运算与十进制数相同,乘法运算规则是:

$$0\times0=0, \quad 0\times1=0, \quad 1\times0=0, \quad 1\times1=1$$

例 1-3-3　求 $(1101)_2$ 与 $(0101)_2$ 的乘积。

解
$$
\begin{array}{r}
1101 \\
\times\ 0101 \\
\hline
1101 \\
0000 \\
1101 \\
0000 \\
\hline
1000001
\end{array}
$$

由上述乘法运算可以发现,二进制数乘法运算是由左移被乘数与加法运算完成的。

4.除法运算

二进制数除法运算与十进制数相同,由于二进制数只有两个数值,故其商不是 1 就是 0。

例 1 - 3 - 4　求 $(1111)_2$ 除以 $(101)_2$ 的商。

解
$$
\begin{array}{r}
11 \\
101\overline{)1111} \\
101 \\
\hline
101 \\
101 \\
\hline
000
\end{array}
$$

同样可以发现,除法运算是右移除数与减法运算完成的。需要强调的是,此例中余数为 0,正好除尽,若在规定位数除不尽,则商的位数由给定精度确定。

1.3.2　数的原码、反码、补码表示

前面所讲的二进制数,没有涉及符号问题,因此是一种无符号数。实际中,数是有正、负之分的,分别用"+"和"-"表示。在数字电路或数字系统中,可在二进制数的最左边增加一个符号位:正数用"0"表示,负数用"1"表示。如绝对值为 7 的数,表示为:+7→+111→0111;-7→-111→1111。

1.真值与机器数

将这种带有"+"和"-"号的二进制数称为真值。真值是一种原始形式,不能直接用于数字系统,当将符号数值化后,就可在计算机中使用。符号位"+"和"-"用"0"和"1"表示的二进制数称为机器数。如+101(真值)→0101(机器数)。计算机中使用的是机器数,常用的机器数有原码、反码和补码三种表示形式。

2.原码、反码、补码

1)原码

在二进制数的真值形式中,正数符号用符号位 0 表示,负数符号用符号位 1 表示,数值保持不变,称为数的原码形式,简称原码,又叫机器码。一个数 N 的原码记为 $[N]_{原}$。

例 1 - 3 - 5　已知 $X=+10110,Y=-11001$,求 X 和 Y 的原码。

解　$[X]_{原}=010110,[Y]_{原}=111001$。

根据上述原码的形成规则,一个 n 位的整数 N(包括一位符号位)的原码的一般表示式为

$$
[N]_{原}=\begin{cases}N, & 0\leqslant N<2^{n-1} \\ 2^{n-1}-N, & -2^{n-1}<N\leqslant 0\end{cases}
$$

而对于定点小数,通常将小数点定在最高位的左边,此时数值小于 1。小数原码的一般表

示形式为

$$[N]_\text{原} = \begin{cases} N, & 0 \leqslant N < 1 \\ 1 - N, & -1 < N \leqslant 0 \end{cases}$$

在原码表示法中,0 的表示形式有两种,即 $[+0]_\text{原} = 0.00\cdots0$,$[-0]_\text{原} = 1.00\cdots0$。

采用原码表示二进制数简单、易于辨认,但实现加、减运算不方便。两个数若进行加、减运算时,首先需要根据运算种类和参与运算的两个数的符号确定最终的运算是做加法还是减法。若是减法,还需要进一步根据两个数的大小判定被减数和减数,以及运算结果的符号,显然增加了运算的复杂性。硬件上,电路不但要有加法、减法运算还要有比较判断数字电路,增加了电路的复杂性。为了降低电路复杂性,将减法变为加法运算,又引进了反码和补码形式。

2)反码

用反码表示带符号的二进制数时,正数符号位用 0 表示,负数符号位用 1 表示,其余各位为数值位。正数反码的数值位保持不变,负数反码的数值位是将原数值位按位求反。因此,反码数值的形式与它的符号位有关。

例 1 - 3 - 6 已知 $X = +10110$,$Y = -11001$,求 X 和 Y 的反码。

解 $[X]_\text{反} = 010110$,$[Y]_\text{反} = 100110$。

根据上述反码规则,一个 n 位的整数 N(包括一位符号位)的反码一般表示式为

$$[N]_\text{反} = \begin{cases} N, & 0 \leqslant N < 2^{n-1} \\ (2^{n-1} - 1) + N, & -2^{n-1} < N \leqslant 0 \end{cases}$$

而对于定点小数,若小数部分的位数为 m,则其反码的一般表示形式为

$$[N]_\text{反} = \begin{cases} N, & 0 \leqslant N < 1 \\ (2 - 2^{-m}) + N, & -1 < N \leqslant 0 \end{cases}$$

用反码进行加、减运算时,无论是加法还是减法都可以用加法实现。这样就减少了电路的器件,降低了复杂度。反码运算规则如下:

$$[X + Y]_\text{反} = [X]_\text{反} + [Y]_\text{反}$$
$$[X - Y]_\text{反} = [X]_\text{反} + [-Y]_\text{反}$$

在反码表示法中,0 的表示形式有两种,即 $[+0]_\text{反} = 0.00\cdots0$,$[-0]_\text{反} = 1.11\cdots1$。

反码比原码运算简单,减法可以用加法代替,符号位也不用单独处理。但是在运算时,数值 0 在反码系统中有"$+0$"和"-0"之分,因此会给运算器的电路设计带来麻烦。

3)补码

用补码表示带符号的二进制数时,对于正数,符号位记作 0;对于负数,符号位记作 1。正数补码的数值位和原码、反码相同,保持不变;负数补码的数值位是将原码按位取反后,再在最低位加 1。

例 1 - 3 - 7 已知 $X = +10110$,$Y = -11001$,求 X 和 Y 的补码。

解 $[X]_\text{补} = 010110$,$[Y]_\text{补} = 100111$。

根据上述补码规则,一个 n 位的整数 N(包括一位符号位)的补码一般表示式为

$$[N]_\text{补} = \begin{cases} N, & 0 \leqslant N < 2^{n-1} \\ (2^n + N), & -2^{n-1} < N \leqslant 0 \end{cases}$$

而对于定点小数,其补码的一般表示形式为

$$[N]_{\text{补}} = \begin{cases} N, & 0 \leqslant N < 1 \\ 2+N, & -1 < N \leqslant 0 \end{cases}$$

采用补码进行加、减运算时,可将加、减运算通过加法实现,其规则如下:

$$[X+Y]_{\text{补}} = [X]_{\text{补}} + [Y]_{\text{补}}$$

$$[X-Y]_{\text{补}} = [X]_{\text{补}} + [-Y]_{\text{补}}$$

在补码表示法中,0 的表示形式是唯一的,即 $[+0]_{\text{补}} = 0.00\cdots0$,$[-0]_{\text{补}} = 0.00\cdots0$。

表1-3-1列出了 3 位二进制整数的真值、原码、反码、补码的对应关系。

表 1-3-1 3 位二进制数的真值、原码、反码、补码对照表

十进制数	二进制真值	二进制原码	二进制反码	二进制补码
+7	+111	0111	0111	0111
+6	+110	0110	0110	0110
+5	+101	0101	0101	0101
+4	+100	0100	0100	0100
+3	+011	0011	0011	0011
+2	+010	0010	0010	0010
+1	+001	0001	0001	0001
+0	+000	0000	0000	0000
−1	−001	1001	1110	1111
−2	−010	1010	1101	1110
−3	−011	1011	1100	1101
−4	−100	1100	1011	1100
−5	−101	1101	1010	1011
−6	−110	1110	1001	1010
−7	−111	1111	1000	1001

3.原码、反码、补码的算术运算

带符号数的三种表示法的规则不同,其加减运算的规律也不相同。

1)原码运算

原码中的符号位不参与运算,只有数值位参与运算。原码运算时首先要比较两个数的符号,若符号相同,则两数相加,就是说将两数的数值相加,符号不变;若两个数的符号不同,需要进一步比较两个数的数值相对大小,此时两数相加是将数值较大的数减去数值较小的数,结果符号与数值较大的数的符号相同。

例 1-3-8 已知 $N_1 = -0.0011$,$N_2 = 0.1011$,求 $[N_1+N_2]_{\text{原}}$ 和 $[N_1-N_2]_{\text{原}}$。

解 采用原码运算时,需将给定的真值转化成原码表示,本例原码如下:

$$[N_1]_{\text{原}} = 1.0011, \quad [N_2]_{\text{原}} = 0.1011$$

$$[N_1+N_2]_{\text{原}} = [-0.0011+0.1011]_{\text{原}}$$

由于 N_1 和 N_2 的符号不同,且 N_2 的数值大于 N_1 的数值,因此,要进行 N_2 和 N_1 的减法运算,其结果为正。

$$0.1011$$
$$-\ \ 0.0011$$
$$\overline{0.1000}$$

运算结果为原码,即$[N_1+N_2]_原=[-0.0011+0.1011]_原=0.1000$,故其真值为

$$N_1+N_2=+0.1000$$

而$[N_1-N_2]_原=[(-0.0011)-0.1011]_原$,由于两数的符号相同,因此实际上是进行加法运算,其结果为负。

$$0.0011$$
$$+\ \ 0.1011$$
$$\overline{0.1110}$$

运算结果为原码,即$[N_1-N_2]_原=[(-0.0011)-0.1011]_原=1.1110$。

因此其真值为

$$N_1-N_2=-0.1110$$

2)反码运算

由反码的定义可以证明,两数和的反码等于两数反码的和,两数差的反码可以用两数反码加法实现。运算规则如下:

$$[N_1+N_2]_反=[N_1]_反+[N_2]_反$$
$$[N_1-N_2]_反=[N_1]_反+[-N_2]_反$$

符号位和数值位同时参与运算,若符号位产生了进位,则该进位应该加到和数的最低位,称为"循环进位"。若运算结果符号位为0,说明是正数的反码,与原码相同;若运算结果符号位为1,说明是负数的反码,要对运算结果再求反码才能得到原码。

例 1 - 3 - 9 已知$N_1=0.1010$,$N_2=0.0011$,求$[N_1+N_2]_反$和$[N_1-N_2]_反$。

解 $[N_1+N_2]_反=[N_1]_反+[N_2]_反=0.1010+0.0011$

$$0.1010$$
$$+\ \ 0.0011$$
$$\overline{0.1101}$$

即

$$[N_1+N_2]_反=0.1101$$

因此其真值为

$$N_1+N_2=+0.1101$$

而 $$[N_1-N_2]_反=[N_1]_反+[-N_2]_反=0.1010+1.1100$$

$$0.1010$$
$$+\ \ 1.1100$$
$$\overline{[1]0.0110}$$
$$+\ \rightarrow\qquad 1$$
$$\overline{0.0111}$$

可见符号位产生了进位,因此要进行"循环进位",即

$$[N_1-N_2]_反=0.0111$$

因此其真值为

$$N_1 - N_2 = +0.0111$$

3)补码运算

由补码的定义可以证明,补码有如下的运算规则:

$$[N_1 + N_2]_{补} = [N_1]_{补} + [N_2]_{补}$$
$$[N_1 - N_2]_{补} = [N_1]_{补} + [-N_2]_{补}$$

两数和的补码等于两数补码的和,两数差的补码可以用两数补码加法实现。符号位和数值位同时参与运算,若符号位产生了进位,则须将此进位"丢掉"。若运算结果符号位为 0,说明是正数的补码;若运算结果符号位为 1,说明是负数的补码,要对运算结果再求一次补码才能得到原码。

例 1-3-10 已知 $N_1 = -0.1011$,$N_2 = -0.0010$,求 $[N_1 + N_2]_{补}$ 和 $[N_1 - N_2]_{补}$。

解 $[N_1 + N_2]_{补} = [N_1]_{补} + [N_2]_{补} = 1.0101 + 1.1110$

$$
\begin{array}{r}
1.0101 \\
+\quad 1.1110 \\
\hline
\text{丢掉} \rightarrow [1]1.0011
\end{array}
$$

可见符号位产生了进位,要将此进位"丢掉",即

$$[N_1 + N_2]_{补} = 1.0011$$

运算结果的符号位为 1,说明是负数的补码,要对运算结果再求一次补码才能得到原码,即

$$[N_1 + N_2]_{原} = 1.1101$$

因此其真值为

$$N_1 + N_2 = -0.1101$$

而

$$[N_1 - N_2]_{补} = [N_1]_{补} + [-N_2]_{补} = 1.0101 + 0.0010$$

$$
\begin{array}{r}
1.0101 \\
+\quad 0.0010 \\
\hline
1.0111
\end{array}
$$

即

$$[N_1 - N_2]_{补} = 1.0111$$

由于运算结果的符号位是 1,说明是负数的补码,要对运算结果再求一次补码才能得到原码,即

$$[N_1 - N_2]_{原} = 1.1001$$

因此其真值为

$$N_1 - N_2 = -0.1001$$

通过原码、反码、补码的运算可见,原码表示法简单直观、易变换,但其减法不能变成加法,必须真正进行减法运算,因此在做加、减法运算时很麻烦,必须有加、减运算的电路,运行时间也会加长。反码和补码可以将减法变成加法,减少了减法电路。用反码进行减法运算,若符号位产生进位,仅仅进行两次算术相加。用补码进行减法运算,只要一次算术相加。所以,在计算机中,通常采用补码进行加、减运算。

4.溢出及补码运算中溢出的判断

如果运算结果超出了数字设备所能表示数的范围就会产生溢出。溢出会导致系统出错。

例如,某数字设备用八位二进制数表示,它能表示的无符号数的范围是 0~255,即 00000000~11111111,它能表示的有符号数原码的范围是 -127~+127,即 11111111~01111111,能表示的反码范围是 -127~+127,即 10000000~01111111,所能表示的补码范围是 -128~+127,即 10000000~01111111(注意:原码和反码中的 +0 和 -0 是不同的,而在补码中是相同的,因此补码中的 10000000 代表 -128)。

若运算结果大于 +127 或小于 -128 均产生溢出,出现错误结果。由前已知补码运算存在丢掉进位的操作,运算结果正确。因此应将溢出与正常进位区分开来。

不难理解,对于位数相同的两数,同号相加时有可能产生溢出,也可能是出现了正确进位,而异号的两数相加时,不可能产生溢出。异号两数相减可能产生溢出,而同号两数相减不可能产生溢出。数字系统中,采用判断两数相加过程中最高位和次高位的进位情况区分溢出和正常进位。若最高位和次高位同时产生和不产生进位,判为正常进位,进位自动"丢掉",为正确结果;若最高位或次高位只有一位产生进位,判为产生溢出。后面将要学习的异或门可以完成是否产生溢出的判断。

例 1-3-11　某数字系统用五位二进制数表示,求 8+3、8+13、(-8)+(-3) 和 (-8)+(-13)。

解　$(+8)_{补}=01000,(+3)_{补}=00011,(+13)_{补}=01101$

$$
\begin{array}{r}
01000 \quad (+8) \\
+\quad 00011 \quad (+3) \\
\hline
01011(+11)
\end{array}
\qquad
\begin{array}{r}
01000 \quad (+8) \\
+\quad 01101 \quad (+13) \\
\hline
[1]0101 \quad (+21)
\end{array}
$$

$[01011]_{补}=[+11]_{真值}$,为正确结果。$[10101]_{补}=[-11]_{真值}$,为错误结果,出现了两个正数相加,结果为负的结论,这实际上是产生了溢出。5 位二进制数补码的最大表示范围是 01111=15,本例的 8+13=21 超出了设备能表示的最大数 15。

$$(-8)_{补}=11000,\quad (-3)_{补}=11101,(-13)_{补}=10011$$

$$
\begin{array}{r}
11000 \\
+\quad 11101 \\
\hline
[1]10101
\end{array}
\qquad
\begin{array}{r}
11000 \\
+\quad 10011 \\
\hline
[1]01011
\end{array}
$$

10101(补码)→-1011(真值)→-11(十进制数),结果正确。而 01011(补码)→+1011(真值)→+11(十进制数),显然是错误的,两个负数相加结果为正数是不可能的,也就是说系统产生了溢出。如前所述,我们已经知道 5 位二进制数补码可表示的数字最小、最大值分别是 10000 [10000→11111+1→110000(-16)] 和 01111(+15),此处 -8-13=-21 超出了系统表示的范围。

1.4　数字系统的编码

数字系统中的信息通常由数值信息和符号信息组成,即所有的代码均是由若干个"0"和"1"的不同组合构成。将若干个不同的二进制数码按照一定的规律排列,代表某种数值、字母、符号等信息,称为编码。n 位的二进制码元,可以有 2^n 种不同的组合,可以用其代表 2^n 种不同的信息。

1.4.1　二-十进制编码

采用 4 位二进制数表示 1 位十进制数的编码形式称为二-十进制码,简称 BCD(Binary

Coded Decimal)码。用这种码可以很方便地进行人机对话,比如数字键盘输入十进制数,输出采用二进制编码的 BCD 码。4 位二进制数有 16 种组合,即可以表示 16 个数,但 1 位十进制数只有 0～9 共 10 个数,从这 16 个数中选取 10 个即可,因此有很多种选法。实际中常采用 8421BCD 码、2421BCD 码、余 3 码、格雷码等编码方式。表 1-4-1 列出了几种常用的 BCD 码。

表 1-4-1　几种常用编码与十进制数对照表

十进制数	有权码		无权码	
	8421 码	2421 码	余 3 码	格雷码
0	0000	0000	0011	0000
1	0001	0001	0100	0001
2	0010	0010	0101	0011
3	0011	0011	0110	0010
4	0100	0100	0111	0110
5	0101	1011	1000	0111
6	0110	1100	1001	0101
7	0111	1101	1010	0100
8	1000	1110	1011	1100
9	1001	1111	1100	1000

有固定权值的每一位代码称为有权码,如 8421BCD 码、2421BCD 码。相应地没有固定权值的每一位代码称为无权码,如余 3 码和格雷码等。16 种组合中没有用到的 6 种就是禁止使用的码,也称非法码,如 8421BCD 码的禁止码为:1010、1011、1100、1101、1110、1111(其十进制数值为 10、11、12、13、14、15)。

1.8421BCD 码

8421BCD 码是最简单最基本的一种编码,应用非常广泛。它是一种有权码,每一位的权值都是固定的,从左到右依次为 8、4、2、1。若一个十进制数 N 完全展开表示如下

$$N = a_3 W_3 + a_2 W_2 + a_1 W_1 + a_0 W_0$$

其中,a_3、a_2、a_1、a_0 分别是各位的代码;W_3、W_2、W_1、W_0 分别是各位的权。则 8421BCD 码 0101 按权展开的表达式为:$0 \times 8 + 1 \times 4 + 0 \times 2 + 1 \times 1 = 5$,因此,8421BCD 码 0101 表示十进制数 5。

例 1-4-1　求 $(509.73)_{10} = (?)_{8421BCD}$。

解　$(509.73)_{10} = (0101 \quad 0000 \quad 1001. \quad 0111 \quad 0011)_{8421BCD}$。

要注意的是:8421BCD 码不允许出现 1010、1011、1100、1101、1110、1111 这 6 个代码,十进制中没有数码同它们对应。

2.2421BCD 码

同 8421BCD 码类似,2421BCD 码也是一种有权码,也是用 4 位二进制数表示 1 位十进制数,所不同的是 2421 码的权值从左到右依次为 2、4、2、1。例如,2421BCD 码 0101 的按权展开

的表达式为

$$0\times2+1\times4+0\times2+1\times1=5$$

即 2421BCD 码 0101 表示十进制数 5。这里要注意的是 2421BCD 码的编码方案不止一种,例如,1011 的展开式 $1\times2+0\times4+1\times2+1\times1=5$,即十进制数 5 用 2421BCD 编码可以有 2 种方案:0101 和 1011。

3.余 3 码

8421BCD 码加 3 后的和称为余 3 码。例如,十进制数 5 的 8421BCD 码是 0101,其余 3 码是 1000。余 3 码的各位没有固定的权。需要注意的是,两个用余 3 码表示的数相加,由于每个余 3 码都余 3,相加后其和就余 6,因此要得到和的正确的余 3 码必须对其和进行修正。修正的方法为:若相加后和无进位输出,则和数减 3 保证余 3;若有进位输出,则和数需要加 3 确保余 3。

1.4.2 可靠性编码

代码在形成和传输过程中可能会遇到各种干扰而产生错误。为了减少错误的发生,或者在发生错误后能尽快发现甚至能查出错误位置,除了提高数字系统本身的可靠性以外,在编码的过程中还可以采用一些可靠的编码技术。采用这些技术编制的代码称为可靠性编码。常用的可靠性编码有格雷码和奇偶校验码。

1.格雷码(Gray Code)

BCD 码有的相邻的两组代码之间发生了多位有变化的情况,例如,8421BCD 码 0111 到 1000,各位均发生了变化。由于各位在很短的时间内不可能同时从一种状态转变成另一种状态,有可能出现一些变化的中间结果,使电路误判接收,从而引起传输中的错误。假设高位在先,从 0111 到 1000 变化过程为:0111→1111→1011→1001→1000,此处的 1111、1011、1001 是变化中出现的错误码,在某些系统中是不允许出现的。

针对上述问题,美国贝尔实验室的 Frank Gray 在 1940 年提出了一种编码方式,即格雷码,可以避免信号在传送中出错。

格雷码有多种编码形式,而所有的格雷码都具有两个特点,即相邻性和循环性。相邻性是指任意两组相邻码之间只有一位不同。循环性是指首尾的两组代码也具有相邻性。换句话说,可将 n 位格雷码分成对称的两部分,每一部分对应的码组仅最高位不同,除了最高位,其它位可以对折重叠,具有镜像对称性。格雷码是无权码,无法识别单个代码所代表的数值。表 1-4-2 列出了十进制数、4 位二进制数与 4 位格雷码的对应关系。

表 1-4-2 十进制数、二进制数与格雷码的对应关系

十进制数	二进制数	格雷码
0	0 0 0 0	0 0 0 0
1	0 0 0 1	0 0 0 1
2	0 0 1 0	0 0 1 1
3	0 0 1 1	0 0 1 0
4	0 1 0 0	0 1 1 0
5	0 1 0 1	0 1 1 1

十进制数	二进制数	格雷码
6	0 1 1 0	0 1 0 1
7	0 1 1 1	0 1 0 0
8	1 0 0 0	1 1 0 0
9	1 0 0 1	1 1 0 1
10	1 0 1 0	1 1 1 1
11	1 0 1 1	1 1 1 0
12	1 1 0 0	1 0 1 0
13	1 1 0 1	1 0 1 1
14	1 1 1 0	1 0 0 1
15	1 1 1 1	1 0 0 0

2.奇偶校验码

代码在传送过程中有可能出现错误,为了检验在传送过程中出现的错误,人们又设计出了奇偶校验码。这种代码包括两部分,一部分是信息位,另一部分是奇偶校验位。信息位可以是任意一种 n 位二进制代码,是要被传输的信息;校验位只有一位,或者是 0,或者是 1。信息位加上校验位的每一组代码中 1 的个数是恒定的,如为奇数个 1 称为奇校验,如为偶数个 1 称为偶校验(注意全 0 时规定按偶数算)。将校验位放在编码的最高位、最低位或其它位由系统决定,而同一系统只能采用一种校验。奇偶校验码可以检验是否出错,但不能定位到底是哪一位产生了错误,也不能纠错,且只能检测出一位码错误,而当偶数个位同时产生了错误,则无法检测出。虽然奇偶校验有上述缺点,但由于此方法方便、实用,所以数字系统中仍在广泛使用。

若将一组加了奇偶校验位的代码传送到接收端,就可对接收到的代码进行检验。若 1 的个数与预定的不同,说明该组代码传输中产生了错误,该组代码是错误的。表 1 - 4 - 3 为十进制数的奇偶校验码对照表。

表 1 - 4 - 3　十进制数的奇偶校验对照表

十进制数	奇校验		偶校验	
	信息位	校验位	信息位	校验位
0	0000	1	0000	0
1	0001	0	0001	1
2	0010	0	0010	1
3	0011	1	0011	0
4	0100	0	0100	1
5	0101	1	0101	0
6	0110	1	0110	0
7	0111	0	0111	1
8	1000	0	1000	1
9	1001	1	1001	0

1.4.3　字符代码

计算机处理的数字、字母、标点符号、运算符号以及其它专用符号等统称为字符。数字系统中的字符都必须用二进制代码表示。将表示字符的二进制代码称为字符代码。字符代码的种类繁多,而 ASCII 码(American Standard Code for Information Interchange,美国标准信息交换码)是最常用的字符代码。ASCII 码采用 7 位二进制数表示 128 种不同字符。其中图形字符为 96 个,分别是 26 个大写字母、26 个小写字母、10 个数字符号和 34 个专用符号;另外还有 32 个控制字符;第 8 位作为奇偶校验位使用。其编码如表 1-4-4 所示。表 1-4-5 为ASCII 码控制字含义。

表 1-4-4　ASCII 码表

低 4 位代码	高 3 位代码							
	000	001	010	011	100	101	110	111
0000	NUL	DLE	SP	0	@	P	、	p
0001	SOH	DC1	!	1	A	Q	a	q
0010	STX	DC2	"	2	B	R	b	r
0011	ETX	DC3	#	3	C	S	c	s
0100	EOT	DC4	$	4	D	T	d	t
0101	ENQ	NAK	%	5	E	U	e	u
0110	ACK	SYN	&	6	F	V	f	v
0111	BEL	ETB	´	7	G	W	g	w
1000	BS	CAN	(	8	H	X	h	x
1001	HT	EM	)	9	I	Y	i	y
1010	LF	SUB	*	:	J	Z	j	z
1011	VT	ESC	+	;	K	[	k	{
1100	FF	FS	,	<	L	\	l	|
1101	CR	GS	—	=	M	]	m	}
1110	SO	RS	.	>	N	ˆ	n	~
1111	SI	US	/	?	O	_	o	DEL

表 1-4-5　ASCII 码控制字含义

控制字	含义	控制字	含义
NUL	空	DLE	数据链换码
SOH	标题开始	DC1	设备控制 1
STX	正文开始	DC2	设备控制 2
ETX	正文结束	DC3	设备控制 3
EOT	传输结束	DC4	设备控制 4
ENQ	询问	NAK	否认

续表 1 - 4 - 5

控制字	含义	控制字	含义
ACK	确认	SYN	空转同步
BEL	报警	ETB	信息组传送结束
BS	退一格	CAN	取消
HT	水平制表符	EM	介质存储已满
LF	换行	SUB	置换
VT	垂直制表符	DEL	删除
FF	换页	ESC	退出
CR	回车	FS	文件分隔符
SO	移位输出	GS	组分隔符
SI	移位输入	RS	记录分隔符
SP	空格	US	单元分隔符

本章小结

　　本章简单介绍了数字逻辑电路的特点,数制、十进制数、二进制数、八进制数和十六进制数及它们之间的相互转换,原码、反码、补码和编码等内容。

　　(1)应掌握数字逻辑电路与模拟电路的区别。数字逻辑电路的工作信号在时间和数值上都是离散的,常用 0 和 1 表示,其研究的是输出与输入之间的高、低电平的逻辑关系。

　　(2)人们日常生活中习惯使用十进制数,而数字系统和计算机系统使用的是二进制数,因此要掌握十进制数、二进制数、八进制数和十六进制数的表示形式以及它们之间的相互转换方法。

　　(3)带符号的二进制数可以用原码、反码、补码表示。在数字系统和计算机系统中常常采用补码形式进行二进制数的存储和运算,因此要熟悉补码的表示形式和运算特点。

　　(4)编码是为了便于人机信息的交换和传输而对有特定含义的数字和字符进行规定的代码组成形式。应重点掌握 1 位十进制数的 BCD 码的 4 位二进制数表示形式,如 8421BCD 码、2421BCD 码、余 3 码等。了解可靠性编码,如奇偶校验码和格雷码的构成和特点。

习题 1

1-1　什么是数字逻辑电路和模拟电路? 数字电路有什么特点?

1-2　什么是进位计数制? 为什么数字系统采用二进制?

1-3　数字系统中为什么要采用八进制和十六进制?

1-4　将下列十进制数转换为二进制数、八进制数和十六进制数(精确到小数点后 5 位)。

　　　(1)$(23)_{10}$;　　(2)$(33.333)_{10}$。

1-5　将下列二进制数转换成十进制数、八进制数和十六进制数。

(1)$(101101)_2$;　(2)$(1011.01)_2$。

1-6　写出下列各数的原码、反码和补码。

(1)0.1010;　(2)0.0000;　(3)−10110。

1-7　已知$[N]_补 = 1.0110$,求$[N]_原$、$[N]_反$和真值。

1-8　用原码、反码和补码完成下列运算。

(1)0000101−0011010;　(2)0.010110−0.100110。

1-9　判断下列各式在8位的计算机中的溢出情况。

(1)$(+100)+(+20)$;　(2)$(-100)+(-43)$;

(3)$(+118)-(-14)$;　(4)$(-118)-(-14)$。

1-10　将下列8421BCD码转换成十进制数和二进制数。

(1)01101000011;　(2)01000.1001。

1-11　试用8421BCD码、2421BCD码、余3码和格雷码分别表示下列各数。

(1)$(378)_{10}$;　(2)$(1100101)_2$。

1-12　确定下列二进制代码的奇校验位的值(最低位为奇校验位)。

(1)1010101;　(2)100100100。

第 2 章　逻辑代数基础

逻辑代数的概念是 19 世纪英国的数学家乔治·布尔(George Boole)首先提出来的,主要提出了描述客观事物逻辑关系的数学方法,因此,人们也称逻辑代数为布尔代数。1938 年,信息论的创始人克劳德·香农(Claude E. Shannon)将其应用于继电器开关电路的设计,故也称其为开关代数。随着数字技术的发展,逻辑代数在电路的分析和设计中已得到了广泛的应用。

本章首先介绍了逻辑代数的基本运算、基本公理、定理和运算规则,然后重点介绍了逻辑函数的表达形式及其相互转换和化简方法。

2.1　逻辑函数的概念及其表示

2.1.1　逻辑函数的概念

在哲学范畴中,逻辑是指客观事物发展遵循的规律,即其研究的是事物的因果关系。数字系统中,为了避免用繁冗的文字描述逻辑问题,引入了逻辑代数描述方法,即将事物发生的原因(条件)和结果采用逻辑变量和逻辑函数来描述。逻辑代数是分析和设计数字逻辑电路的数学工具。逻辑变量集、0、1 以及逻辑运算符构成了代数系统。

逻辑变量与普通代数变量相似,都可以用 A、B、C 或 x、y、z 等字母表示。逻辑变量取值只能是 0 和 1,即所谓的二值逻辑,而普通代数变量取值可以是任意的。必须要说明的是,此处的逻辑 0 和 1 并不是真正意义上的数值,仅仅代表事物对立的两种状态,也称为两种逻辑状态。它们可以是电路开关的接通、断开,电平的高、低,事件的发生与否等。

逻辑函数与普通代数中的函数相似,也包括自变量和随自变量变化而变化的因变量。因此,若用逻辑自变量和因变量表示某事件发生或不发生的条件和结果,则这样的因果关系就可以用逻辑函数描述。

数字电路响应输入的方式称为电路的逻辑,因此也称数字电路为逻辑电路。所有的数字电路的输出与输入之间都存在着一定的逻辑关系,可以用逻辑函数来描述。例如,给定逻辑电路的输入变量 X、Y、Z 的确定取值后,相应可以得到输出逻辑变量 F 的值,可以用 $F=f(X, Y, Z)$ 表示,称 F 是逻辑变量 X、Y、Z 的逻辑函数,这是逻辑函数的逻辑表达形式。除此之外,能够表达逻辑函数的方法还有真值表、卡诺图、波形图和逻辑电路图等。

2.1.2　逻辑函数的表示法

1.逻辑表达式

由逻辑变量、常量和运算符构成的式子称为逻辑表达式,如 $F(A,B)=\overline{A} \cdot B + A \cdot \overline{B}$。

该逻辑表达式描述了一个含有两个变量 A 和 B 的逻辑函数 F。变量 A 和 B 与逻辑函数 $F(A,B)$ 的逻辑关系是:当变量 A 和 B 取不同值时,函数 F 的值为 1,否则为 0。实际上,为了书写方便,常常习惯省略某些括号、变量名和运算符,例如:

(1)"非"运算可不加括号,如 $\overline{A+B+C}$。

(2)常常省略"与"运算符,如将"$A \cdot B$"写成"AB";将 $F(A,B,C,\cdots)=\cdots$ 中的变量名省略,写成 $F=\cdots$,变量个数可在等号后面的表达式中看到,例如,$F=\overline{A} \cdot B+A \cdot \overline{B}$ 函数表达式含有名为 A、B 的两个变量。

(3)在有括号情况下,则按照先"非"、后"与"、再"或"的规则省去括号。

2.真值表

真值表就是将逻辑变量的所有取值组合与其对应的输出函数值列成表格的表示形式。真值表的左边一栏列出逻辑变量的所有取值组合,右边一栏对应每一种逻辑变量组合的逻辑函数取值。由于数字系统中的一个逻辑变量只有 0 和 1 两种取值,两个逻辑变量就有 00、01、10、11 四种取值;依此类推,n 个逻辑变量就有 2^n 种取值组合,也就是说输入变量的取值组合是可以穷举的,若能将每一组输入组合情况下的输出都表示出来,则可以完备地描述该逻辑函数。通常逻辑变量取值按照二进制数值大小顺序排列。

例 2 - 1 - 1 今有 A、B、C 三人可进入某秘密档案室,条件是 A、B、C 三人在场或有两人在场,但其中一人必须是 B,否则报警系统就发出报警信号。假设在场为"1",不在场为"0",报警为"1",不报警为"0",试列出真值表(假设三人都不在场时,不报警)。

解 将该问题看成一个数字逻辑问题,A、B、C 三人为三个逻辑变量,在场为"1",不在场为"0",输出函数为 F,报警为"1",不报警为"0",3 种逻辑变量组合取值有 8 种情况,对应逻辑函数有 8 种取值,其真值表如表 2 - 1 - 1 所示。

表 2 - 1 - 1　例 2 - 1 - 1 真值表

$A \; B \; C$	F
0　0　0	0
0　0　1	1
0　1　0	1
0　1　1	0
1　0　0	1
1　0　1	1
1　1　0	0
1　1　1	0

从表 2 - 1 - 1 可以看出,真值表直观、详尽地记录了逻辑问题,是一种十分有用的工具,在今后的逻辑电路分析和设计中会经常用到它。

3.卡诺图

卡诺图是采用小方格将逻辑变量的所有可能的组合表示出来的方法,是用图形描述逻辑函数的方法,后面的章节将详述。

4.波形图

将逻辑变量及与其对应的逻辑函数的变化用波形的方式对应描述出来的形式称为波形图。波形图 2 - 1 - 1 表示当变量 A 和 B 取不同值时,函数 F 的值为 1,否则为 0,即 A 与 B 完成异或运算。

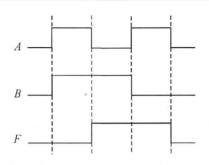

图 2-1-1　异或运算波形图

5.逻辑电路图

采用逻辑门符号构成的逻辑运算关系图称为逻辑电路图。图 2-1-2 所示的逻辑电路可以表示逻辑函数 $F=AB+AC+BC$。

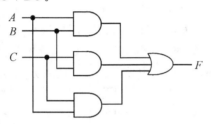

图 2-1-2　逻辑函数 F 的逻辑电路图

2.2　逻辑运算和逻辑门

对于一个数字系统,仅仅用逻辑变量的 0、1 取值反映系统器件的两种状态是远远不够的,还必须将器件间的联系描述出来,即用数学把它们关联起来,这就是运算关系,即逻辑运算。

数字系统中的逻辑电路形式上各种各样,完成的功能各不相同,但无论怎样,它们的逻辑关系都是由基本的"与""或""非"运算组合而来的。这三种运算是逻辑电路中最基本的运算,其它复杂的逻辑运算都是通过这三种运算实现的。

2.2.1　基本逻辑运算和基本逻辑门

1.与逻辑运算和与门

如果决定某一事件发生的多个条件都满足则事件发生,称这种逻辑关系是"与"逻辑,例如,图 2-2-1 所示电路的两个串联开关控制一个电灯的亮与灭,显然,只有在开关 A 和 B 都闭合时,灯 F 才能亮,这种因果关系即为与逻辑。为了用逻辑函数描述该过程,规定:开关 A 或 B 闭合为 1,开关 A 或 B 断开为 0,灯 F 亮为 1,灯 F 灭为 0。

其真值表如表 2-2-1 所示。两变量与的逻辑函数表达式为

$$F=A \cdot B=AB$$

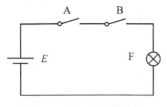

图 2-2-1　与逻辑电路

表 2-2-1　与逻辑真值表

A　B	F
0　0	0
0　1	0
1　0	0
1　1	1

符号"·"表示逻辑与,也称为逻辑乘。为了书写方便,常将其省略。必须注意,有些文献中也采用 $\wedge$、$\cap$、& 等符号表示与逻辑。从表 2-2-1 的真值表可以得出与逻辑的基本运算规则如下

$$0 \cdot 0 = 0 \qquad 0 \cdot 1 = 0 \qquad 1 \cdot 0 = 0 \qquad 1 \cdot 1 = 1$$
$$0 \cdot A = 0 \qquad 1 \cdot A = A \qquad A \cdot A = A$$

实现与逻辑运算的电路称为与门,其逻辑符号如图 2-2-2 所示,其中图(a)是常用符号,(b)是我国国家标准符号,(c)是国际流行符号。后两种符号是 IEEE/ANSI(电气电子工程师协会/美国国家标准协会)认定的图形符号,并与 IEC(国际电工委员会)标准兼容,目前国外的教材和 EDA 软件广泛使用图(c)符号,为教学和今后使用方便,本教材采用图(c)的符号形式。

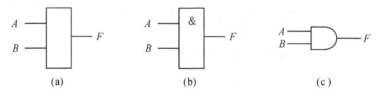

|　　(a)　　　　　　　　(b)　　　　　　　　(c)|

图 2-2-2　与门的逻辑符号

2.或逻辑运算和或门

如果决定某一事件发生的多个条件只要有一个满足事件就发生,则称这种逻辑关系是"或"逻辑,例如,图 2-2-3 所示电路的两个并联开关控制一个电灯的亮与灭,显然,只要开关 A 和 B 有一个闭合时,灯 F 就亮,这种因果关系即为或逻辑。为了用逻辑函数描述该过程,规定:开关 A 或 B 闭合为 1,开关 A 或 B 断开为 0,灯 F 亮为 1,灯 F 灭为 0。其真值表如表 2-2-2 所示。两变量或的逻辑函数表达式为

$$F = A + B$$

符号"+"表示逻辑或,也称其为逻辑加,有文献用 $\vee$ 或 $\cup$ 等符号表示逻辑加。

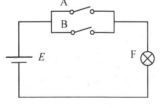

图 2-2-3　或逻辑电路

表 2-2-2　或逻辑真值表

A　B	F
0　0	0
0　1	1
1　0	1
1　1	1

从表 2-2-2 可以得出或逻辑的基本运算规则如下:

$$0 + 0 = 0 \qquad 0 + 1 = 1 \qquad 1 + 0 = 1 \qquad 1 + 1 = 1$$

$$0+A=A \quad 1+A=1 \quad A+A=A$$

实现或逻辑运算的电路称为或门,其逻辑符号如图 2-2-4 所示,其中图(a)是常用符号,(b)是我国国家标准符号,(c)是国际流行符号,本教材采用图(c)的符号形式。

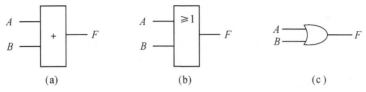

(a)　　　　　　　　(b)　　　　　　　　(c)

图 2-2-4 或门的逻辑符号

3.非逻辑运算和非门

当决定某一事件发生的条件不满足时事件就发生,否则事件就不发生,称这种逻辑关系为"非"逻辑,例如,图 2-2-5 所示电路的开关控制电灯的亮与灭,只有当开关 A 断开时,灯 F 才能亮;而当开关 A 闭合时,灯 F 反而不亮,这种总是同条件相反的逻辑关系称为非逻辑。为了用逻辑函数描述该过程,规定:开关 A 闭合为 1,开关 A 断开为 0,灯 F 亮为 1,灯 F 灭为 0。其真值表如表 2-2-3 所示。

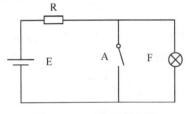

图 2-2-5 非逻辑电路

表 2-2-3 非逻辑真值表

A	F
0	1
1	0

非运算的逻辑函数表达式为

$$F=\overline{A}$$

符号"‾"表示逻辑非,也称为逻辑反。逻辑运算中,习惯将 A 称为原变量,将 $\overline{A}$ 称为反变量,认为 A 和 $\overline{A}$ 是一对互补变量。

实现非逻辑运算的电路称为非门,也称为反相器。其逻辑符号如图 2-2-6 所示,其中图(a)是常用符号,(b)是我国国家标准符号,(c)是国际流行符号,本教材采用图(c)的符号形式。

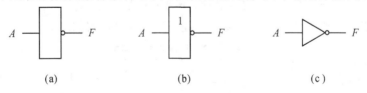

(a)　　　　　　　　(b)　　　　　　　　(c)

图 2-2-6 非门的逻辑符号

2.2.2 复合逻辑运算和复合逻辑门

在逻辑代数中,除了最基本的与、或、非三种逻辑运算,还可以将这些基本逻辑运算进行各种组合,获得与非、或非、与或非、异或、同或等复合逻辑运算。

1.与非逻辑运算

与非逻辑运算是与运算和非运算的组合,其逻辑函数表达式为

$$F=\overline{A \cdot B}$$

其逻辑门的逻辑符号如图 2-2-7(a)所示(由上至下分别为常用符号、我国国家标准符号和国际流行符号,下同)。

2.或非逻辑运算

或非逻辑运算是或运算和非运算的组合,其逻辑函数表达式为

$$F=\overline{A+B}$$

其逻辑门的逻辑符号如图 2-2-7(b)所示。

3.与或非逻辑运算

与或非逻辑运算是与、或、非三种运算的组合,其逻辑函数表达式为

$$F=\overline{AB+CD}$$

其逻辑门的逻辑符号如图 2-2-7(c)所示。

4.异或逻辑运算

异或逻辑的含义是:若两个输入变量的取值相异时,输出为 1;否则输出为 0。$\oplus$是异或运算的符号,其逻辑函数表达式为

$$F=A \oplus B=A\overline{B}+\overline{A}B$$

其逻辑门的逻辑符号如图 2-2-7(d)所示。异或运算的真值表如表 2-2-4 所示。

表 2-2-4　异或逻辑真值表

A　B	F
0　0	0
0　1	1
1　0	1
1　1	0

5.同或逻辑运算

同或逻辑的含义是:若两个输入变量的取值相同时,输出为 1;否则输出为 0。$\odot$是同或运算的符号,其逻辑函数表达式为

$$F=A \odot B=\overline{A}\ \overline{B}+AB$$

其逻辑门的逻辑符号如图 2-2-7(e)所示。同或运算的真值表如表 2-2-5 所示。

表 2-2-5　同或逻辑真值表

A　B	F
0　0	1
0　1	0
1　0	0
1　1	1

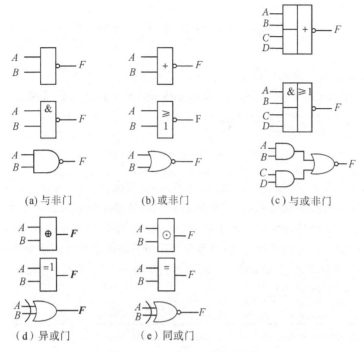

图 2-2-7　复合逻辑门符号

  本节介绍了五种复合逻辑门,使用时要注意,与非门、或非门、与或非门都可以有多个输入端,而异或和同或逻辑门只有两个输入端。

6.异或运算与同或运算的特点及常用公式

  由定义和真值表可以看出,异或与同或在逻辑上互为反函数,即

$$\overline{A \oplus B} = A \odot B, \overline{A \odot B} = A \oplus B$$

同样可以证明,异或与同或运算在逻辑代数中互为对偶式(此内容将在后面介绍)。

  用真值表和后面将要介绍的定理可以证明,异或和同或运算有表 2-2-6 所示的运算法则。

表 2-2-6　异或、同或运算法则

名称	异或	同或
变量与常量	$A \oplus 0 = A$ $A \oplus 1 = \overline{A}$ $A \oplus \overline{A} = 1$	$A \odot 0 = \overline{A}$ $A \odot 1 = A$ $A \odot \overline{A} = 0$
交换律	$A \oplus B = B \oplus A$	$A \odot B = B \odot A$
结合律	$(A \oplus B) \oplus C = A \oplus (B \oplus C)$	$(A \odot B) \odot C = A \odot (B \odot C)$
分配律	$A(B \odot C) = AB \oplus AC$	$A + (B \odot C) = (A + B) \odot (A + C)$
反演律	$\overline{A \oplus B} = \overline{A} \odot \overline{B}$	$\overline{A \odot B} = \overline{A} \oplus \overline{B}$
奇偶律	$A \oplus A = 0, A \oplus A \oplus A = A$	$A \odot A = 1, A \odot A \odot A = A$
调换律	$A \oplus \overline{B} = \overline{A} \oplus B = \overline{A \oplus B}$	$A \odot \overline{B} = \overline{A} \odot B = \overline{A \odot B}$

2.3　逻辑代数的公理、定理及重要规则

逻辑代数是分析数字系统的必不可少的数学工具。只有掌握了逻辑代数的基本公理、定理和规则,才能对电路完成的功能做出正确的分析和判断,才能合理、正确地设计出逻辑电路。

2.3.1　逻辑代数的基本公理和定理

1.公理系统

公理是人们在长期实践中总结出来的基本事实,是客观存在的、抽象的、不需加以证明的基本命题。本书采用的公理系统是简单、方便的逻辑代数公理系统,满足一致性、独立性和完备性三个条件。一致性是指公理系统内部各条公理之间不能出现矛盾;独立性是指公理系统内部的任何一条公理不能由其它公理推导而来;完备性是指所有的定理均可以由公理系统推导得到。

逻辑代数是一个封闭的代数系统,由 0、1、逻辑变量集和三种基本逻辑运算"与""或""非"组成,满足表 2-3-1 所示公理。

表 2-3-1　逻辑代数的公理

序号	名称	与	或
1	交换律	$A \cdot B = B \cdot A$	$A + B = B + A$
2	结合律	$(A \cdot B) \cdot C = A \cdot (B \cdot C)$	$(A + B) + C = A + (B + C)$
3	分配律	$A + (B \cdot C) = (A + B)(A + C)$	$A \cdot (B + C) = A \cdot B + A \cdot C$
4	0-1律	$A \cdot 0 = 0$ $A \cdot 1 = A$	$A + 1 = 1$ $A + 0 = A$
5	重叠律	$A \cdot A = A$	$A + A = A$
6	互补律	$A \cdot \overline{A} = 0$	$A + \overline{A} = 1$

公理的正确性可用真值表验证。公理确定之后,就可以利用其证明定理、推导公式。

例 2-3-1　用真值表验证分配律的正确性。

解　证明分配律的真值表如表 2-3-2 所示。将 A、B、C 三个变量所有可能二进制取值组合列成表 2-3-2 的形式。

表 2-3-2　验证分配律的真值表

$A\ B\ C$	BC	$A+BC$	$(A+B)$	$(A+C)$	$(A+B)(A+C)$
0 0 0	0	0	0	0	0
0 0 1	0	0	0	1	0
0 1 0	0	0	1	0	0
0 1 1	1	1	1	1	1
1 0 0	0	1	1	1	1
1 0 1	0	1	1	1	1
1 1 0	0	1	1	1	1
1 1 1	1	1	1	1	1

由表 $2-3-2$ 得出分配律 $A+(B \cdot C)=(A+B)(A+C)$ 是正确的。 $A \cdot (B+C)=A \cdot B+A \cdot C$ 同样成立,此处不再证明。

2.基本定理

由逻辑代数的公理可以推导出逻辑代数的基本定理,如表 $2-3-3$ 所示。

表 $2-3-3$ 逻辑代数的定理

序号	与	或	非
1	$0 \cdot 0=0;1 \cdot 0=0;0 \cdot 1=0;1 \cdot 1=1$	$0+0=0;1+0=1;0+1=1;1+1=1$	
2	$A+AB=A$	$A \cdot (A+B)=A$	
3	$A+\overline{A} \cdot B=A+B$	$A \cdot (\overline{A}+B)=A \cdot B$	
4	$\overline{A+B}=\overline{A} \cdot \overline{B}$	$\overline{A \cdot B}=\overline{A}+\overline{B}$	
5	$A \cdot B+A \cdot \overline{B}=A$	$(A+B) \cdot (A+\overline{B})=A$	
6	$A \cdot B+\overline{A} \cdot C+B \cdot C=A \cdot B+\overline{A} \cdot C$ 推论: $A \cdot B+\overline{A} \cdot C+B \cdot C \cdot D \cdot E\cdots=A \cdot B+\overline{A} \cdot C$	$(A+B) \cdot (\overline{A}+C) \cdot (B+C)$ $=(A+B)(\overline{A}+C)$	
7			$\overline{\overline{A}}=A$

例如,证明 $A+AB=A$。证:等式左边 $=A(1+B)=A \cdot 1=A$。

证明 $A+\overline{A} \cdot B=A+B$。证:等式左边 $=(A+\overline{A})(A+B)=1 \cdot (A+B)=A+B$。

证明 $A \cdot B+\overline{A} \cdot C+B \cdot C=A \cdot B+\overline{A} \cdot C$。证:等式左边 $=A \cdot B+\overline{A} \cdot C+(A+\overline{A}) \cdot B \cdot C=A \cdot B+\overline{A} \cdot C+ABC+\overline{A}BC=AB(1+C)+\overline{A}C(1+B)=AB+\overline{A}C$。

2.3.2 逻辑代数的重要规则

逻辑代数有三条非常重要的规则,即代入规则、反演规则和对偶规则。掌握好这些规则对于逻辑运算非常有用。

1.代入规则

一个逻辑等式中的任意变量 A,均可用另一逻辑函数 F 代替,等式仍然成立,称该规则为代入规则,例如,在式 $A(B+C)=AB+AC$ 中,若 $B=E+D$,则将 $E+D$ 代入所有出现 B 的地方,等式仍然成立。代入规则在推导公式时非常有用,利用该规则将逻辑代数公理、定理中的变量用任意函数代替,能够推导出更多的等式。可以将这些等式直接当作公式使用,不需要另外加以证明。

2.反演规则

如果将逻辑函数表达式 F 中的所有"・"换成"+","+"换成"・","0"换成"1","1"换成"0",原变量换成反变量,反变量换成原变量,则得到的新函数表达为函数 F 的反函数,记作

$\overline{F}$。例如,函数 $F=\overline{A}B+C\overline{D}$,由反演规则得其反函数为 $\overline{F}=(A+\overline{B})\cdot(\overline{C}+D)$。

3.对偶规则

如果将逻辑函数表达式 F 中的所有"·"换成"+","+"换成"·","0"换成"1","1"换成"0",逻辑变量保持不变,则得到的新函数表达式为函数 F 的对偶函数,记作 F',例如,函数 $F=\overline{A}B+C\overline{D}$,由对偶规则得其对偶函数为 $F'=(\overline{A}+B)\cdot(C+\overline{D})$。

推论:如果两个函数 F_1 和 F_2 相等,则它们的对偶式 F'_1 和 F'_2 也相等。

2.4　逻辑函数表达式的形式

逻辑函数表达式分为基本形式表达式和标准形式表达式两种。

2.4.1　逻辑函数表达式的基本形式

逻辑函数表达式的基本形式有"积之和"与"和之积"两种。

"积之和"(也称为"与或"表达式)是指一个函数式中包含若干个"积"项,每一个"积"项中可以有一个或若干个原变量或反变量出现,所有"积"项的和表示一个函数,如 $F=AB+\overline{C}+\overline{A}\,\overline{B}C$。

"和之积"(也称为"或与"表达式)是指一个函数式中包含若干个"和"项,每一个"和"项中可以有一个或若干个原变量或反变量出现,所有"和"项的积表示一个函数,如 $F=(A+B)(\overline{B}+C)(\overline{A}+B+\overline{C})$。

2.4.2　逻辑函数表达式的标准形式

逻辑函数表达式的形式可以有多种,但其只有两种标准形式,即"标准与或式"和"标准或与式"。这两种表达式不但跟函数的真值表是严格对应的,而且都是唯一的。

1.最小项和标准与或式

(1)最小项。在有 n 个变量的逻辑函数的"与"项中,如果每个变量都以原变量或反变量的形式出现且仅出现一次,则该"与"项被称为最小项。如三变量逻辑函数 $F=f(A,B,C)$,有 $8=2^3$ 个最小项,即 $\overline{A}\,\overline{B}\,\overline{C}$、$\overline{A}\,\overline{B}\,C$、$\overline{A}B\overline{C}$、$\overline{A}BC$、$A\overline{B}\,\overline{C}$、$A\overline{B}C$、$AB\overline{C}$ 和 ABC,而 A、AB 等都不是最小项。推论:对于含有 n 个变量的逻辑函数一定有 2^n 个最小项。

为了书写和叙述方便,通常用 m_i 表示最小项,其中 i 是与最小项二进制编码对应的十进制数。用 1 表示最小项原变量,0 表示反变量,变量顺序确定后,用 1 和 0 按变量顺序排成一个二进制数,其十进制数就是该最小项的下标 i。如三变量 A、B、C 的最小项 m_i,通常以 ABC 的次序确定由高到低的顺序,如最小项 $\overline{A}BC$ 对应的二进制数为 011,因此其对应的下标为 3,即 $\overline{A}BC$ 可用 m_3 表示。同理,$\overline{A}\,\overline{B}\,\overline{C}=m_0$,…,$ABC=m_7$。表 2-4-1 为三变量最小项及其编号。

表 2-4-1　三变量最小项及其编号

A B C	最小项及对应的编号		
	最小项	对应十进制数	编号
0 0 0	$\overline{A}\,\overline{B}\,\overline{C}$	0	m_0
0 0 1	$\overline{A}\,\overline{B}C$	1	m_1
0 1 0	$\overline{A}B\overline{C}$	2	m_2
0 1 1	$\overline{A}BC$	3	m_3
1 0 0	$A\overline{B}\,\overline{C}$	4	m_4
1 0 1	$A\overline{B}C$	5	m_5
1 1 0	$AB\overline{C}$	6	m_6
1 1 1	ABC	7	m_7

从最小项定义可以得出如下重要性质：

① $\sum_{i=0}^{2^n-1} m_i = 1$，即 n 变量的所有最小项之和为 1；

②任意两个不同最小项逻辑乘为 0，即 $m_i \cdot m_j = 0(i \neq j)$；

③ n 变量的每个最小项有 n 个相邻项，例如，三变量的某一最小项 $\overline{A}\,\overline{B}C$ 有三个相邻项：$AB\overline{C}$、$\overline{A}\,B\,\overline{C}$、$ABC$。这种相邻关系在后面的逻辑函数化简学习中非常重要。

(2)最小项表达式——标准与或式。如果一个与或表达式中所有的与项均为最小项，称这种表达式为**标准与或式**，也称为**最小项表达式**或**标准积之和**。任何一个逻辑函数均可以表示为标准与或式。将真值表中使函数值为 1 的各个最小项相或得到的表达式即为标准与或式。同真值表一样，标准与或式也是唯一的。

例 2-4-1　将逻辑函数 $F(A,B,C)=A\overline{B}+\overline{B}C$ 化成最小项之和的形式。

解　三变量逻辑函数最小项的表达式由三变量的积构成。利用 $A+\overline{A}=1$，将逻辑函数中每一项变成含有 A、B、C 或 $\overline{A}$、$\overline{B}$、$\overline{C}$ 的积的形式。

$$F = A\overline{B} + \overline{B}C = A\overline{B}(C+\overline{C}) + \overline{B}C(A+\overline{A}) = A\overline{B}C + A\overline{B}\,\overline{C} + A\overline{B}C + \overline{A}\,\overline{B}C$$

$$= m_5 + m_4 + m_5 + m_1 = m_5 + m_4 + m_1 = \sum m^3(1,4,5) = \sum m(1,4,5)$$

注意：有的文献写成 $F=\cdots=\sum m^3(1,4,5)$，表明该逻辑函数式含有 3 个逻辑变量。为了书写方便，常常将 3 省略写成 $F=\cdots=\sum m(1,4,5)$。

2.最大项和标准或与式

(1)最大项。在有 n 个变量的逻辑函数的"或"项中，如果每个变量都以原变量或反变量的形式出现且仅出现一次，则该"或"项被称为最大项，例如，三变量逻辑函数 $F=f(A,B,C)$，有 $8=2^3$ 个最大项，即 $(A+B+C)$、$(A+B+\overline{C})$、$\cdots$、$(\overline{A}+\overline{B}+\overline{C})$。而 A、$(A+B)$ 等都不是最大项。推论：对于含有 n 个变量的逻辑函数一定有 2^n 个最大项。

为了书写和叙述方便，通常用 M_i 表示最大项。用 1 表示最大项反变量，0 表示最大项原变量。变量顺序确定后，按变量排列顺序组成一个二进制数，与二进制数对应的十进制数就是该最大项的下标 i。如三变量 A、B、C 的最大项 M_i，通常以 ABC 的次序确定由高到低的顺序,最大项$(\overline{A}+B+\overline{C})$对应的二进制数为101,因此其对应的下标为5,即$(\overline{A}+B+\overline{C})$可用$M_5$表示。同理,$(A+B+C)=M_0$、$\cdots$、$(\overline{A}+\overline{B}+\overline{C})=M_7$。表2-4-2为三变量最大项及其编号。

表2-4-2　三变量最大项及其编号

A B C	最大项及对应的编号		
	最大项	对应十进制数	编号
0 0 0	$A+B+C$	0	M_0
0 0 1	$A+B+\overline{C}$	1	M_1
0 1 0	$A+\overline{B}+C$	2	M_2
0 1 1	$A+\overline{B}+\overline{C}$	3	M_3
1 0 0	$\overline{A}+B+C$	4	M_4
1 0 1	$\overline{A}+B+\overline{C}$	5	M_5
1 1 0	$\overline{A}+\overline{B}+C$	6	M_6
1 1 1	$\overline{A}+\overline{B}+\overline{C}$	7	M_7

从最大项定义可以得出如下重要性质:

①$\prod\limits_{i=0}^{2^n-1}M_i=0$,此处$\prod$表示累积逻辑"乘",该式表明$n$个变量的所有最大项的积恒为0;

②任意两个不同最大项的逻辑和为1,即$M_i+M_j=1(i\neq j)$;

③n变量的每个最大项有n个相邻项,例如,三变量的最大项$(A+\overline{B}+C)$有三个相邻项:$(\overline{A}+\overline{B}+C)$、$(A+B+C)$、$(A+\overline{B}+\overline{C})$。

(2)最大项表达式——标准或与式。如果一个或与表达式中所有的或项均为最大项,称这种表达式为**标准或与式**,也称为**最大项表达式**或**标准和之积表达式**。任何一个逻辑函数均可以表示为标准或与式。

例2-4-2　将逻辑函数$F=\sum m(0,2,4,5)$转化成最大项的表示形式。

解　$F=\sum m(0,2,4,5)$,将F求反得到
$$\overline{F}=m_1+m_3+m_6+m_7$$

再一次求反得

$$F=\overline{\overline{F}}=\overline{m_1+m_3+m_6+m_7}$$
$$=\overline{m_1}\cdot\overline{m_3}\cdot\overline{m_6}\cdot\overline{m_7}$$
$$=M_1\cdot M_3\cdot M_6\cdot M_7$$
$$=\prod M(1,3,6,7)$$

从例2-4-2看出,最大项表达式是将真值表中使函数值为0的各个最大项相与。由此得出结论:任何一个逻辑函数可以用最小项表达式表示也可以用最大项表达式表示。

3.最小项与最大项的关系

①在同一逻辑问题下,编号相同的最小项和最大项为互补关系,即$\overline{m_i}=M_i$,$\overline{M_i}=m_i$;

②最小项与最大项互为对偶式。

2.5 逻辑函数表达式的化简

在数字系统中,逻辑函数越简单,对应的电路越简单。而从实际问题中概括出来的逻辑函数常常不是最简的。为了降低电路成本、提高可靠性、减少复杂度,有必要对逻辑函数进行化简,得到最简的逻辑函数表达式。常用的逻辑函数化简法有代数化简法和卡诺图化简法。

2.5.1 代数化简法

代数化简法就是运用逻辑代数的公理、定理和规则对逻辑函数进行恒等变换的化简方法。化简时可反复使用逻辑代数的公理、定理、规则和各种等式变换方法消去逻辑函数表达式中多余的项,得到逻辑函数的最简与或(或与)表达式。这种方法没有固定的步骤,最终的化简结果依据实际需要而定,通常遵循两个原则:①化简后的表达式中与项(或项)的个数最少;②每个与项(或项)中的变量个数最少。常用的有以下几种化简方法。

1.与或表达式的化简

与或表达式化简的最终结果通常满足两个原则:①与项尽可能少;②每个与项的变量个数尽可能少。相应地,化简后的逻辑函数的逻辑电路所需门的数量以及门的输入端个数也为最少。

1)并项法

利用 $A \cdot B + A \cdot \overline{B} = A(B + \overline{B}) = A$,将两个"与"项合并为一个"与"项,同时削去一个变量,例如

$$F_1 = A\overline{B}C + A\overline{B}\,\overline{C} = A\overline{B}(C + \overline{C}) = A\overline{B}$$

$$F_2 = AB\overline{C} + A\,\overline{B\overline{C}} = A(B\overline{C} + \overline{B\overline{C}}) = A$$

2)吸收法

利用 $A + AB = A(1 + B) = A$,吸收多余的乘积项或因子,例如

$$F_3 = \overline{B} + A\overline{B}D = \overline{B}(1 + AD) = \overline{B}$$

3)消去因子法

利用 $A + \overline{A}B = A + B$,削去多余的与项中的多余因子,例如

$$F_4 = AB + \overline{A}C + \overline{B}C = AB + (\overline{A} + \overline{B})C = AB + \overline{AB}C = AB + C$$

4)削去多余(冗余)项

利用 $AB + \overline{A}C + BC = AB + \overline{A}C$ 削去多余项,例如

$$F_5 = A\overline{C} + \overline{A}D + B\overline{C}D = A\overline{C} + \overline{A}D$$

5)添项法、配项法

利用 $A + A = A$、$A + \overline{A} = 1$、$x \cdot \overline{x} = 0$ 或 $x \cdot \overline{x}f(A,B,\cdots) = 0$,在逻辑函数式中先添加多余项或配项,然后逐步化简函数,例如

$$F_6 = \overline{A}\,\overline{B}\,\overline{C} + \overline{A}B\overline{C} + \overline{A}BC + AB\overline{C}$$

$$= (\overline{A}\,\overline{B}\,\overline{C} + \overline{A}B\overline{C}) + (\overline{A}B\overline{C} + \overline{A}BC) + (\overline{A}B\overline{C} + AB\overline{C}) \ (利用 \overline{A}B\overline{C} + \overline{A}B\overline{C} + \overline{A}B\overline{C} = \overline{A}B\overline{C})$$

$$= \overline{A}\,\overline{C}(\overline{B} + B) + \overline{A}B(\overline{C} + C) + (\overline{A} + A)B\overline{C} \ (利用 A + \overline{A} = 1)$$

$$= \overline{A}\,\overline{C} + \overline{A}B + B\overline{C}$$

$$F_7 = AB\overline{C} + \overline{ABC} \cdot \overline{AB}$$
$$= AB\,\overline{\overline{AB}} + AB\overline{C} + \overline{ABC} \cdot \overline{AB}\,(利用\ x \cdot \overline{x} = 0\ 添项)$$
$$= AB(\overline{AB} + \overline{C}) + \overline{ABC} \cdot \overline{AB}$$
$$= AB\,\overline{ABC} + \overline{ABC} \cdot \overline{AB}$$
$$= \overline{ABC}$$

2.或与表达式的化简

或与表达式的化简同与或表达式类似,要使函数表达式中的或项个数最少,且每个或项的变量个数最少。

或与表达式的化简同样可以利用公理、定理的或与形式,综合运用积累的经验和各种技巧方法化简,例如化简

$$F_8 = (A+B)(A+\overline{B})(B+C)(B+C+D)$$
$$= (A+B)(A+\overline{B})(B+C)$$
$$= A(B+C)$$

又如化简 $F_9 = (A+\overline{B})(\overline{A}+B)(B+C)(\overline{A}+C)$,取 F_9 的对偶式

$$F_9' = A\overline{B} + \overline{A}B + BC + \overline{A}C$$
$$= A\overline{B} + \overline{A}B + (B+\overline{A})C$$
$$= A\overline{B} + \overline{A}B + \overline{\overline{A}\overline{B}}C$$
$$= A\overline{B} + \overline{A}B + C$$

再求 F_9' 的对偶式,得到

$$F_9 = (F_9')' = (A+\overline{B})(\overline{A}+B)C$$

从以上例子可以看出,逻辑代数化简法的优点是没有变量个数的限制,只要熟悉和会灵活运用公理、定理和规则,多练习、多积累经验,掌握一定的化简技巧,就可以完成对逻辑函数的化简。但是它也有缺点,比如到目前为止,没有统一的化简规则可循,而且化简结果是不是最简有时难以判定。为此,下面将介绍变量个数少、化简方法简便且能直观判定是否为最简结果的方法——卡诺图法。

2.5.2　卡诺图化简法

为了更好地化简逻辑函数,人们研究了多种化简逻辑函数的方法,图形法化简逻辑函数就是最常用的一种方法。该方法是 1952 年维奇(W.Veitch)首先提出,1953 年美国工程师卡诺(M. Karnaugh)进行了更为系统、全面的阐述,因此也将该方法称为卡诺图法。相比代数法它更形象直观,易于理解、掌握,只要熟悉一些简单的规则,便可快速将逻辑函数化为最简式。卡诺图法是逻辑设计函数化简的有力工具,因此要熟练掌握。

1.卡诺图化简的基本原理

根据前面已经学过的内容知道 $A\overline{B} + AB = A$,即两个逻辑相邻项可合并成一项,合并的结果是保留相同变量,消去取值相反的变量。逻辑相邻是逻辑函数化简的重要前提。

例 2 - 5 - 1　化简 $F(A,B,C)=\overline{A}B\overline{C}+ABC+\overline{A}\,\overline{B}C+\overline{A}BC+\overline{A}\,\overline{B}\,\overline{C}$。

解　$F(A,B,C)=\overline{A}B\overline{C}+ABC+\overline{A}\,\overline{B}C+\overline{A}BC+\overline{A}\,\overline{B}\,\overline{C}=\overline{A}\,\overline{C}(B+\overline{B})+ABC+\overline{A}C(\overline{B}+B)$
$$=\overline{A}\,\overline{C}+ABC+\overline{A}C=\overline{A}+ABC$$
$$=\overline{A}+BC$$

上述例子相邻项很直观,应用前面的知识很容易进行相邻项化简,但实际当中大量遇到的是逻辑函数相邻关系不直观的情况,卡诺图可以帮助化简这种情况。

2.卡诺图的构成

卡诺图是用方格表示的特殊表格,每一个方格代表一个最小项。其构成原则为:将 n 变量逻辑函数的全部最小项分别用一个个小方格表示,使得在逻辑上相邻的最小项在几何位置上也相邻,变量的取值按照格雷码排列。卡诺图结构的最大特点就是逻辑函数的最小项在图中的逻辑相邻关系。此处的相邻指三种情况:一是位置上相接,即紧邻;二是位置相对,即任意一行或一列的两端;三是相重,即对折卡诺图时位置重合。

一变量卡诺图如图 2 - 5 - 1(a)所示,有 $2^1=2$ 个最小项,因此卡诺图由两个小方格构成。

二变量卡诺图如图 2 - 5 - 1(b)所示,有 $2^2=4$ 个最小项,因此卡诺图由 4 个小方格构成。显然 m_0 与 m_1 和 m_2 相邻。

三变量卡诺图如图 2 - 5 - 1(c)所示,有 $2^3=8$ 个最小项,因此卡诺图由 8 个小方格构成。显然 m_1 与 m_0、m_3 及 m_5 相邻,即两个最小项之间仅有一个变量相反,其余变量相同。

四变量卡诺图如图 2 - 5 - 1(d)所示,有 $2^4=16$ 个最小项,因此卡诺图由 16 个小方格构成。同理,m_0 与 m_1、m_2、m_4、m_8 相邻。

五变量卡诺图如图 2 - 5 - 1(e)所示,有 $2^5=32$ 个最小项,因此卡诺图由 32 个小方格构成。同理,m_0 与 m_1、m_2、m_4、m_8、m_{16} 相邻,其它最小项的相邻项依此类推。

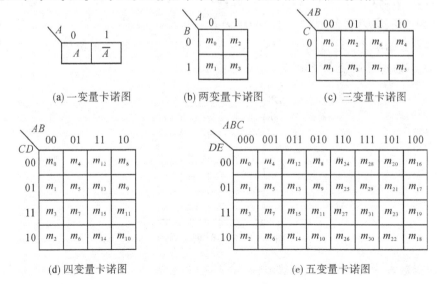

(a) 一变量卡诺图　　　(b) 两变量卡诺图　　　(c) 三变量卡诺图

(d) 四变量卡诺图　　　　　　　(e) 五变量卡诺图

图 2 - 5 - 1　多变量卡诺图

从图 2 - 5 - 1 可以看出,卡诺图对于处理多变量并没有优势,随着变量个数的增加,图形会变得很复杂,相邻关系不直观、不易于寻找,但不管怎样,对于三变量和四变量的逻辑函数化简还是很方便的,因此实际中仍然大量使用。

3.逻辑函数的卡诺图表示

首先根据逻辑函数包含的变量个数和卡诺图的构成原理画出卡诺图,然后将函数式中各最小项对应的卡诺图小方格填入1,其余小方格填入0,此即为逻辑函数的卡诺图。

将逻辑函数最小项填入卡诺图,通常有以下四种情况。

1)逻辑函数表达式为标准与或式

将标准与或式的每一个与项在卡诺图对应的位置填入1,其余填入0或不填,例如,将 $F_1(A,B,C)=\sum m(0,3,5,6)$ 用卡诺图表示时,只需在三变量卡诺图 m_0、m_3、m_5、m_6 位置填入1,如图2-5-2所示,其余填入0或不填就可以了。

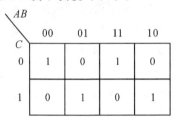

图2-5-2　三变量 F_1 的卡诺图

2)逻辑函数表达式为一般与或式

将一般与或式的每一个与项在卡诺图对应的位置填入1,其余填入0或不填,例如,用卡诺图表示 $F_2(A,B,C,D)=\overline{A}\overline{B}\overline{C}+A\overline{B}\overline{C}+D$,首先确定每一个与项是1的情况,然后分别填入对应的卡诺图方格中。

本例 $\overline{A}\overline{B}\overline{C}$ 缺少 D,而 D 可能有两种取值,即1或0,这两种情况必须都考虑到,因此对应的 $\overline{A}\overline{B}\overline{C}\overline{D}$ 和 $\overline{A}\overline{B}\overline{C}D$ 方格分别填入1。同理 $A\overline{B}\overline{C}$ 考虑 D 的两种取值1和0。D 与 A、B、C 八种组合的取值如图2-5-3所示。由图2-5-3可以看出,这个逻辑函数表达式最小项有重叠部分,可以通过化简使逻辑函数变得更加简单。

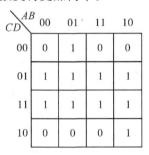

图2-5-3　F_2 的卡诺图

3)逻辑函数表达式为标准或与式

将标准或与式的每一个最大项在卡诺图上相应的方格填入0,其余方格填入1即可。例如 $F_3(A,B,C)=\prod M(0,3,5)=(A+B+C)(A+\overline{B}+\overline{C})(\overline{A}+B+\overline{C})$ 的卡诺图如图2-5-4所示。

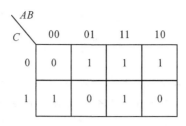

图 2-5-4　F_3 的卡诺图

需要注意的是,卡诺图中最大项与最小项的编号是一致的,而变量的取值却是相反的。

4)逻辑函数表达式为一般或与式

将一般或与式的每一个或项在卡诺图上相应的最大项处都填入 0,其余的都填入 1 即可。例如 $F_4(A,B,C)=(A+\overline{C})(\overline{A}+\overline{B})(B+\overline{C})$ 的卡诺图如图 2-5-5 所示。

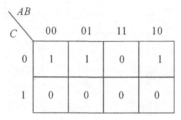

图 2-5-5　F_4 的卡诺图

首先看 $A+\overline{C}$,缺少变量 B,B 取值不是 1 就是 0;再看 $\overline{A}+\overline{B}$,缺少变量 C,C 取值不是 1 就是 0;同样 $B+\overline{C}$ 缺少变量 A,而 A 取值不是 1 就是 0,因此 F_4 的卡诺图如图 2-5-5 所示。从图 2-5-5 可以清楚看到最大项在卡诺图中有重叠,即有多余项,因此可以化简。

4.逻辑函数的卡诺图化简

1)卡诺图相邻最小项的合并

相邻项是除了一个变量不同外,其余变量都相同的两个与项。根据之前所学的三种情况可知五变量卡诺图中,m_5 与 m_1、m_4、m_7、m_{13} 相接与 m_{21} 相重,如图 2-5-6 所示。

ABC DE	000	001	011	010	110	111	101	100
00	m_0	m_4	m_{12}	m_8	m_{24}	m_{28}	m_{20}	m_{16}
01	m_1	m_5	m_{13}	m_9	m_{25}	m_{29}	m_{21}	m_{17}
11	m_3	m_7	m_{15}	m_{11}	m_{27}	m_{31}	m_{23}	m_{19}
10	m_2	m_6	m_{14}	m_{10}	m_{26}	m_{30}	m_{22}	m_{18}

图 2-5-6　五变量卡诺图

卡诺图上,凡是位置相邻的最小项均可以合并,图 2-5-7 为合并过程。

①两个相邻的最小项可合并为一项,消去一个互补变量,保留相同变量。注意:1 为原变量,0 为反变量。例如,在图 2-5-7(a)中,将 m_1 和 m_3 用矩形框圈到一起(也称卡诺圈,也可以是其它形状)合并为 $\overline{A}C$,而 m_0 和 m_4 合并为 $\overline{B}\,\overline{C}$。

②四个相邻项可合并为一项,消去两个互补变量,保留相同变量。注意:1 为原变量,0 为

反变量。例如在图 2 - 5 - 7(b)、(c)中四个相邻最小项可以合并成一项,消去了两个变量,其中图(b)的 m_0、m_1、m_4、m_5 合并为 $\overline{A}\,\overline{C}$,图(c)的 m_0、m_2、m_8、m_{10} 合并为 $\overline{B}\,\overline{D}$,$m_5$、$m_7$、$m_{13}$、$m_{15}$ 合并为 BD,m_4、m_5、m_7、m_6 合并为 $\overline{A}B$。

③ 八个相邻项可以合并为一项,消去三个互补的变量,保留相同的变量,注意:1 为原变量,0 为反变量。例如在图 2 - 5 - 7(d) 中,八个最小相邻项合并为一项,消去了三个变量,合并结果为 $\sum m(8,9,10,11,12,13,14,15)=A$,$\sum m(1,3,5,7,9,11,13,15)=D$。

十六个以及更多相邻项合并方法同上。

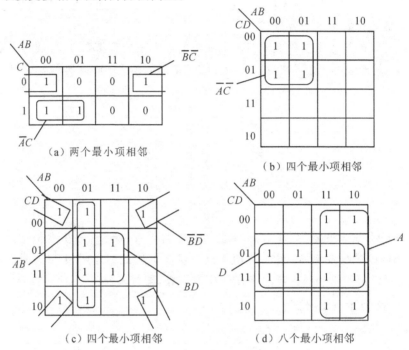

图 2 - 5 - 7　相邻最小项合并

2)用卡诺图化简逻辑函数

(1)将逻辑函数化简为最简与或式。

用卡诺图可以很方便地对逻辑函数进行化简,得到最简与或表达式或最简或与表达式。化简一般步骤如下。

第一步:将逻辑函数用卡诺图表示。

第二步:画卡诺圈合并最小项,合并原则是在满足合并条件下,卡诺圈应尽可能大且均按 2^i 画圈;在覆盖所有"1 方格"的情况下,卡诺圈的个数应尽可能少;每一个"1 方格"可根据需要被多个卡诺圈包含,但至少被某一个卡诺圈包含一次。

第三步:将卡诺图上的所有卡诺圈对应的与项相或,便得到逻辑函数的最简与或表达式。

例 2 - 5 - 2　用卡诺图化简逻辑函数 $F(A,B,C)=\overline{A}B+A\overline{B}+BC+AB\overline{C}$ 为最简与或式。

解　第一步:将逻辑函数用卡诺图表示,如图 2 - 5 - 8 所示;

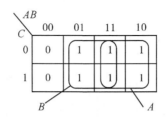

图 2-5-8 例 2-5-2 的卡诺图化简

第二步:按照卡诺图化简原则,可以圈出 2 个含有 2^2 个小方格的卡诺圈,根据前面介绍的合并原则,分别得到 A 和 B 两个结果;

第三步:将卡诺圈对应的与项相或,得到该逻辑函数的最简与或表达式为 $F=A+B$。

例 2-5-3 用卡诺图化简逻辑函数 $F(A,B,C,D)=\overline{A}\,\overline{B}\,\overline{D}+\overline{B}\,\overline{C}\,\overline{D}+A\overline{B}C+\overline{A}BD+AB+\overline{A}CD$。

解 第一步:将逻辑函数用卡诺图表示,如图 2-5-9 所示;

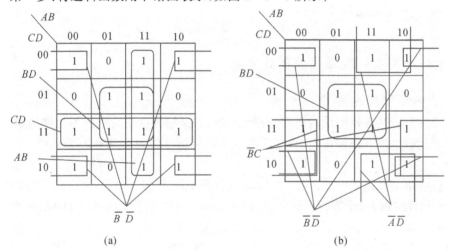

(a)   (b)

图 2-5-9 例 2-5-3 的卡诺图化简

第二步:画卡诺圈合并最小项,由图 2-5-9(a)得出的逻辑函数表达式的最简与或式为

$$F=AB+CD+BD+\overline{B}\,\overline{D}$$

由图 2-5-9(b)得出的逻辑函数表达式的最简与或式为

$$F=BD+\overline{B}C+A\overline{D}+\overline{B}\,\overline{D}$$

本例有多种圈法,图 2-5-9(a)和(b)是较好的两种圈法。从图 2-5-9 可以看出,每一个 1 至少被圈了一次且可以重复圈,每一个圈都是 2^i 个小方格,圈尽可能大。

(2)将逻辑函数化简为最简或与式。

任何一个逻辑函数可以用卡诺图填入 1 的最小项之和表示,也可以用卡诺图填入 0 的最大项之积表示。因此,要求某函数的最简或与式,可以合并该函数对应的卡诺图中填入 0 的相邻项。其化简步骤和化简原则与圈 1 求最简最小项之和相同,只需在卡诺图中圈出 0,写出或项,然后将所有的或项相与即可。需要强调的是,当变量取值为 0 时写原变量,取值为 1 时写反变量。

例 2-5-4 用卡诺图将函数 $F(A,B,C,D)=A\overline{C}+AD+\overline{B}\,\overline{C}+\overline{B}D$ 化简为最简或与

式。

解　第一步:画出函数 F 的卡诺图,如图 $2-5-10$ 所示;

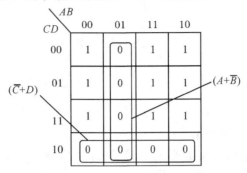

图 $2-5-10$　例 $2-5-4$ 的卡诺图化简

第二步:合并卡诺图中的"0 方格";

第三步:写出最简或与式

$$F=(A+\overline{B})(\overline{C}+D)$$

2.5.3　含有无关项的逻辑函数及其化简

1.逻辑函数中的无关项

经常会在分析某逻辑问题时遇到这样的情况,即某输入变量的取值不允许出现,或者即使出现对逻辑函数也没有任何影响,将这样的变量取值组合的最小项称为无关项。无关项可以分为两种:

①某些变量的取值不允许出现,如 8421BCD 码中的 1010、1011、1100、1101、1110、1111 这 6 种代码不允许出现,是受到约束的。此处的 1010～1111 对应的 6 个最小项,称为"约束项"或"禁止项"。

②某些变量的取值组合客观上不会出现,在这些取值下,输出是 0 或 1 均可,是任意的,也称这样的组合为"任意项"。

包含无关项的逻辑函数一般按下面方式表达:

①在逻辑函数表达式中,无关项用 d 表示,约束条件用约束项恒为 0 表示;

②在真值表或卡诺图中,用×、Φ 或 d 表示无关项对应的函数值。

例 $2-5-5$　在联动互锁开关系统中,几个开关状态是保持互相排斥的,即每次只闭合一个开关,其中一个闭合时,其它开关必须断开。假设有 3 个开关,分别用 A、B、C 表示,开关闭合为 1,断开为 0。用 F 表示显示灯,灯亮为 1,灯灭为 0,试写出灯亮的逻辑函数表达式。

解　由题意,可以写出的逻辑函数真值表如表 $2-5-1$ 所示。由题意已知,不允许同时出现两个或两个以上的开关闭合,因此 A、B、C 三个变量的取值不能出现 011、101、110、111 中的任意一种。也就是说

表 $2-5-1$　例 $2-5-5$ 的真值表

$A\ B\ C$	F
0 0 0	0
0 0 1	1
0 1 0	1
0 1 1	×
1 0 0	1
1 0 1	×
1 1 0	×
1 1 1	×

上述四种取值对应的最小项为约束项,其函数值用×表示。约束条件必须满足 $BC=0,AC=0,AB=0,ABC=0$,即 $BC+AC+AB+ABC=0$,或者写成 $\sum d(3,5,6,7)=0$。因此逻辑函数 F 可以写成

$$\begin{cases} F=\overline{A}\,\overline{B}C+\overline{A}B\overline{C}+A\overline{B}\,\overline{C} \\ AB+BC+AC+ABC=0 \quad (\text{约束条件}) \end{cases}$$

也可以写成　　　　　　　　$F=\sum m(1,2,4)+\sum d(3,5,6,7)$

或　　　　　　　　　　　$F=\prod M(0)\cdot\prod d(3,5,6,7)$

2.含有无关项的逻辑函数化简

对包含有无关项的逻辑函数进行化简时,应尽可能充分、合理地利用无关项,使逻辑函数化简为更加简单的结果。化简时,到底是将卡诺图中的×(或 Φ、d)作为 1 还是作为 0 来处理应以卡诺圈最大且卡诺圈数最少为原则,并不是所有的无关项都要用到,也可以不用,具体问题具体分析。

例 2 - 5 - 6　化简逻辑函数 $F=\sum(1,4)+\sum d(3,5,6,7)$。

解　本例的逻辑函数表达式也可表示为

$$\begin{cases} F=\overline{A}\,\overline{B}C+A\overline{B}\,\overline{C} \\ AB+BC+AC=0 \quad (\text{约束条件}) \end{cases}$$

从上式可以看出:不允许出现 AB、BC 或 AC 同时为 1。如果不考虑无关项,本例给定的逻辑函数 F 已是最简式,无需再化简,即 $F=\overline{A}\,\overline{B}C+A\overline{B}\,\overline{C}$,如图 2-5-11 所示。

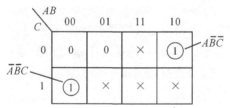

图 2 - 5 - 11　不考虑无关项化简

若考虑无关项函数化简,如图 2-5-12 所示,化简结果为:$F=A+C$。

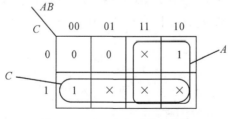

图 2 - 5 - 12　考虑无关项化简

可见,利用无关项可以将逻辑函数进一步化简。化简时判断是否将无关项圈入的原则是对化简有利即可。

例 2 - 5 - 7　化简 $F=\sum m(0,3,4,7,9,13)+\sum d(1,2,5,6,10,11,15)$ 为最简"与或"表达式。

解　首先画出四变量逻辑函数的卡诺图,在函数式中将含有最小项的方格填入 1,在无关项方格填入×,然后依据化简规则圈出含无关项的卡诺图,如图 2-5-13(a)所示,其最简"与或"表达式为

$$F=\overline{A}+D$$

而没有利用无关项的化简卡诺图如图 2-5-13(b)所示,其最简"与或"表达式为

$$F=\overline{A}\,\overline{C}\,\overline{D}+\overline{A}\,\overline{C}D+\overline{A}CD$$

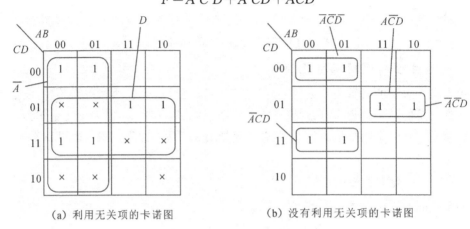

（a）利用无关项的卡诺图　　　　（b）没有利用无关项的卡诺图

图 2-5-13　例 2-5-7 卡诺图化简

因此,利用了无关项化简的"与或"表达式更简单。

2.5.4　多输出逻辑函数化简

实际问题中,常常会出现一组相同输入变量产生多个输出函数的情况。对于具有相同输入变量的多输出函数,在化简的时候,并不是每一个输出函数越简单越好,即不能将输出函数按照前面的化简方法单独化简,而要全局考虑,尽可能多地将各个输出函数的公共部分圈出来,即以多个函数的整体最简为目标。

例 2-5-8　二输出函数 F_1 和 F_2 的表达式为

$$F_1(A,B,C)=A\overline{B}+A\overline{C}$$

$$F_2(A,B,C)=AB+BC$$

用卡诺图表示函数 F_1 和 F_2,如图 2-5-14 所示。

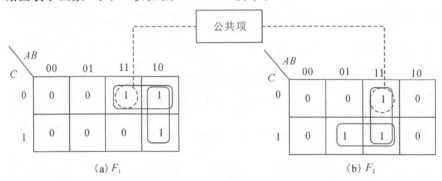

（a）F_1　　　　　　　（b）F_2

图 2-5-14　例 2-5-8 的逻辑函数 F_1 和 F_2 的卡诺图

从图 2-5-14 可以看出函数 F_1 和 F_2 都已经是最简的"与或"式。两个逻辑函数共包含有 4 个不同的与项,如果将图 2-5-14 卡诺图中的 $AB\overline{C}$ 单独圈出来,如图中虚线所示,则函数 F_1 和 F_2 的表达式变为

$$F_1(A,B,C)=A\overline{B}+AB\overline{C}$$

$$F_2(A,B,C)=BC+AB\overline{C}$$

两个表达式都包含有"与项"$AB\overline{C}$,两个函数表达式的"与项"由原来的 4 个减少为了 3 个。尽管从单个逻辑函数来看,不是最简,但从整体上看,由于利用了两个逻辑函数表达式的共有部分,而从整体上简化了。若从硬件角度看,节省了一个与门。

2.6 逻辑函数表达式的转换

常用的逻辑函数的表达式有五种形式,即与或表达式、或与表达式、与非-与非表达式、或非-或非表达式、与或非表达式。每一种逻辑函数表达式对应一种逻辑电路。实际中有时会对电路中的逻辑门器件类型作出某种限制,此时必须对表达式进行变换,达到电路要求的逻辑函数表达式形式。例如,要求只能使用与非门实现某功能,而给出的表达式是与或式,这就需要将与或式变换成与非-与非的形式。

例 2-6-1 将函数 $F=AB+\overline{A}C$ 的与或表达式分别转换成其它形式。

(1)"与或"表达式转换为"与非-与非"表达式:

①首先将逻辑函数化简成最简"与或"表达式;

②对化简后的"与或"表达式两次取反,便可得到"与非-与非"表达式。

解 ①本例 F 的表达式已是最简式;

②将"与或"式两次求反得到:$F=\overline{\overline{AB+\overline{A}C}}=\overline{\overline{AB}\cdot\overline{\overline{A}C}}$。

(2)"与或"表达式转换为"与或非"表达式:

①用卡诺图法先求出 $\overline{F}$ 的"与或"表达式;

②求($\overline{\overline{F}}$),便得到最简"与或非"表达式。

解 ①求出反函数 $\overline{F}$ 的"与或"式:$\overline{F}=\overline{AB+\overline{A}C}=\overline{AB}\cdot\overline{\overline{A}C}=(\overline{A}+\overline{B})\cdot(A+\overline{C})=\overline{A}\,\overline{C}+A\overline{B}+\overline{B}\,\overline{C}$;

②再一次求反得到:$F=\overline{\overline{F}}=\overline{\overline{A}\,\overline{C}+A\overline{B}+\overline{B}\,\overline{C}}$。

(3)"与或"变"或非-或非"表达式:

①首先将 F 化为最简式,写出 F 的对偶式 F';

②将 F' 简化为最简"与非-与非"表达式;

③求 F' 的对偶式 $(F')'$,便得到 F 的最简"或非-或非"表达式。

解 ①求 F 的对偶式得到:$F'=(AB+\overline{A}C)'=(A+B)(\overline{A}+C)=AC+\overline{A}B+BC$;

②两次求反得到:$F'=(AB+\overline{A}C)'=\overline{\overline{(A+B)(\overline{A}+C)}}=\overline{\overline{AC}+\overline{A}B+BC}$;

③再求对偶得到:$(F')'=((AC+\overline{A}B+BC))'=\overline{\overline{(A+C)(\overline{A}+B)(B+C)}}=$

$\overline{\overline{A+C}+\overline{\overline{A}+B}+\overline{B+C}}$。

（4）"与或"表达式变"或与"表达式：

①首先求出 $\overline{F}$；

②对 $\overline{F}$ 再求反，便得到最简"或与"表达式。

解　①先求出 F 的反函数得到：$\overline{F}=AB+\overline{AC}=\overline{AB}\cdot\overline{\overline{AC}}$；

②再求一次反得到：$F=\overline{\overline{AB+\overline{AC}}}=\overline{\overline{AB}\cdot\overline{\overline{AC}}}=(\overline{A}+\overline{B})\cdot(A+\overline{C})$

$$=\overline{A}\,\overline{C}+A\overline{B}+\overline{B}\,\overline{C}=(A+C)(\overline{A}+B)(B+C)。$$

（5）"或与"表达式转换为"或非-或非"表达式：

①首先将给定的或与逻辑函数化成最简式；

②对化简后的"或与"表达式两次求反，便得到"或非-或非"表达式。

解　①由（4）得到 $F=(A+C)(\overline{A}+B)(B+C)$，已是最简式；

②对化简后的"或与"表达式两次求反得到：

$$F=\overline{\overline{F}}=\overline{\overline{(A+C)(\overline{A}+B)(B+C)}}=\overline{\overline{A+C}+\overline{\overline{A}+B}+\overline{B+C}}$$

本章小结

本章主要介绍了基本逻辑运算，复合逻辑运算，基本逻辑门，复合逻辑门，逻辑代数的基本公理、定理和规则，逻辑函数表达式的形式与相互转换及其化简等内容，这些都是进行逻辑电路分析和设计的工具。

（1）逻辑代数有与、或、非三种基本运算，这三种基本逻辑运算又可以组合成复合逻辑运算，比如与非、或非、与或非、异或和同或等。

（2）逻辑函数可以用逻辑表达式、真值表、卡诺图、波形图、逻辑图等表示。这些方法各有特点，也可以相互转换，都能够表示输出函数与输入变量之间的对应关系。任何一个逻辑函数，其逻辑表达式都可以有多种形式，但其真值表是唯一的，且与之对应的最小项和最大项也是唯一的。

（3）逻辑电路的设计中，为了减少逻辑门的种类或数量，常常需要将逻辑函数表达式变换成电路需要的逻辑门形式，因此必须掌握常用逻辑函数表达式的五种形式及其相互转换。

（4）逻辑函数的化简是分析和设计数字逻辑电路的重要环节。完成同样的功能，电路越简单，成本就越低，可靠性就越高。逻辑函数化简通常有两种方法：代数法和卡诺图法。代数法的特点是变量个数不受限制，化简除了需要熟练掌握公理、定理和规则还需要一定的技巧和经验，遇到复杂的逻辑函数有时不能判定化简是否为最简，没有统一的规则可循。卡诺图法简单、直观，且可遵循一定的化简步骤，容易掌握，缺点是变量个数不能太多，通常不超过 5 个。

（5）实际中，逻辑电路的变量输入中常常会出现不可能的取值，称为无关项，在逻辑函数的化简中，充分利用无关项可使逻辑函数表达式更加简化。在对多输出逻辑函数进行化简时，要注意公共项，化简并不一定是越简单越好。

习题 2

2-1　应用逻辑代数知识，判断下列各式是否成立。

(1)假设 A 和 B 都是逻辑变量,当 $A \cdot B = 0$ 且 $A + B = 1$ 时,$A = \overline{B}$。

(2)已知 $X + Y = X + Z$,$X \cdot Y = X \cdot Z$,$Y = Z$ 吗? 为什么?

2-2　已知输入变量 A、B 和输出函数 F_1 和 F_2 的波形如习题图 2-1 所示,由波形判断 A、B 与 F_1 和 F_2 之间的逻辑关系。

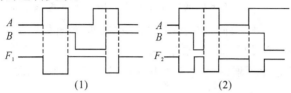

(1)　　　　　　　　　　(2)

习题图 2-1　输入与输出波形图

2-3　写出下列逻辑函数的结果。

(1)$F = 1 \oplus 1 \oplus 0 \oplus A \oplus 1$;

(2)$F = A \oplus A \oplus \overline{A} \oplus 1 \oplus 0 \oplus 1$。

2-4　写出下列各式的真值表。

(1)$F = AB + \overline{B}C + \overline{C}D + \overline{D}A$;

(2)$F = \overline{(A \cdot B)} \cdot \overline{(\overline{C} + \overline{D})}$。

2-5　求出下列逻辑函数的反函数和对偶函数。

(1)$F = \overline{A + \overline{B + \overline{C} + \overline{D + E}}}$;

(2)$F = AB + \overline{CD} + \overline{BC + \overline{D} + \overline{CE + \overline{D} + \overline{E}}}$。

2-6　用逻辑代数的基本定理证明下列等式。

(1)$ABC + \overline{A}\ \overline{B}\ \overline{C} = \overline{A\overline{B} + B\overline{C} + \overline{A}C}$;

(2)$BC + D + \overline{D}(\overline{B} + \overline{C})(AD + B) = B + D$;

(3)$A \oplus B = \overline{A} \oplus \overline{B}$;

(4)$\overline{B}\ \overline{C} + \overline{A}\ BC + \overline{A}B\overline{C} + ABC = A \oplus B \oplus C$。

2-7　证明逻辑函数 $F = C\overline{(A\overline{B} + \overline{A}B)} + \overline{C}(A\overline{B} + \overline{A}B)$ 为自对偶函数。

2-8　将下列函数展开为最小项之和。

(1)$F = AB + \overline{A}\ \overline{B} + C\overline{D}$;

(2)$F = \overline{(AB + \overline{A}BD)} \cdot (B + CD)$。

2-9　用逻辑代数的基本定理化简下列函数为最简"与或"表达式。

(1)$F = \overline{AB} + (AB + A\overline{B} + \overline{A}B)C$;

(2)$F = (X + Y)Z + \overline{X}\ \overline{Y}W + ZW$;

(3)$F = (X + Y + Z + \overline{W})(V + X)(\overline{V} + Y + Z + \overline{W})$;

(4)$F = \overline{(\overline{A + \overline{B} + C}) \cdot (\overline{D} + E)}(\overline{A} + \overline{B} + \overline{C} + DE)$。

2-10　用卡诺图化简下列逻辑函数为最简"与或"表达式。

(1)$F(A, B, C) = A\overline{C} + \overline{A}C + B\overline{C} + \overline{B}C$;

(2)$F(A, B, C, D) = \overline{\overline{A}\ \overline{B} + ABD(B + \overline{C}D)}$;

(3)$F(A, B, C) = \sum m(0, 1, 2, 5, 7)$;

$(4)F(A,B,C,D)=\sum m(2,3,4,5,8,9,14,15);$

$(5)F(A,B,C,D)=\prod M(0,1,2,3,6,8,10,11)。$

2-11 已知 $F_1=\overline{A}B\overline{D}+\overline{C},F_2=(B+C)(A+\overline{B}+D)(\overline{C}+D)$，求：

(1)$F=F_1 \cdot F_2$ 的最简"与或"和最简"与非-与非"表达式；

(2)$F=F_1+F_2$ 的最简"或与"式和最简"或非-或非"表达式；

(3)$F=F_1 \oplus F_2$ 的最简"与或非"表达式。

2-12 化简下列具有无关项的逻辑函数为最简"与或""与非-与非"表达式。

$(1)F(A,B,C,D)=\sum m(0,2,4,5,10,12,15)+\sum d(8,14);$

$(2)F(A,B,C,D)=\prod M(0,1,4,7,9,10,13)\cdot \prod d(2,5,8,12,15);$

$(3)\begin{cases}F=\overline{ABC}+ABC+\overline{A}\,\overline{B}\,C\overline{D}\\ \overline{A}B+A\overline{B}=0(约束条件)\end{cases}$

第3章 集成逻辑门电路

数字电路中的基本逻辑单元是集成逻辑门,所以在电路的设计中合理选择各种门器件是非常重要的,也需要了解各种逻辑门器件的基本原理和外特性。本章将简要介绍 TTL 和 CMOS 逻辑门电路的工作原理、主要外特性、集电极开路门和三态门的主要特点,以及使用时要注意的问题等内容。

3.1 数字集成电路的分类

如第 2 章所述,能够实现逻辑运算的电路称为逻辑门电路。常用的逻辑门电路有与、或、非、与非、或非、与或非和异或门等。早期数字逻辑电路的门电路是由若干分立半导体器件连接在一起组成的,要想组成大规模数字电路靠这些分立元件非常困难。随着集成电路工艺水平的不断提高,可以将若干个有源器件、无源器件和连线按照一定的要求制作在同一块半导体基片上,这样的产品称为集成电路。如果它完成的是数字功能,就称为数字集成电路。

根据数字集成电路内部半导体工艺的差异,可将其分为双极型和单极型数字集成逻辑门两种类型。

双极型数字集成逻辑门主要有晶体管-晶体管逻辑(Transistor-Transistor Logic,TTL)、射极耦合逻辑(Emitter Couple Logic,ECL)和集成注入逻辑(Integrated Injection Logic,I^2L)等类型。

单极型数字集成逻辑门采用金属-氧化物-半导体场效应管(Metal Oxide Semiconductor Field-Effect Transistor,MOSFET,简称 MOS 场效应管)构成,它又分为 NMOS(N 沟道增强型 MOS 管构成的逻辑门)、PMOS(P 沟道增强型 MOS 管构成的逻辑门)和 CMOS(PMOS 和 NMOS 管形成的互补电路构成的逻辑门)等类型。

TTL 逻辑门电路的优点是工作速度快,驱动能力强,但功耗大,集成度低,实际中并不十分好用。CMOS 是在 TTL 之后研发出的又一种集成逻辑门电路,其特点是功耗小,集成度高,工作速度快,工作电压范围宽,抗干扰能力强,故被广泛采用,目前已成为数字集成电路市场的主流产品。

按照集成度的不同,数字集成电路可以分为以下四类:

①小规模集成电路(Small Scale Integration,SSI),每一片组件含 10 个以内门电路。

②中规模集成电路(Middle Scale Integration,MSI),每一片组件含 10～99 个门电路。

③大规模集成电路(Large Scale Integration,LSI),每一片组件含 100～9999 个门电路。

④超大规模集成电路(Very Large Scale Integration,VLSI),每一片组件含 10000 个以上

门电路。

常用的基本逻辑门和触发器属于 SSI；常用的数据选择器、译码器、计数器、移位寄存器和加法器等属于 MSI；基本存储器、微处理器、数字信号处理器和各类专用集成电路等属于 LSI 和 VLSI。

3.2　TTL 集成逻辑门电路

3.2.1　TTL 集成逻辑门概述

TTL 电路是应用最早、技术比较成熟的集成电路，过去被广泛使用。随着社会的发展，对大规模集成电路的要求也越来越高，比如结构简单、功耗低等，这些是 TTL 电路无法满足的，因此它逐渐被后来能满足上述要求的 CMOS 电路取代。由于 TTL 技术的发展历史和其早期的地位，目前仍然有数字系统使用，尤其是中、小规模数字系统，因此推出了高速、低功耗的 TTL 器件。

TI(Texas Instruments)公司最早生产的 TTL 集成电路取名为 74/54 系列，也称为 TTL 基本系列。为满足高速、低功耗要求，继最初的 74 系列之后又研制出了 74H 系列。虽然该系列速度提高了，但功耗也增大了。为了解决该问题，又推出了 74S 系列，该系列使用了肖特基晶体三极管，使得速度与功耗都得到了改善。接着又设计出了速度与功耗更优的 74LS 系列，其功耗直接降到了 74 系列的 1/5，因此有一段时间该系列被广泛使用于中、小规模集成电路设计。随着时间的推移，又推出了 74AS 和 74ALS 系列，它们在之前的基础上将速度和功耗进一步进行了优化。

54 系列的 TTL 电路和 74 系列的 TTL 电路具有完全相同的电路结构和电气性能参数，区别在于 54 系列比 74 系列的工作温度范围更宽，电源允许的波动范围也更大。74 系列的工作环境温度为 0～70 ℃，电源电压的波动范围为 5 V 的 ±5%，而 54 系列的工作环境温度为 −55～+125 ℃，电源电压的波动范围为 5 V 的 ±10%。

要说明的是：在不同的 TTL 器件中，只要器件的后几位数字相同，则它们的外形尺寸、管脚排列和逻辑功能都是一样的。例如，7400、74H00、74S00、74LS00、74ALS00 均是 14 条引脚双列直插式封装的双四输入与非门，并且输入、输出端、电源和接地线的引脚位置也一样。

除了上述 TTL 集成电路还有 ECL、I^2L、砷化镓等不同类型的集成电路，它们都有各自的适用范围和优缺点，有兴趣的读者可参看相关书籍和手册，此处不再赘述。

集成电路的封装形式主要有两种：一种是双列直插式，另一种是贴片式。双列直插式通常是管座与器件大小一致，一般都是先将管座与焊盘接到 PCB 板上，然后对准插入器件，这种方法调试方便。而贴片式必须将器件直接焊接在 PCB 板上，更有利于系统集成和信号完整性设计。

图 3-2-1 是一个 TTL 集成与非门 74LS00 的管脚排列和内部结构示意图。

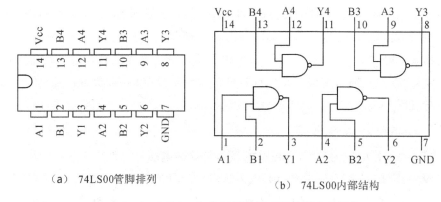

（a） 74LS00管脚排列　　　　　（b） 74LS00内部结构

图 3-2-1　74LS00 与非门管脚排列及内部电路结构

从图 3-2-1 可以看出,74LS00 与非门是双列直插式集成电路芯片,包含 14 个管脚,其中编号 14、7 的管脚分别是电源端和接地端,其它管脚依次为输入、输出端,在这块封装的芯片上共集成了 4 个与非门。图 3-2-1(a) 最左边的中间有一个半圆的标志性的槽口,管脚的序号通常以芯片的这个槽口向上、逆时针方向依次对各管脚从小到大进行编号。

集成电路芯片就像是一个"黑盒子",其输入和输出由设计功能确定,而其内部可能是非常复杂的电路,非集成电路专业的学生无需完全搞清楚其内部结构,但必须掌握其逻辑功能、外部特性及其相关参数,即要会使用。

3.2.2　TTL 与非门电路

1.TTL 与非门电路结构

图 3-2-2 是典型的 TTL 与非门电路,由输入级、中间级和输出级三部分组成。

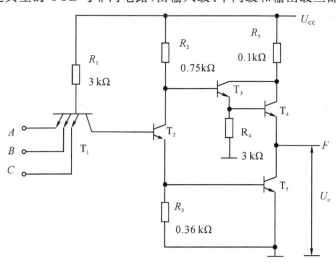

图 3-2-2　TTL 与非门电路

(1)输入级。多发射极晶体管 T_1 和电阻 R_1 构成了与非门电路的输入级,输入级的作用是对输入变量 A、B、C 等实现逻辑与,相当于一个与门。

(2)中间级。电阻 R_2、R_3 和 T_2 组成了中间级。它是输出级的驱动电路,可以在 T_2 的集电极和发射极得到两个互补输出信号,分别驱动 T_3 和 T_5。

(3)输出级。电阻 R_4、R_5、T_3、T_4 和 T_5 构成了输出级。这种在输入信号作用下,能轮流导通的电路结构为推拉式输出结构。其优点是可使输出阻抗降低,带负载能力强,静态功耗小,可提高工作速度。

2.TTL 与非门的工作原理

TTL 电路的工作电压为 5 V,三极管的发射结导通电压为 0.7 V。

(1)当输入 A、B、C 都为低电平,即 $U_A = U_B = U_C = 0.3$ V 时,三极管 T_1 的三个发射结均导通,$U_{b1} = 0.3$ V $+ 0.7$ V $= 1$ V,该电压无法使 T_2、T_5 导通,因此,电源 U_{CC} 通过电阻 R_2 向 T_3、T_4 提供基极驱动电流使其导通。若忽略电阻 R_2 上的电压降,输出端的电压为 $U_o = U_{CC} - U_{be3} - U_{be4} = (5 - 0.7 - 0.7)$ V $= 3.6$ V,即输出为高电平。实现了输入全为低电平,输出为高电平的功能。

(2)当输入 A、B、C 至少有一个为低电平,即电压为 0.3 V 时,T_1 的基极电位被钳在 1 V,使得 T_1 其余输入端为高电平的发射结反偏截止。T_1 的基极电流 I_{b1} 经过导通的发射结流入低电平输入端,而 T_2 的基极可能有很小的反向基极电流流入 T_1 的集电极,因此认为,$I_{c1} \approx 0$,但 T_1 的基极电流 I_{b1} 很大,因此 T_1 此时处于深度饱和状态,即 $U_{ces1} \approx 0$,$U_{c1} \approx 0.3$ V,因此 T_2、T_5 都处于截止状态。T_2 此时的集电极电位 $U_{c2} \approx U_{CC} = 5$ V,足够使 T_3、T_4 导通,因此输出为高电平,即

$$U_o = U_{oH} = U_{c2} - U_{be3} - U_{be4} \approx (5 - 0.7 - 0.7) \text{V} = 3.6 \text{ V}$$

该电路实现了输入至少为一个低电平时输出为高电平的与非逻辑功能。

(3)当输入端全为高电平,即 $U_A = U_B = U_C = 3.6$ V,由于 $U_{b1} = U_{bc1} + U_{be2} + U_{be5} = 2.1$ V,所以 T_1 的所有发射极反偏,此时 T_1 的集电极却正偏,T_1 的基极电流 I_{b1} 流向集电极并注入 T_2 的基极。

$$I_{b1} = \frac{U_{CC} - U_{b1}}{R_1} = \frac{(5 - 2.1) \text{V}}{(3 \times 10^3) \Omega} \approx 1 \text{ mA}$$

在上述情况下,T_1 处于反向状态,即集电极用作发射极,而发射极用作了集电极,放大倍数 $\beta_{反}$ 很小(< 0.05),所以 $I_{b2} = I_{c1} = (1 + \beta_{反}) I_{b1} \approx I_{b1}$。由于 I_{b1} 较大,足够使 T_2 饱和且 T_2 发射极向 T_5 提供基流,使得 T_5 也饱和,这样 T_2 的集电极电压为 $U_{c2} = U_{ces2} + U_{be5} \approx (0.3 + 0.7)$ V $= 1$ V。U_{c2} 的电压加到 T_3 的基极使得 T_3 导通,而 T_3 的发射极电位 $U_{e3} = U_{c2} - U_{be3} = (1 - 0.7)$ V $= 0.3$ V,因此它无法驱动 T_4,T_4 截止。T_5 从 T_2 处得到足够电流,处于深度饱和状态,因此输出为低电平,$U_o = U_{ces5} \approx 0.3$ V。

可见该电路实现了与非的逻辑功能,即电路的输出和输入之间满足与非逻辑关系:$F = \overline{ABC}$。

3.2.3　集电极开路门和三态门

实际应用中,还会用到许多其它的逻辑门电路,如集电极开路门和三态门。

1.集电极开路门

实际应用中,常常会出现将多个输出端并联使用的情况,而一般的门电路不允许出现将输出端并联使用的情况。因为若一个门输出高电平,另一个门输出低电平时,输出高电平的门会向输出低电平的门灌入很大的电流,很可能造成器件被烧坏,出现使输出的电平不是高电平也不是低电平的情况,甚至出现逻辑上的错误,导致系统无法正常工作。集电极开路门可以避免上述情况发生。

集电极开路门也被称为 OC(Open Collector)门,其电路结构和 IEEE/ANSI 的标准符号如图 3-2-3 所示。在图 3-2-3 中,图(a)是 OC 门的电路结构,T_5 集电极开路,使用时必须外接电阻 R_L;图(b)是国际流行符号;图(c)是我国国标符号。图(b)和(c)中的菱形符号表示是 OC 输出结构的逻辑门。图 3-2-4 是两个 OC 与非门输出端并联在一起的示意图,只要有一个门的输出为低电平,则输出 F 为低,只有所有门的输出为高电平,输出 F 才为高电平,所以在输出端相当于实现了“线与”的逻辑功能,即

$$F = F_1 \cdot F_2 = \overline{AB} \cdot \overline{CD} = \overline{AB + CD}$$

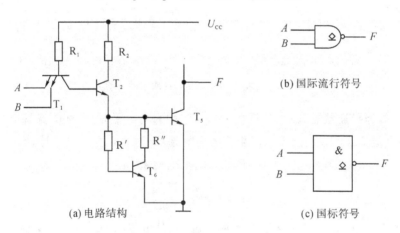

(a)电路结构　(b)国际流行符号　(c)国标符号

图 3-2-3　集电极开路门

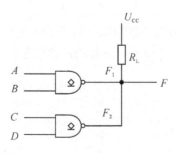

图 3-2-4　集电极开路门线与

选取外接上拉电阻 R_L 的原则是:保证输出的高电平≥输出高电平的最小值;输出的低电平≤输出低电平的最大值。电阻 R_L 的大小会对电路的技术参数如功耗、时延和扇出系数等产生影响,因此选择合适的 R_L 值尤为重要。

若有 n 个 OC 门线与连接,都为截止状态(输出高电平),其输出驱动 m 个 TTL 门,k 为并联负载门输入端的个数,如图 3-2-5(a)所示,则可求出

$$R_{Lmax} = \frac{U_{CC} - U_{oHmin}}{nI_{oH} + kI_{iH}}$$

式中,I_{oH} 是 OC 门输出高电平时流入每一个 OC 门的漏电流;I_{iH} 是负载门的输入端为高电平时流入每一个输入端的输入电流。

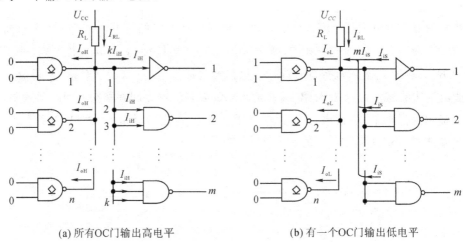

(a) 所有OC门输出高电平　　　　(b) 有一个OC门输出低电平

图 3-2-5　外接上拉电阻 R_L 选取电路计算示意图

当有一个门为导通状态(输出为低电平),其它均为高电平时,负载电流就会全部流入导通门,应保证灌电流 $I_{oL} < I_{oLmax}$。由于截止管的漏电流较小,此时可忽略不计,因此流过电阻 R_L 的电流为 $I_{oL} - mI_{iS}$,如图 3-2-5(b)所示。电阻 R_L 计算如下

$$R_{Lmin} = \frac{U_{CC} - U_{oLmax}}{I_{oLmax} - mI_{iS}}$$

式中,I_{oLmax} 是导通 OC 门允许输入的最大灌电流;I_{iS} 是负载门的输入短路电流。

综合上述两种情况,选取的 R_L 应满足

$$R_{Lmin} < R_L < R_{Lmax}$$

OC 门除了能够实现线与的逻辑功能,还可以实现电平转换,以及利用 OC 门的特点将其直接和不同特性的逻辑电路或外部电路相连接构成接口电路。有兴趣的读者可参看相关教材和手册。

2.三态门

1)三态与非门电路结构

与普通 TTL 门的输出只有两个状态 0、1 不同,三态(Three State,TS)门具有三个输出状态,除了具有 0、1 两个低阻输出状态以外,还有第三种输出状态——高阻态,此时输出端相当于悬空。图 3-2-6 为三态与非门电路结构与逻辑符号图。

从图 3-2-6(a)可以看出,三态与非门由两部分组成:三输入与非门与控制电路(一个非门)。控制电路的输入为 $\overline{EN}$,输出为 F'。F' 不但接入整个电路的输入端,而且经二极管 T_{D1}

与 T_3 基极相连。图(b)是三态门的国际流行符号,图(c)是三态门的国标符号,图中"▽"表示逻辑门是三态输出,$\overline{EN}$ 为使能端,输入端有小圆圈表示低电平有效,否则表示高电平有效。

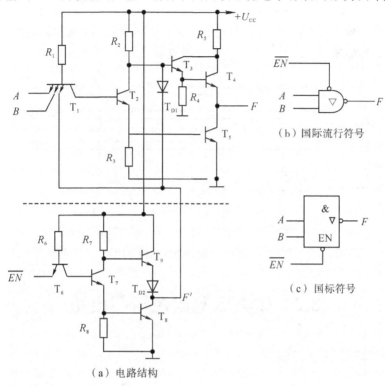

（a）电路结构

（b）国际流行符号

（c）国标符号

图 3-2-6　三态与非门

2)工作原理

当 $\overline{EN}=1$,T_7、T_8 饱和,F' 为低电平,因为输入端至少有一个低电平,使得 T_2 和 T_5 截止;F' 为低电平,使得 T_{D1} 导通,也使 U_{c2} 被钳制在 1 V 左右,使得 T_3 无法导通,处于截止状态。因此 T_4 和 T_5 也都截止,输出端表现为高阻状态,即相当于悬空或短路。

当 $\overline{EN}=0$,T_7 和 T_8 截止,输出 F' 为高电平,T_{D1} 截止,其对与非门不起作用,此时三态门就是一个普通的与非门电路,此时 $F=\overline{A \cdot B}$。表 3-2-1 为三态与非门的真值表。

表 3-2-1　三态与非门真值表

$\overline{EN}$	A	B	F
0	0	0	1
0	0	1	1
0	1	0	1
0	1	1	0
1	×	×	Z

从表 3-2-1 的三态与非门真值表可以得出其逻辑函数表达式为

$$\begin{cases} \overline{EN}=0, F=\overline{A \cdot B} \\ \overline{EN}=1, F \text{ 为高阻状态} \end{cases}$$

3)三态逻辑门的应用

利用三态逻辑门能够输出高阻(电阻很大,相当于开路)的特点,可以实现在同一个传输总线上分时传送多个不同的信息。以 CPU 为例,CPU 共有数据总线、地址总线和控制总线三种总线结构,所有外部设备均和总线相连,而 CPU 在某一时刻仅能和一个外部设备交换信息,要求其它外部设备此时必须与总线断开(也就是呈现出高阻状态)。因此,所有连在总线上的外部设备接口电路必须具有三态结构。图 3-2-7 所示为在 CPU 总线上接入了三个外部设备,分别称为 L_1、L_2、L_3,它们的使能端$\overline{EN_i}$是低电平有效。假如系统要与外部设备 L_1 进行信息交换,首先向 L_1 发出选中信号,即使得$\overline{EN_1}=0$,$\overline{EN_2}=\overline{EN_3}=1$ 为高阻状态(也就是与总线断开),这样就能够保证 CPU 与外设 L_1 进行信息交换。

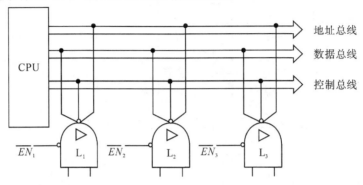

图 3-2-7　总线上三态门应用

3.3　CMOS 集成逻辑门电路

3.3.1　CMOS 集成逻辑门概述

　　CMOS(Complementary Metal Oxide Semiconductor)集成逻辑门是由 MOS 场效应晶体管作为开关元件组成的数字集成电路。它是继 TTL 集成电路之后出现的一种目前被广泛应用的数字集成电路。单极型场效应管(MOS)是电压控制型器件,与双极型晶体管(TTL)相比具有制作工艺简单、成本低、集成度高、功耗低、抗干扰能力强、工作电压波动范围宽等诸多优点,且能与大多数 TTL 逻辑电路兼容,因此在大规模集成电路和超大规模集成电路的制作上已经超过 TTL 并占据绝对优势。

　　按照器件结构可将 MOS 集成逻辑门分为 P 沟道增强型(PMOS)、N 沟道增强型(NMOS)和互补型(CMOS)三种。PMOS 器件电源电压高且是负电源、开关速度低、与 TTL 不匹配,很少使用。NMOS 器件的速度低的问题仍然比较突出,也较少使用。CMOS 器件则克服了上述局限,表现出了良好的特性,成为了大规模和超大规模集成电路的主流产品。

　　CMOS 系列早期的产品是 4000 系列逻辑门电路,后来又出现了 4000B,其与 TTL 不兼容,但抗干扰能力强、工作电压范围宽且功耗低。之后又出现了 CMOS74 系列,其工作速度快,带负载能力增强且一些型号已经能和 TTL 兼容,可与 TTL 器件替换使用。再后来 CMOS54 系列出现,适用的温度和电压等参数范围更宽,测试和筛选标准也更加严格。

　　近年来,为了满足便携式设备体积小、功耗低等技术要求,又出现了低电压的 CMOS74LVC 以及超低压的 74AUC 系列,低电压器件的输入输出电平可以做到与 5 V 电源的 CMOS 或 TTL 电平兼容。

　　CMOS 技术不适合用在射频和模拟电路中。而 BiCMOS 是将双极型晶体管(BJT)和

CMOS 器件同时集成在同一块芯片上的新型工艺技术。其具有双极型电路高驱动能力、高速性以及 CMOS 的低功耗、低成本、抗辐射能力强、扇出系数大和高密度等优势,将两者交叉结合,取长补短,折中调和,已成为大规模、超大规模集成电路的发展方向。为高性能信息处理、高速通信、模拟/数字混合、微电子电路设计开辟了一条崭新的道路。

3.3.2　CMOS 与非门电路

1.CMOS 与非门电路结构

图 3-3-1 为 CMOS 与非门电路,它由四个 CMOS 管组成。T_1、T_2 是串联的两个增强型 NMOS 管,为驱动管,T_3、T_4 是并联的两个增强型 PMOS 管,为负载管。

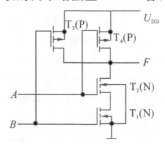

图 3-3-1　CMOS 与非门电路结构

2.CMOS 与非门工作原理

当输入 $A=B=0$ 时,T_1、T_2 均截止,T_3、T_4 均导通,输出 $F=1$;

当输入 $A=0$、$B=1$ 时,T_2 截止,由于 T_2 和 T_1 是串联关系,可以不考虑 T_1;T_4 导通,T_3 截止,由于 T_3 和 T_4 是并联关系,可以不考虑 T_3,输出 $F=1$ 仍为高电平;

当 $A=1$,$B=0$ 时,T_1 截止,T_2 和 T_1 为串联关系,因此不考虑 T_2;T_3 导通,T_4 截止,由于 T_3 和 T_4 是并联关系,所以 T_4 可以不考虑,输出 $F=1$;

当 $A=B=1$ 时,T_1 和 T_2 都导通,T_3 和 T_4 都截止,输出 $F=0$。

综上所述,该电路实现了与非的逻辑功能,即当输入变量为 A 和 B 时,输出为 $F=\overline{A \cdot B}$。

当然,利用与非门、或非门、反相器等还可以组成其它门电路。此外也有 CMOS 漏极开路输出门电路和 CMOS 三态门,其逻辑符号与 TTL 集电极开路门和三态门的符号相同。

3.3.3　CMOS 传输门

CMOS 传输门既可传输模拟信号,又可传输数字信号,还可以作为基本单元电路构成各种逻辑电路,也被称为可控的开关电路。

1.CMOS 传输门的电路结构

CMOS 传输门的电路结构和逻辑符号如图 3-3-2(a)、(b)所示,它由 NMOS 管和 PMOS 管并接在一起构成。NMOS 管 T_1 衬底接地,PMOS 管 T_2 衬底接电源 U_{DD}。T_1、T_2 的源极和漏极分别连在一起作为传输门的输入和输出端,两管的栅极分别接一对互补的控制信号 C 和 $\overline{C}$。

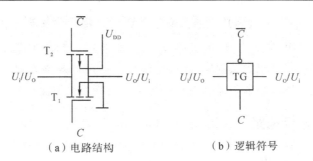

（a）电路结构　　　　　　（b）逻辑符号

图 3-3-2　CMOS 传输门

2.传输门工作原理

当 $C=1$（加 U_{DD}）时，$\overline{C}=0$。当 $0<U_i<U_{DD}-U_{TN}$ 时，T_1 导通（U_{TN} 为 NMOS 管的栅极开启电压，为正值）。当 $|U_{TP}|<U_i<U_{DD}$ 时，T_2 导通（U_{TP} 为 PMOS 管的栅极开启电压，为负值）。所以，当 U_i 在 $0\sim U_{DD}$ 之间变化时，T_1 和 T_2 至少有一个是导通的，输入 U_i 与输出 U_o 两端之间呈现低阻状态（小于 1 kΩ），输入信号被传送到输出端，即传输门导通。

当 $C=0$，$\overline{C}=1$（加 U_{DD}），只要输入信号 U_i 的变化范围在 $0\sim U_{DD}$ 之间，则 T_1 和 T_2 同时截止，输入与输出之间被隔断，即出现高阻状态（大于 10^6 kΩ），传输门截止。

CMOS 管的特点是具有很高的截止电阻（大于 10 GΩ）和较低的导通电阻（大约几百欧姆）且其 NMOS 管和 PMOS 管结构形式对称，因此其漏极和源极可以互换使用，为双向器件。利用这些特性可以做出较为理想的模拟开关，实现既能传输模拟信号也能传输数字信号的传输门。

3.4　逻辑门电路特性与参数

通常根据实际需求，从厂家或集成电路手册选取合适的门电路。厂家或手册会给出产品的技术参数，如电压传输特性、输入负载特性、输入和输出高低电平等。本节主要以 TTL 门电路、个别处也以 CMOS 为例做简单介绍。

3.4.1　电压传输特性

电压传输特性是输出电压 u_o 随输入电压 u_i 变化的曲线。TTL 与非门的电压传输特性如图 3-4-1 所示。图 3-4-1(a)显示了理想的电压传输特性，图(b)实际的电压传输特性曲线与理想状态还存在差距。图(b)曲线大致分为三个部分，即①、②、③。在①部分，输出是高电平，在③部分输出是低电平，而②部分是一个过渡区，即输出随输入不断变化的区域。从这个特性曲线可以得出以下几个参数。

（1）开门电平 U_{on}，指输出为低电平时所允许输入高电平的最小值。当输入电压 $u_i>U_{on}$ 时，输出才为低电平。图中对应 P_2 横坐标位置，它的典型值为 2 V。

（2）关门电平 U_{off}，指输出为高电平时所允许输入低电平的最大值。当输入电压 $u_i\leqslant U_{off}$ 时，输出才为高电平。图中对应 P_1 横坐标位置，其典型值为 0.8 V。

（3）阈值电压 U_{th}。理想传输情况下，$U_{off}=U_{on}$，用 U_{th} 表示，称为阈值电压，图中对应 P 横坐标位置，其典型值为 1.3 V 或 1.4 V。

（4）输出高电平下限值 U_{oHmin} 和输出低电平上限值 U_{oLmax}。数字系统中的高低电平通常是指一定范围内的电压值,当 $u_{\mathrm{o}} > U_{\mathrm{oHmin}}$,输出为高电平,对应图中 P_1 纵坐标,其典型值为 2.4 V。当 $u_{\mathrm{o}} < U_{\mathrm{oLmax}}$ 时,输出为低电平,对应图中 P_2 纵坐标,其典型值为 0.4 V。$U_{\mathrm{oLmax}} < u_{\mathrm{o}} < U_{\mathrm{oHmin}}$ 时,输出出现逻辑混乱。

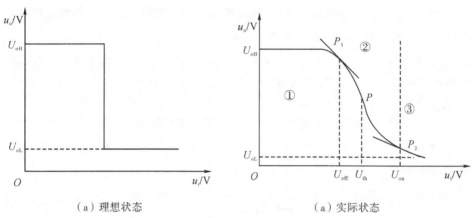

（a）理想状态　　　　　　　　　　　　　（a）实际状态

图 3-4-1　与非门的电压传输特性

3.4.2　输入特性

输入特性是指输入电流 I_{i} 与输入电压 u_{i} 之间的关系曲线,即 $I_{\mathrm{i}} = f(u_{\mathrm{i}})$。以 TTL 与非门为例,其输入特性曲线如图 3-4-2 所示。

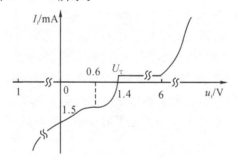

图 3-4-2　TTL 与非门输入特性曲线

从图 3-4-2 得到三个参数:

（1）输入短路电流 I_{iS}。当输入电压为 0 V 时的输入电流称为输入短路电流,其典型值约为 1.5 mA。

（2）低电平输入电流 I_{iL}。低电平输入电流是指输入电压 $0 < u_{\mathrm{i}} < 1.4$ V 时的输入电流。通常,当输入电压接近于 0 V,将 I_{iL} 按短路电流处理。

（3）高电平输入电流 I_{iH}。高电平输入电流是指与非门输入为高电平时得到的输入电流。由于三极管的发射极输入的是高电平,发射极处于反偏状态,故该电流相当于二极管的反向饱和电流,其电流值很小(不大于 10 μA),电流曲线就比较平直。若双发射极均接入高电平,则输入高电平时电流将增加一倍。

实际电路中,输入短路电流是流入前级与非门电路的灌电流。其大小关系到前级门电路能拖动的负载个数,输入短路电流是决定负载能力的参数。

3.4.3 输出特性

输出特性是指集成逻辑门电路输出电压 U_o 随输出负载电流 I_L 的变化关系。以 TTL 与非门为例,有两种输出特性,即输出低电平时的输出特性和输出高电平时的输出特性。

1.输出低电平时的最大输出电流 I_{oLmax}

当输出低电平为 $U_o \leqslant 0.35$ V 时,T_5 饱和,I_L 从负载流入 T_5,形成灌电流。当灌电流增加时,T_5 饱和状态减轻,U_{oL} 随 I_L 的增加略有增加。由于 T_5 输出电阻为 $10 \sim 20$ Ω,若灌电流很大,使 T_5 脱离饱和进入放大状态,则 U_{oL} 增加很快,这是不允许的。为了确保 $U_o \leqslant 0.35$ V,一般使 $I_{oLmax} \leqslant 25$ mA。输出电压为低电平时的输出特性如图 3-4-3 所示。

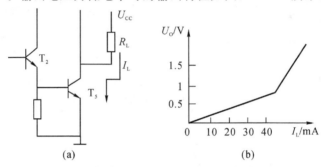

图 3-4-3　TTL 与非门输出低电平时的输出特性

2.输出高电平时的最大输出电流 I_{oHmax}

输出高电平 $U_o \geqslant 2.4$ V 时,输出负载电流 I_L 为 I_{oHmax}。当输出高电平时,T_5 截止,T_3 微饱和,T_4 导通,负载电流为拉电流。当拉电流小于 5 mA 时,T_3、T_4 为射随器状态,所以输出高电平 U_{oH} 变化不大。当拉电流大于 5 mA 时,T_3 深度饱和,又由于 $I_{R5} \approx I_L$,$U_{oH} = U_{CC} - U_{ces3} - U_{be4} - I_L R_5$,所以 U_{oH} 会随着 I_L 的增加而降低。为了确保输出的高电平保持稳定,通常使 $I_{oHmax} \leqslant 14$ mA,最小负载电阻 R_L 为 170 Ω。输出电压为高电平时的输出特性如图 3-4-4 所示。

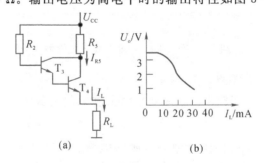

图 3-4-4　TTL 与非门输出高电平时的输出特性

3.4.4 扇入系数和扇出系数

1.扇入系数

扇入系数 N_i 是指逻辑门的输入端数,一般 $N_i \leqslant 5$,最多不超过 8,产品出厂时厂家已定好。

实际应用中,若要求门电路的输入端数超过其扇入系数,可采用"与"扩展或分级实现等方法增加输入端数目。

2.扇出系数

扇出系数 N_o 是指一个逻辑门能够驱动的同类型门的个数。分为以下两种情况。

(1)当驱动门的输出端为低电平,驱动门承受负载门流入的灌电流,当驱动门允许灌进的最大电流为 I_{oLmax},而每个负载门给驱动门灌进的电流为 I_{iL},则输出低电平时的扇出系数为

$$N_{oL} = \frac{I_{oLmax}}{I_{iL}}$$

(2)当驱动门的输出端为高电平,驱动门承受负载门的拉电流,若驱动门的最大输出拉电流为 I_{oHmax},而流进每个负载门的电流为 I_{iH},则输出高电平时的扇出系数为

$$N_{oH} = \frac{I_{oHmax}}{I_{iH}}$$

实际中,$N_{oH} \gg N_{oL}$,因此扇出系数常常指 N_{oL},一般 TTL 门电路的扇出系数为 $8 \sim 10$,CMOS 门的扇出系数更大一些,具体可参阅相关手册。

3.4.5　噪声容限

噪声容限体现了门电路的抗干扰能力,噪声容限越大,抗干扰能力越强。实际应用中,由于电源波动、外界干扰或其它原因有可能使输入电平 U_i 偏离规定的值。为了保证电路正常工作,要对偏离的幅度做出限制,此偏离幅度称为噪声容限。图 3-4-5 为噪声容限示意图。在图 3-4-5 中,G_1 的输出电压是 G_2 的输入电压。定义输出高电平的下限为 U_{oHmin},输出低电平的上限为 U_{oLmax},同时定义输出为 U_{oHmin} 时的最大输入低电平为 U_{iLmax},输出为 U_{oLmax} 时的最小输入高电平 U_{iHmin}。

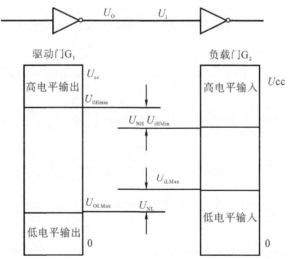

图 3-4-5　噪声容限示意图

允许叠加在输入低电平上的最大噪声电压称为低电平噪声容限,用 U_{NL} 表示,为

$$U_{NL} = U_{iLmax} - U_{oLmax}$$

允许叠加在输入高电平上的最大噪声电压称为高电平噪声容限,用 U_{NH} 表示,为

$$U_{NH} = U_{oHmin} - U_{iHmin}$$

注意：以上分析是在假设电路均为同类型的逻辑门的前提下进行的，实际上，不同的逻辑门具有不同的参数。74 系列 TTL 门电路典型参数为 $U_{oHmin}=2.4$ V，$U_{iHmin}=2$ V，$U_{oLmax}=0.4$ V，$U_{iLmax}=0.8$ V，所以得到 $U_{NH}=0.4$ V，$U_{NL}=0.4$ V。CMOS 的噪声容限可查阅相关手册后计算得到。

3.4.6　输出高电平和输出低电平

不同的门电路内部结构的差异使得其输出高电平和低电平的值也有所不同，输出高电平记为 U_{oH}，输出低电平记为 U_{oL}，以 TTL 门电路为例：

U_{oH} 的范围是 2.4~3.6 V；

U_{oL} 的范围是 0~0.4 V；

空载时，输出高电平约为 3.6 V。

3.4.7　传输延迟时间

传输延迟时间是衡量门电路速度的重要参数。它可以体现为在输入脉冲的作用下，门电路输出波形相对于输入波形的延迟时间。一般将输出电压由高电平跳变为低电平的传输延迟时间记为 t_{PHL}，将输出电压由低电平跳变为高电平的传输延迟时间记为 t_{PLH}。t_{PHL} 和 t_{PLH} 的确定是以输入、输出波形对应最大幅度 50% 的两点时间为依据，如图 3-4-6 所示。有时也采用平均延迟传输时间，记为 t_{pd}，即

$$t_{pd}=\frac{1}{2}(t_{PHL}+t_{PLH})$$

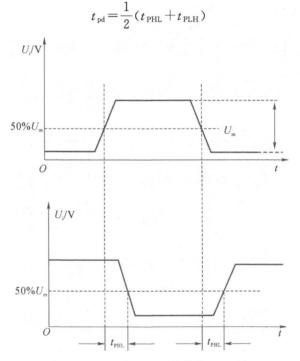

图 3-4-6　逻辑门的平均传输延迟时间

3.4.8　功耗

功耗也是门电路的重要参数，分为静态和动态功耗。

静态功耗是指电路输出没有状态转换时的功耗。电路处于静态时,电流非常小,功耗非常低,例如常将 CMOS 电路应用在计算机、手机上等,可以满足这些设备无输入信号时对低功耗的要求。

动态功耗是指电路在输出发生状态转换时的功耗。以 CMOS 电路为例,当输出从低电平到高电平,或从高电平到低电平转换时,电容会进行放电或充电,该过程会增加电路损耗,功耗会增大。另一方面,由于电路输出状态转换的瞬间等效电阻较小,会导致有较大的电流从电源经 CMOS 电路与地连接,也增大了功耗。实际操作中要查阅相关的手册选择合适的器件和参数。

3.5　集成门电路使用中的实际问题

3.5.1　接口电路

1.TTL 与 CMOS 电路的接口

当 TTL 电路与 CMOS 电路相互连接时,电路各自的驱动门都必须为负载门提供标准的高、低电平和足够的驱动电流。表 3-5-1 列出了 TTL 和 CMOS 电路的部分系列的特性参数,也可参阅相关集成电路手册。

表 3-5-1　TTL 和 CMOS 电路的特性参数

参数	TTL 74 系列	TTL 74LS 系列	TTL 74ALS 系列	CMOS 4000 系列	高速 CMOS 74HC 系列	高速 CMOS 74HCT 系列
U_{oHmin}/V	2.4	2.7	2.7	4.6	4.4	4.4
U_{oLmax}/V	0.4	0.5	0.4	0.05	0.1	0.1
I_{oHmax}/mA	0.4	0.4	0.4	0.51	4	4
I_{oLmax}/mA	16	8	8	0.51	4	4
U_{iHmin}/V	2	2	2.0	3.5	3.5	2
U_{iLmax}/V	0.8	0.8	0.8	1.5	1	0.8
$I_{iHmax}/\mu A$	40	20	0.02	0.1	0.1	0.1
I_{iLmax}/mA	1.6	0.4	0.1	0.1×10^{-3}	0.1×10^{-3}	0.1×10^{-3}
电源电压 U_{CC}	4.75~5.25	4.75~5.25	4.75~5.25	⊥3.0~⊥18.0	2.0~6.0	2.0~6.0
平均传输延迟时间 t_{pd}/ns	9.5	8	2.5	45	10	13
扇出系数 N_o	10	20	20	50	50	50
噪声容限 $U_{NL}(V)/U_{NH}(V)$	0.4/0.4	0.3/0.7	0.4/0.7		0.9/1.4	0.7/2.9
功耗 P_D/mW	10	4	2.0		0.8	0.5

(注意,测试条件为 $V_{CC} = 5$ V,$R_L = 500$ Ω,$C_L = 15$ pF;对 CMOS 的 74HC 和 74HCT,测试频率为 1 MHz;N_o 指带同类门的数量)

从表 3 - 5 - 1 可以看出,TTL 的 74、74LS、74ALS 系列门电路的工作电压范围是 4.75～ 5.25 V,而 CMOS 的 74HC、74HCT 系列门电路的工作电压范围是 2.0～6.0 V,因此 TTL 和 CMOS 上述系列可以无缝对接。由于 TTL 门输出电流大,CMOS 器件输入阻抗很高,因此当 TTL 电路驱动 CMOS 器件时,扇出系数较大;当 CMOS 电路驱动 TTL 门电路时,扇出系数 很小。

CMOS 4000 系列的工作电压范围是 ±3～±18 V,当 TTL 门与 CMOS 4000 系列门器件 连接时,若 4000 系列的电源电压是 $V_{DD}=5$ V,$V_{SS}=0$ V,同样也可以无缝对接;但当 CMOS 4000 系列器件的电源电压取其它值,如 $V_{DD}=15$ V,$V_{SS}=0$ V 时,就要将 TTL 电路通过三态 门等电路进行电平转换后才可以相连接。

2.TTL 电路驱动 CMOS 电路

若用 TTL 电路驱动 CMOS 的 4000 和 74HC 系列器件,则 TTL 电路输出的高电平必须大 于等于 3.5 V。一般在 TTL 电路的输出端接一个上拉电阻(通常为 3.3 kΩ)到电源 U_{CC}(+5 V) 端,就可匹配。

如果 CMOS 电路的电源电压较高,仍然需要在 TTL 的输出端接入一个上拉电阻。注意应 使用集电极开路门电路。由于门电路的输入输出端均存在杂散电容,因此上拉电阻对工作速度 会造成影响。另外,用 TTL 电路驱动 CMOS 的 74HCT 和其它系列时,可参阅有关书籍。

3.CMOS 电路驱动 TTL 电路

由于 CMOS 电路驱动电流较小,尤其是在输出低电平时更为明显,所以采用 CMOS 电路 驱动 TTL 电路能力很有限。一种办法就是将同一封装内的门电路并联使用,以加大驱动能 力,另一种办法是用三极管反相器作为接口电路,即利用三极管的电流放大功能扩展电流驱动 能力。

3.5.2　抗干扰措施

采用逻辑门设计电路,有许多问题需要考虑,其中抗干扰措施是很重要的一个环节。目前 硬件电路设计中的抗干扰措施已日臻成熟,此处只介绍最简单的处理方法,更复杂的方法可参 阅相关文献。

1.多余输入端的处理方法

有时集成逻辑门电路输入端不能全部使用,会出现空闲的输入端,此时采取的措施通常是 不让输入端悬空,防止干扰信号窜入。针对与门或者与非门具体有以下两种处理方法:①将空 闲端与其它输入端接在一起;②直接将与非门空闲端接高电平,具体操作时可将其通过一个 1～3 kΩ 的电阻接到正电源上,CMOS 电路直接接电源,或门空闲端直接接地即可。

2.接地

接地技术是电路设计中的重要问题之一。首先要将电源地与信号地分开,将信号地汇集 到一起,再将二者用短导线相连。这样做的目的是阻止电源回路中多种脉冲波形的大电流干 扰信号输入,破坏系统的逻辑功能。另外也要注意,当系统同时有模拟和数字两类器件时,首 先要分别将两类地各自连在一起,再选择一个合适的共同点接地。

3.去耦、滤波电容

数字电路或系统通常是由多个门器件组成,采用公共的直流电源供电。这种电源通常是采用整流稳压电路,具有一定的内阻抗,因此属于非理想状态。数字电路中高、低电平转换时,会出现较大的脉冲电流或尖峰电流,流经内阻抗时,会造成逻辑功能错乱。常用去耦、滤波电容进行处理,一般将 10~100 μF 电容接在直流电源与地之间,消除干扰信号。

本章小结

(1)本章简要介绍了目前广泛使用的 TTL 和 CMOS 两类数字集成电路的分类、各自的特点,以及常用典型逻辑门的电路结构和工作原理。

(2)主要介绍了 TTL 逻辑门器件的特性参数,包括电压传输特性、输入输出特性、扇入、扇出系数、噪声容限、传输延迟时间、功耗等特性。其中输入和输出高、低电平的最大值和最小值、噪声容限、传输延迟时间、功耗、扇出系数等都是逻辑门的重要参数,正确理解和掌握这些参数的含义,有助于合理地选择和使用器件进行电路设计。

(3)集电极或漏极开路门和三态门允许输出端直接并接在一起,解决了普通逻辑门的输出端不能直接并接的问题。

集电极开路门或漏极开路门的输出端可以直接连在一起实现"线与"功能,也可以实现电平转换。利用三态门可输出高阻的特点,将三态门的输出连接在一起,能够允许多个器件共用一条数据总线,实现数据的分时传送。

(4)目前 TTL 和 CMOS 集成电路种类很多,要了解常用的不同系列产品编号及标志之间的差异,比如 TTL 74 系列的产品 74×××、74LS××× 等,CMOS 系列的 74HC、74HCT等,以及民品 74 系列与军品 54 系列产品的适用范围等。

(5)能正确使用集成电路器件的关键是能看懂其完成的功能、逻辑符号,以及电源工作范围、负载能力和传输速度等参数,要学会查阅相关的产品手册获得需要的参数。

(6)简单介绍了集成门电路使用中存在问题的处理方法,比如 TTL 与 CMOS 电路的接口如何匹配以及最简单的抗干扰措施等。

习题 3

3-1　有两组 TTL 与非门器件 D_1 和 D_2,分别测得它们的技术参数如下。

D_1: $U_{oHmin} = 2.5$ V, $U_{oLmax} = 0.4$ V, $U_{iHmin} = 2$ V, $U_{iLmax} = 0.8$ V;

D_2: $U_{oHmin} = 2.7$ V, $U_{oLmax} = 0.45$ V, $U_{iHmin} = 2$ V, $U_{iLmax} = 0.8$ V。

分别求出它们的噪声容限,判断哪个与非门器件的抗干扰能力强。

3-2　某 74 系列与非门输出低电平时,最大允许的灌电流 $I_{oLmax} = 16$ mA,输出为高电平时的最大允许输出电流 $I_{oHmax} = 400$ μA,测得其输入低电平时电流 $I_{iL} = 0.8$ mA,输入高电平时电流 $I_{iH} = 1.5$ μA,计算扇出系数。

3-3　写出习题图 3-1(a)、(b)所示 TTL 门电路的逻辑函数表达式,并根据图(c)的波形画出图(a)、(b)的输出波形。

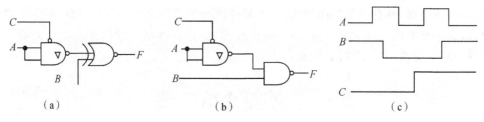

习题图 3-1　习题 3-3 的电路及波形图

3-4　为实现 $F=\overline{A}$,习题图 3-2 所示电路的空闲输入端应如何处理?

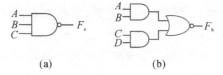

习题图 3-2　习题 3-4 的电路图

第4章　组合逻辑电路的分析与设计

组合逻辑电路是数字逻辑电路的重要组成部分。掌握组合逻辑电路的特点并能正确、合理地分析和设计逻辑电路是数字逻辑课程的核心内容之一。

本章主要介绍组合逻辑电路的基本特点、逻辑电路的分析与设计、竞争与冒险现象及其消除，以及常用中规模组合逻辑器件及应用等内容。

4.1　概　述

数字逻辑电路通常被分成两类：一类是组合逻辑电路，另一类是时序逻辑电路。实际中这两类电路往往是同时存在的。

组合逻辑电路，也简称为组合电路，是指电路任何时刻的输出仅仅取决于该时刻电路的输入，而与该时刻之前电路状态无关的电路。组合电路没有"记忆"功能，只有输入到输出的通路，没有输出到输入的回路，组合电路的框图如图 4-1-1 所示。

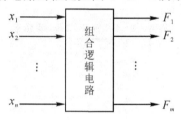

图 4-1-1　组合逻辑电路框图

从图 4-1-1 看出，该电路的输出 F_1、F_2、$\cdots$、F_m 与输入 x_1、x_2、$\cdots$、x_n 之间存在如下的函数关系：

$$F_1 = f_1(x_1, x_2, \cdots, x_n)$$
$$F_2 = f_2(x_1, x_2, \cdots, x_n)$$
$$\vdots$$
$$F_m = f_m(x_1, x_2, \cdots, x_n)$$

组合逻辑电路可以由基本逻辑门器件组成，也可以由集成的组合逻辑电路组成。为了方便，大量使用逻辑电路制成标准的集成芯片，如常用的中规模译码器、多路选择器和加法器等。

4.2　组合逻辑电路的分析

组合逻辑电路分析是指根据给定的逻辑电路，找出输出与输入之间的对应关系，即逻辑函数表达式，并通过分析得出电路完成的逻辑功能，同时检验电路设计的合理性和正确性。它的一般步骤为：

(1)根据给定的逻辑电路图写出输出端的逻辑函数表达式；

(2)列出真值表；

(3)根据真值表或逻辑表达式概括出电路的逻辑功能；

(4)判断原电路设计的合理性，若不合理，指出并加以改进(电路改进将在下一节介绍)。

例4-2-1 分析图4-2-1所示逻辑电路的逻辑功能。

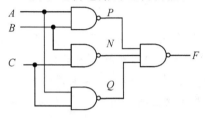

图4-2-1 例4-2-1的逻辑电路图

解 根据给定的分析步骤，分析逻辑电路图如下。

第一步：写出逻辑函数表达式。

$$P=\overline{AB}, N=\overline{BC}, Q=\overline{AC}, F=\overline{PNQ}=\overline{\overline{AB}\cdot\overline{BC}\cdot\overline{AC}}=AB+BC+AC$$

第二步：列出真值表，如表4-2-1所示。

第三步：逻辑功能描述。由真值表4-2-1可以看出，当输入变量有两个或两个以上同时为1时，输出函数 F 为1，否则为0。说明这是一个"少数服从多数的"的逻辑关系，因此可以认为是一个三变量多数表决器。

表4-2-1 例4-2-1真值表

$A\ B\ C$	$P=\overline{AB}$	$N=\overline{BC}$	$Q=\overline{AC}$	$F=\overline{PNQ}$
0 0 0	1	1	1	0
0 0 1	1	1	1	0
0 1 0	1	1	1	0
0 1 1	1	0	1	1
1 0 0	1	1	1	0
1 0 1	1	1	0	1
1 1 0	0	1	1	1
1 1 1	0	0	0	1

第四步：检查电路设计的合理性。从电路图以及输入输出的关系发现该电路设计合理，没有多余的输入或输出，无改进的必要。

例4-2-2 分析图4-2-2所示逻辑电路的逻辑功能。

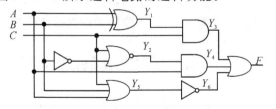

图4-2-2 例4-2-2的逻辑电路图

解　第一步：逐级写出电路的逻辑函数表达式。

$$Y_1 = A \oplus B, Y_2 = \overline{\overline{B} + C}, Y_3 = Y_1 \cdot C = (A \oplus B) \cdot C, Y_4 = Y_2 \cdot A = \overline{(\overline{B} + C)} \cdot A,$$

$$Y_5 = A + B + C, Y_6 = \overline{Y_5} = \overline{A + B + C}$$

$$F = Y_3 + Y_4 + Y_6 = (A \oplus B) \cdot C + \overline{(\overline{B} + C)} \cdot A + \overline{A + B + C}$$

$$= (A\overline{B} + \overline{A}B) \cdot C + AB\overline{C} + \overline{A}\,\overline{B}\,\overline{C}$$

$$= \sum m(0, 3, 5, 6)$$

第二步：列出真值表，如表 4-2-2 所示。

第三步：功能描述。从真值表可以看出，当输入均为 0 或有偶数个 1 时，输出 F 为 1，否则输出 F 为 0。因此，该电路是一个三位判别偶电路，也称为"偶校验电路"。通过分析发现，可以将逻辑函数 F 再进一步变换，得到输出 F 的另一种表达方式：

表 4-2-2　例 4-2-2 真值表

A B C	F
0 0 0	1
0 0 1	0
0 1 0	0
0 1 1	1
1 0 0	0
1 0 1	1
1 1 0	1
1 1 1	0

$$F = A\overline{B}\overline{C} + \overline{A}BC + AB\overline{C} + \overline{A}\,\overline{B}\,\overline{C}$$

$$= (A\overline{B} + \overline{A}B)C + (AB + \overline{A}\,\overline{B})\overline{C}$$

$$= (A \oplus B)C + (A \odot B)\overline{C}$$

$$= (A \oplus B)C + \overline{(A \oplus B)}\overline{C} = A \oplus B \odot C$$

从上式可以看出，函数 F 也可以用输入 A 与 B 的异或运算结果再和输入 C 进行同或运算实现。通过比较两种逻辑函数 F 的表达式发现，本例原电路图使用的逻辑门器件数量较多，设计并不合理，可以采用一个异或门和一个同或门（见图 4-2-3）实现该电路的偶校验功能，达到较合理的性价比。

图 4-2-3　例 4-2-2 用异或门和同或门实现偶校验电路

例 4-2-3　分析图 4-2-4 所示逻辑电路的逻辑功能。

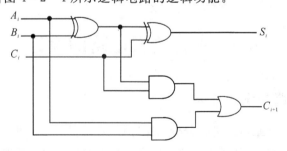

图 4-2-4　例 4-2-3 的逻辑电路图

解　第一步：写出逻辑函数表达式。

$$S_i = A_i \oplus B_i \oplus C_i$$

$$C_{i+1} = (A_i \oplus B_i)C_i + A_iB_i$$

第二步：列真值表，如表 4-2-3 所示。

第三步:分析电路的逻辑功能。此电路是典型的多输入、多输出组合逻辑电路。观察真值表 4 - 2 - 3 可以发现,当 A_i、B_i、C_i 三个输入变量中有一个为 1 或者三个同时为 1 时,输出 $S_i=1$;当三个变量有两个或三个同时为 1 时,输出 $C_{i+1}=1$。实现了 A_i、B_i、C_i 三个一位二进制数的加法运算功能,该电路也被称为一位全加器。A_i、B_i 分别是被加数和加数,C_i 为低位向本位的进位,S_i 是本位的和,C_{i+1} 是本位向高位的进位。一位全加器的逻辑符号如图 4 - 2 - 5 所示。

表 4 - 2 - 3　例 4 - 2 - 3 真值表

A_i	B_i	C_i	C_{i+1}	S_i
0	0	0	0	0
0	0	1	0	1
0	1	0	0	1
0	1	1	1	0
1	0	0	0	1
1	0	1	1	0
1	1	0	1	0
1	1	1	1	1

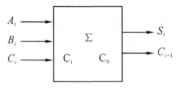

图 4 - 2 - 5　一位全加器符号

上述分析考虑了来自低位的进位,即分析了全加器的情况,如果不考虑低位来的进位,即 $C_i=0$,则电路变为半加器,其真值表如表 4 - 2 - 4 所示,其电路图如图 4 - 2 - 6 所示。

表 4 - 2 - 4　半加器真值表

A_i	B_i	C_{i+1}	S_i
0	0	0	0
0	1	0	1
1	0	0	1
1	1	1	0

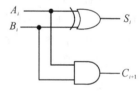

图 4 - 2 - 6　半加器电路图

通过以上的电路分析过程可知,分析电路最重要的步骤是从真值表中找出输入和输出之间的逻辑关系,并用文字概括出电路的逻辑功能。

4.3　组合逻辑电路的设计

4.3.1　组合逻辑电路的设计方法

组合逻辑电路的设计是对其进行分析的逆过程,它是根据给定的逻辑功能,经过一系列步骤,设计出实现这些功能的最佳逻辑电路。组合逻辑电路设计的一般步骤如下。

(1)逻辑抽象。分析逻辑命题,确定输入与输出的逻辑变量个数并规定其符号。本书正逻辑定义变量取 1,负逻辑定义变量取 0。将 1、0 两种状态分别赋给输入、输出逻辑变量,即确定 1、0 的具体含义。

(2)列出真值表。根据输出与输入之间的逻辑关系列出真值表,并写出逻辑函数的表达式。

（3）函数化简。从真值表得到的逻辑函数表达式不一定是最简的，需要对其进行化简。一般是将逻辑函数表达式化简为最简与或式。若表达式对应的逻辑门器件与电路要使用的门器件种类不同，要将逻辑函数表达式变换成需要的门器件的表达形式。

（4）画出逻辑电路图。根据化简后的逻辑函数表达式和选定的门器件画出相应的逻辑电路图。

上述步骤是组合逻辑电路的一般设计步骤，实际在工程操作中还要注意以下几个方面的问题：

（1）采用的逻辑门器件数目尽可能少，器件的种类尽可能少，器件之间的连线尽可能最简单；

（2）为了减少门电路的延迟，尽量使级数越少越好；

（3）功耗尽可能小，故障率尽可能小。

组合逻辑电路既可采用小规模集成电路实现，也可采用中规模集成电路或存储器等器件实现。总之，不论怎样，设计电路时不但要遵循基本步骤还要综合考虑各方面的指标，尽可能使性价比达到最高。

例 4 - 3 - 1　设计一个交通灯故障检测电路。当同时刻三个灯只有一个灯亮为正常状态，其余情况为故障状态。

解　设计步骤如下。

（1）逻辑抽象。由命题可知，实现该逻辑功能需要三个指示灯，即三个输入变量，记为 A、B、C，一个表明故障的输出变量，记为 F。规定灯亮为 1，灯灭为 0，输出正常状态为 0，出现故障时为 1。

（2）列出真值表。实现该逻辑功能的真值表如表 4 - 3 - 1 所示。

表 4 - 3 - 1　例 4 - 3 - 1 真值表

A B C	F
0　0　0	1
0　0　1	0
0　1　0	0
0　1　1	1
1　0　0	0
1　0　1	1
1　1　0	1
1　1　1	1

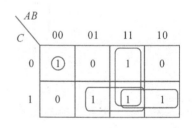

图 4 - 3 - 1　例 4 - 3 - 1 的卡诺图化简

根据表 4 - 3 - 1 的真值表，可以得出逻辑函数表达式为

$$F = \overline{A}\,\overline{B}\,\overline{C} + \overline{A}BC + A\overline{B}C + AB\overline{C} + ABC$$

（3）化简逻辑函数表达式。画出对应的卡诺图，如图 4 - 3 - 1 所示。

$$F = \overline{A}\,\overline{B}\,\overline{C} + AB + BC + AC = \overline{A + B + C} + AB + BC + AC$$

由此可见，该逻辑电路可用三个输入、三个与门、一个或非门、一个或门和一个输出构成，其电路如图 4 - 3 - 2 所示。

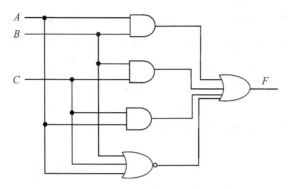

图 4-3-2　例 4-3-1 的逻辑电路图

若要求本例用与非门实现,就要将逻辑函数 F 的表达式转换成与非的表达形式。

$$F=\overline{\overline{A}\ \overline{B}\ \overline{C}}+AB+BC+AC=\overline{\overline{A\cdot \overline{B}\cdot \overline{C}}\cdot\overline{AB}\cdot\overline{BC}\cdot\overline{AC}}=\overline{\overline{A\cdot 1\cdot \overline{B}\cdot 1\cdot \overline{C}\cdot 1}\cdot\overline{AB}\cdot\overline{BC}\cdot\overline{AC}}$$

因此,从 F 的与非表达式可以看出,该电路共需要 8 个与非门完成所需的功能。其电路图如图 4-3-3 所示。注意,在本例中,理论上需要 8 个与非门,对比图 4-3-2 发现,完成同样的逻辑电路功能,该电路用的逻辑门器件比图 4-3-2 多用了 3 个,且是三级电路,而图 4-3-2 是两级电路,根据前面的电路设计规则,认为该电路的设计不是最佳。当然,如果命题要求全部用与非门实现,那也只能采用图 4-3-3 的电路了。

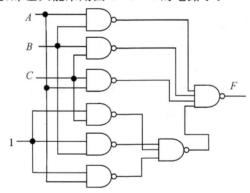

图 4-3-3　与非门实现例 4-3-1 的逻辑电路图

例 4-3-2　人类有 4 种基本血型,包括 A、B、AB 和 O 型。A 型受血者只接受 A 和 O 型血,B 型受血者只接受 B 和 O 型血,AB 型血是万能受血者,可以接受任何血型,O 型血者是万能输血者,但 O 型血的人只接受 O 型血。设计电路完成判别一对输血、受血者的血型是否相容。

解　第一步:列出不同血型输血者和受血者之间的关系,如图 4-3-4 所示。

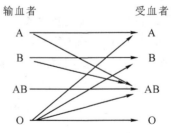

图 4-3-4　输血者和受血者的血型关系图

第二步:逻辑抽象。由命题可知有 4 种血型,因此可以用两个变量 C、D 的 4 种二进制的状态组合表示输血者的 4 种血型,用变量 E、F 的 4 种二进制的状态组合表示受血者的 4 种血型,它们之间的对应关系可以用表 4 - 3 - 2 表示。

表 4 - 3 - 2　输血者和受血者血型对应关系表

输血者		受血者		血型
C	D	E	F	
0	0	0	0	A
0	1	0	1	B
1	0	1	0	AB
1	1	1	1	O

第三步:列真值表。由表 4 - 3 - 2 可以列出输出 Y 的逻辑函数与输入变量 C、D、E、F 之间逻辑关系的真值表,如 4 - 3 - 3 所示。

表 4 - 3 - 3　输血者和受血者血型对应关系真值表

C	D	E	F	Y
0	0	0	0	1
0	1	0	1	1
×	×	1	0	1
1	1	×	×	1

第四步:画卡诺图,如图 4 - 3 - 5 所示,化简逻辑函数,得出输出 Y 的最简表达式。

$$Y = CD + E\overline{F} + \overline{C}\,\overline{D}\,\overline{F} + D\overline{E}F$$

第五步:画出逻辑电路图。本例的最终逻辑电路图如图 4 - 3 - 6 所示。

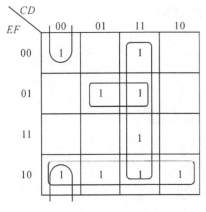

图 4 - 3 - 5　例 4 - 3 - 2 的卡诺图

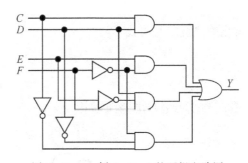

图 4 - 3 - 6　例 4 - 3 - 6 的逻辑电路图

需要说明的是,本例题没有限制可以使用的逻辑门器件,实际中有时命题可能会限定使用的门器件,此时就要将输出函数的逻辑表达式变换成规定的门器件的表达形式,然后画出逻辑电路图。

4.3.2　含有无关项的组合逻辑电路设计

如前所述,利用无关项可以使逻辑函数表达式更加简单,有利于设计出采用门数更少的逻辑电路,性价比更高,实现更加简便。

例4-3-3 采用"与或非"逻辑门器件设计一个操作码形成电路。当按下"×""＋"和"－"各操作键时,要求分别产生操作码 01、10 和 11。

表4-3-4 例4-3-3的真值表

A	B	C	F_2	F_1
0	0	0	0	0
0	0	1	1	1
0	1	0	1	0
0	1	1	×	×
1	0	0	0	1
1	0	1	×	×
1	1	0	×	×
1	1	1	×	×

解 第一步:逻辑抽象。假设电路的输入变量 A、B、C 分别对应"×""＋""－",输出变量为 F_2、F_1,它们的不同二进制数的组合 01、10、11 分别对应上述三种运算。按下某一操作键时,相应输入变量取值为 1,否则为 0。要注意,某一时刻只能按下一个操作键,因此三个输入变量 A、B、C 只能有一个取值为 1,即它们之间取值为 1 是互斥的。

第二步:列出真值表,如表 4-3-4 所示。

第三步:写出逻辑函数表达式,并进行化简。

$$F_1 = \sum m(1,4) + \sum d(3,5,6,7)$$

$$F_2 = \sum m(1,2) + \sum d(3,5,6,7)$$

画出卡诺图并化简,如图 4-3-7 所示。

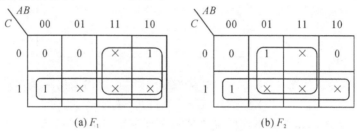

(a) F_1 (b) F_2

图 4-3-7 例 4-3-3 的卡诺图

$$F_1 = A + C$$
$$F_2 = B + C$$

再化简成最简与或式,得到

$$F_1 = \overline{\overline{A+C}}$$
$$F_2 = \overline{\overline{B+C}}$$

第四步:画出逻辑电路图,如图 4-3-8 所示。

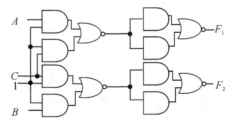

图 4-3-8 例 4-3-3 的逻辑电路图

从上述例子可以看出,设计组合逻辑电路时尽可能利用无关项,会使电路更加简单。由本例我们也发现,若对电路使用的逻辑器件不做要求,由 F_1、F_2 表达式可知,用或非门及非门组合实现电路功能更加简单。

4.4　组合逻辑中的竞争与冒险

　　到目前为止,对组合电路的分析和设计都是基于逻辑电路的输入和输出都处于稳定状态的假设。在实际电路中,由于门电路传输延迟的影响,在某些情况下电路端会产生错误输出,进而造成逻辑关系的混乱,出现竞争冒险现象,使电路无法正常工作。

4.4.1　竞争与冒险

　　两个以上的信号在传输到同一个门电路的输入端的过程中,当某一输入发生变化时,由于传输路径(经过的门器件个数)不同,或经过了不同长度的导线,达到某一个门的输入端在时间上有先有后,这种"时差"现象称为竞争。由竞争导致的电路输出端产生尖峰脉冲的现象称为冒险。

　　如图 4-4-1 所示电路,若不考虑反相器的延时,假设电路为理想状态,则有 $F=A \cdot \overline{A}=0$,稳态时 F 恒为 0。事实上,当输入变量 A 由 0 变为 1,A 端信号很快到与门的输入端,从 A 出发的另一路信号经过门器件(此处为反相器)的传输延迟(设每一个门的平均延迟时间为 t_{pd})后为 $\overline{A}$,出现了短时间的 A 和 $\overline{A}$ 同为 1 的情况,因此在输出端出现了短暂的 $F=1$,即出现了正向尖峰脉冲,或称正向毛刺,电路的逻辑关系受到了暂时的破坏,即与门的两个输入端 A 和 $\overline{A}$ 存在竞争。由于竞争使得电路的逻辑关系短暂受到了破坏,且在输出端产生了极窄的尖峰脉冲。

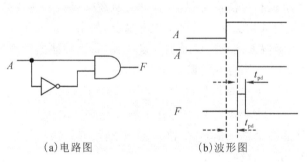

(a)电路图　　　　　　　　　(b)波形图

图 4-4-1　组合电路的竞争与冒险示例

　　竞争是组合电路中常见的现象,但不　定有竞争就　定有冒险。例如图 4-4-2 的电路与波形图,输入 A 从 0 到 1,有竞争,其与 B 经过一个与非门的延迟到达输出端 F_1 没有出现毛刺,所以没有冒险,也就是说有竞争不一定造成危害。但是从图 4-4-2 也发现,A 从 0 到 1 发生变化后,经过一个非门有一次门延迟,其经非门输出后与 F_2 输入端的 C 信号又经过一个与非门延迟到达输出端 F_2,有竞争,但仍然没有出现毛刺,即没有冒险。同样的思路继续分析当 A 从 1 到 0,此时的 F_1 经过一次门延时,输出波形如图 4-2-2(b)所示,有竞争,没有毛刺出现,即没有冒险。A 信号经反相器有一个门延时,与 F_2 输入端的 C 信号有竞争,但没有冒险,此时 F_2 的输出已经经历了两次门延时,F 的输入端信号 F_1 和 F_2 有竞争,经过一个与非门输出端 F 又产生一个延时,因此出现了短暂的负向脉冲毛刺,即出现了冒险。这样会使电路产生错误的动作,即出现逻辑错误,这是非常严重且不被允许的,因此要对电路做出冒险的消除。

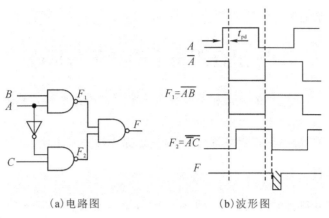

(a)电路图　　　　　　　　　(b)波形图

图 4-4-2　组合电路的竞争与冒险示例

需要说明,上述分析都是在一个输入变量发生变化的情况下,即假设其它输入变量没有变化。电路在过渡过程中产生的冒险通常称为逻辑冒险;而由于两个或多个输入变量变化时间不一致所导致的冒险称为功能冒险。此处仅仅考虑简单的逻辑冒险,为初学者建立这样的思想。

4.4.2　逻辑冒险的判断

判断逻辑电路存在竞争与冒险的方法主要有以下几种。

1.代数法

逻辑电路中,有竞争就有可能产生冒险,因此可从逻辑函数表达式的结构出发判断该电路是否存在某个变量的原变量和反变量同时出现的情况,如果存在该状况,那就具备了竞争的条件。这时就可以将逻辑函数表达式中的其它变量去掉,留下被研究的变量,若组合逻辑函数输出的表达式为下列形式之一,则存在冒险。

$$\begin{cases} F = A + \overline{A}, & \text{存在 0 型冒险(负向毛刺)} \\ F = A \cdot \overline{A}, & \text{存在 1 型冒险(正向毛刺)} \end{cases}$$

显然,输出门电路的两个输入信号 A 和 $\overline{A}$ 是 A 经过不同路径传输得到的, A 跳变时就有可能在电路输出端产生尖峰脉冲,即毛刺。

例 4-4-1　判断 $F = (A+C)(\overline{A}+B)(B+\overline{C})$ 是否存在冒险现象。

解　A 和 C 具有竞争可能,冒险判别如表 4-4-1 所示。

从表 4-4-1 可知,当 $B=C=0$ 和 $A=B=0$ 时, A 、 C 变量可能引起冒险。

表 4-4-1　例 4-4-1 判断冒险

A 变量冒险判别			C 变量冒险判别		
B	C	F	A	B	F
0	0	$A\overline{A}$	0	0	$C\overline{C}$
0	1	0	0	1	C
1	0	A	1	0	0
1	1	1	1	1	1

2.卡诺图法

如果卡诺图中有两个卡诺圈相切,且相切处未被其它卡诺圈包围,则在相邻处有可能出现冒险情况。

例 4-4-2　判断图 4-4-3 所示卡诺图表示的逻辑函数的冒险情况。

解　图 4-4-3(a)中,卡诺圈 AB 和 $\overline{A}C$ 相切,相切处 $C=1$, $B=1$,即当输入变量 $B=C=1$

时, A 变量变化时将可能产生冒险。图 $4-4-3$(b)中,两个卡诺圈相切,但被卡诺圈 BC 包围,不可能产生冒险。判断过程如下: $F=AB+\overline{A}C+BC$,当 BC 分别等于 00、01、10、11 时, F 分别为 0、$\overline{A}$、A、1,因此没有冒险。

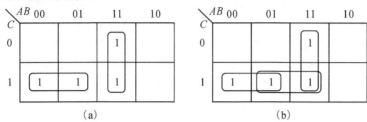

图 $4-4-3$　例 $4-4-2$ 用卡诺圈判别冒险

3.计算机仿真法

也可采用计算机仿真软件对组合逻辑电路进行竞争与冒险判断。目前,已经有多个计算机仿真软件可以实现电路有无竞争与冒险的判断。

4.实验法

在电路的输入端加入信号可能的所有组合状态,用示波器或逻辑分析仪等仪器捕捉输出端波形可能产生的冒险现象。该方法是检验电路冒险现象的有效、可靠方法。

4.4.3　冒险的消除

既然有冒险,那就必须消除,否则会导致错误结果。常用的消除冒险的方法有如下几种。

1.修改逻辑设计,增加多余项消除冒险

由图 $4-4-3$(a)可知,在两个卡诺圈相切处再加一个卡诺圈,如图 $4-4-3$(b)所示,就可以消除冒险。因此逻辑函数表达式就从原来的 $F=AB+\overline{A}C$ 变为 $F=AB+\overline{A}C+BC$ 。由逻辑代数化简定理 6 知 BC 为多余项,但在此处并不多余,而是非常重要的一项。可见,多余项也是相对而言的,彼处多余的,此处可能并不多余。

2.加滤波电容,消除毛刺

冒险导致的尖峰脉冲一般都很窄,因此在组合电路较慢的速度下,可在逻辑电路的输出端并联一个很小的滤波电容(如 $4\sim20$ pF),就可将尖峰脉冲的幅度降低至门电路的阈值以下,使得输出端不会出现逻辑错误。该方法简单易行,但输出电压波形边沿也会随之变形,故仅适用于对输出波形前后沿要求不高的电路。

3.加选通信号,避开毛刺

尖峰脉冲总是发生在输入信号变化的瞬间,因此可在该段时间内先将门"封住",等电路进入稳定状态后再加选通信号,使电路输出正常结果。该方法简单易行,只要选通信号的宽度、极性、作用时间合适即可。图 $4-4-4$ 为加入选通信号的电路示意图。

上述方法各有特点,选用时要视具体情况而定。冒险的消除要通过实验和仿真进行验证。

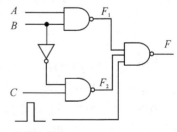

图 $4-4-4$　加入选通信号消除冒险电路

4.5　中规模组合逻辑器件及其应用

数字系统中,有时需要使用多个组合逻辑门。随着集成技术的发展以及为了使用上的便利,常常将这些逻辑门制作成中、小规模的集成电路产品,例如,编码器、译码器、数据选择器、数据分配器、加法器和数值比较器等。本节主要介绍常用的组合逻辑器件,这些器件均有MSI产品。通过本节的学习,应掌握此类器件的原理、功能,并会正确应用它们设计数字电路。

4.5.1　编码器

为了将文字、数字、符号或特定含义的信息区分开来,采用不同的二进制代码组合表示它们的过程称为编码。实现编码功能的电路称为编码器。数字系统中,常采用若干位二进制代码对编码对象进行编码。要表示的信息越多,二进制代码的位数就越多。n 位二进制代码可以有 2^n 个状态信息。N 个信息需要编码时,通常按 $N \leqslant 2^n$ 确定所需的二进制代码的位数。编码是按照 2^n 种状态人为进行数值指定的。当 $N = 2^n$,称为二进制编码器。$N = 10, n = 4$ 时,称为二-十进制编码器。编码器按照其优先情况又被分为普通编码器和优先编码器。任何时刻只允许一个输入信号有效,不允许出现多个输入信号同时有效的情况,否则将会使编码器出错,这是普通编码器具有的特点。而在特定条件下同时允许多个输入有效,并能够按照事先约定的优先顺序只对最高优先级别的有效输入信号进行编码的编码器称为优先编码器。

1.普通二进制编码器

普通二进制编码器是采用 n 位二进制数将某种信号转变成 2^n 个二进制代码的逻辑电路。

常用的二进制编码器有 4 线-2 线、8 线-3 线和 16 线-4 线等。图 4-5-1 为 8 线-3 线编码器逻辑电路图与逻辑符号图。

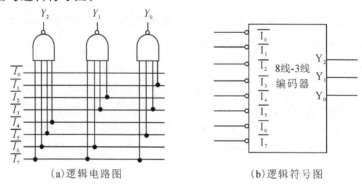

(a)逻辑电路图　　　　　　　　　(b)逻辑符号图

图 4-5-1　3 位二进制编码器

图 4-5-1 输入为 $\overline{I_0} \sim \overline{I_7}$,输出为 $Y_0 \sim Y_2$,输入与输出间的真值表如表 4-5-1 所示。从表 4-5-1 可以看出,当且仅当某一个输入端口为低电平时,输出端输出与输入端对应的代码。例如,当 $\overline{I_1}$ 为低电平 0 且其它输入端均为高电平 1 时,输出 $Y_2 Y_1 Y_0$ 为 001。表 4-5-1 列出了 8 种输入信号的组合状态,要强调的是输入变量只能有一个取值为 0,即任何时刻只能对一个输入信号编码。为避免产生乱码,规定编码器不能同时接收两个或两个以上的编码信号请求。从表 4-5-1 可以得到此 3 位二进制编码器输出信号的逻辑表达式如下:

$$Y_2 = \overline{\overline{I_4}\ \overline{I_5}\ \overline{I_6}\ \overline{I_7}}\ ; Y_1 = \overline{\overline{I_2}\ \overline{I_3}\ \overline{I_6}\ \overline{I_7}}\ ; Y_0 = \overline{\overline{I_1}\ \overline{I_3}\ \overline{I_5}\ \overline{I_7}}$$

表 4 - 5 - 1　3 位二进制编码器的真值表

$\overline{I_0}$	$\overline{I_1}$	$\overline{I_2}$	$\overline{I_3}$	$\overline{I_4}$	$\overline{I_5}$	$\overline{I_6}$	$\overline{I_7}$	Y_2	Y_1	Y_0
0	1	1	1	1	1	1	1	0	0	0
1	0	1	1	1	1	1	1	0	0	1
1	1	0	1	1	1	1	1	0	1	0
1	1	1	0	1	1	1	1	0	1	1
1	1	1	1	0	1	1	1	1	0	0
1	1	1	1	1	0	1	1	1	0	1
1	1	1	1	1	1	0	1	1	1	0
1	1	1	1	1	1	1	0	1	1	1

2.二进制优先编码器

与普通二进制编码器不同,优先编码器允许几个信号同时输入,但输出端只对优先级别较高的输入信号输出代码,对较低级别的信号不进行处理,优先级由设计人员根据输入信号的"轻重缓急"制定。按照优先级别对多个输入信号进行编码的电路器件称为优先编码器。常用的中规模优先编码器有 74LS148(8 线 - 3 线),74LS147(10 线 - 4 线 BCD 优先编码器)。图 4 - 5 - 2(a)为 3 位二进制优先编码器(74LS148)的逻辑电路图,图(b)为其逻辑符号。它有 8 个信号输入端 $\overline{I_7} \sim \overline{I_0}$,其中 $\overline{I_7}$ 的优先级别最高,$\overline{I_6}$ 次之,$\overline{I_0}$ 最低;$\overline{Y_2} \sim \overline{Y_0}$ 为 3 个输出端,$\overline{S}$ 为输入使能端,$\overline{Y_S}$ 为选通输出端,$\overline{Y_{EX}}$ 为扩展端,均为低电平有效。

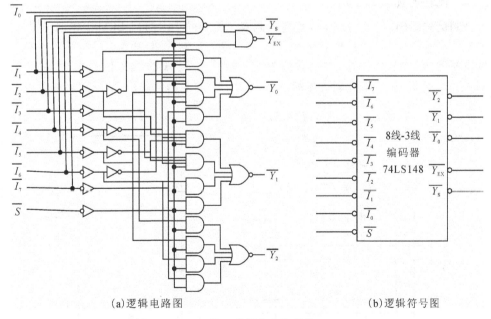

(a)逻辑电路图　　　　　　　　(b)逻辑符号图

图 4 - 5 - 2　3 位二进制优先编码器 74LS148

74LS148 的功能表如表 4 - 5 - 2 所示。当 $\overline{S}=1$ 时,电路禁止,即禁止编码,无论输入端 $\overline{I_7} \sim \overline{I_0}$ 为何值,输出端 $\overline{Y_2} \sim \overline{Y_0}$ 均为高电平,$\overline{Y_S}$ 和 $\overline{Y_{EX}}$ 同时也为 1。当 $\overline{S}=0$ 时,电路工作,即可以编

码,此时如果输入端$\overline{I_7}\sim\overline{I_0}$中有低电平输入,则输出端$\overline{Y_2}\sim\overline{Y_0}$就会只对级别最高的输入进行编码输出。例如,当$\overline{I_7}=1,\overline{I_6}=1,\overline{I_5}=0$时,无论其它输入端是否有效,输出端仅对$\overline{I_5}$的输入进行编码,因此$\overline{Y_2}\sim\overline{Y_0}=010$(即 101 的反码)。同时从表 4-5-2 看出,正常工作时,$\overline{Y_S}=1$,$\overline{Y_{EX}}=0$。如果输入端无有效信号输入,则输出端均为高电平,同时$\overline{Y_S}=0$,$\overline{Y_{EX}}=1$。而当扩展输出端$\overline{Y_{EX}}=0$时,编码器正常工作,$\overline{Y_{EX}}=1$时,禁止编码器工作。选通输出端$\overline{Y_S}=0$只在$\overline{S}=0$(即允许编码)且无有效信号输入时成立。只有当$\overline{S}=0$,$\overline{Y_{EX}}=0$和$\overline{Y_S}=1$时,编码器才处于正常的编码状态。掌握了这些特点有助于实现编码器的扩展。

表 4-5-2　74LS148 的功能表

$\overline{S}$	$\overline{I_7}$	$\overline{I_6}$	$\overline{I_5}$	$\overline{I_4}$	$\overline{I_3}$	$\overline{I_2}$	$\overline{I_1}$	$\overline{I_0}$	$\overline{Y_2}$	$\overline{Y_1}$	$\overline{Y_0}$	$\overline{Y_S}$	$\overline{Y_{EX}}$
1	×	×	×	×	×	×	×	×	1	1	1	1	1
0	0	×	×	×	×	×	×	×	0	0	0	1	0
0	1	0	×	×	×	×	×	×	0	0	1	1	0
0	1	1	0	×	×	×	×	×	0	1	0	1	0
0	1	1	1	0	×	×	×	×	0	1	1	1	0
0	1	1	1	1	0	×	×	×	1	0	0	1	0
0	1	1	1	1	1	0	×	×	1	0	1	1	0
0	1	1	1	1	1	1	0	×	1	1	0	1	0
0	1	1	1	1	1	1	1	0	1	1	1	1	0
0	1	1	1	1	1	1	1	1	1	1	1	0	1

3.二-十进制优先编码器

十进制优先编码器又称为 BCD 优先编码器。常用的 74LS147 BCD 优先编码器的逻辑符号如图 4-5-3(b)所示,它有 9 个输入端$\overline{I_1}\sim\overline{I_9}$(没有$\overline{I_0}$输入端)和 4 个输出端$\overline{Y_3}\sim\overline{Y_0}$(反码),均为低电平有效。它能将$I_0\sim I_9$(对应着 0~9)10 个有效的输入信号编成 8421BCD 码。图 4-5-3(a)是集成二-十进制优先编码器 74LS147 的逻辑电路图,从图中可以看出:

$$Y_3=\overline{\overline{I_8}\,\overline{I_9}};\quad Y_2=\overline{\overline{I_4}\,\overline{I_5}\,\overline{I_6}\,\overline{I_7}};\quad Y_1=\overline{\overline{I_2}\,\overline{I_3}\,\overline{I_6}\,\overline{I_7}};\quad Y_0=\overline{\overline{I_1}\,\overline{I_3}\,\overline{I_5}\,\overline{I_7}\,\overline{I_9}}$$

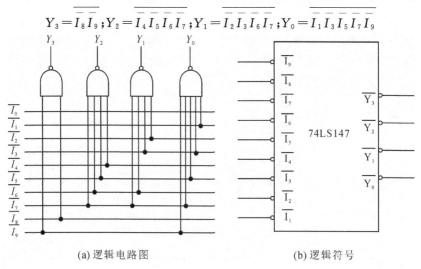

　　　　(a) 逻辑电路图　　　　　　　　　　　　　(b) 逻辑符号

图 4-5-3　优先编码器 74LS147

74LS147 BCD 优先编码器对应的功能表如表 4-5-3 所示。

表 4-5-3　74LS147 BCD 优先编码器功能表

$\overline{I_1}$	$\overline{I_2}$	$\overline{I_3}$	$\overline{I_4}$	$\overline{I_5}$	$\overline{I_6}$	$\overline{I_7}$	$\overline{I_8}$	$\overline{I_9}$	$\overline{Y_3}$	$\overline{Y_2}$	$\overline{Y_1}$	$\overline{Y_0}$
1	1	1	1	1	1	1	1	1	1	1	1	1
×	×	×	×	×	×	×	×	0	0	1	1	0
×	×	×	×	×	×	×	0	1	0	1	1	1
×	×	×	×	×	×	0	1	1	1	0	0	0
×	×	×	×	×	0	1	1	1	1	0	0	1
×	×	×	×	0	1	1	1	1	1	0	1	0
×	×	×	0	1	1	1	1	1	1	0	1	1
×	×	0	1	1	1	1	1	1	1	1	0	0
×	0	1	1	1	1	1	1	1	1	1	0	1
0	1	1	1	1	1	1	1	1	1	1	1	0

从表 4-5-3 可以看出,编码器的输入信号低电平有效,$\overline{I_9}$ 的优先级最高,$\overline{I_0}$ 优先级最低,即只要 $\overline{I_9}$ 有低电平输入,无论其它输入端是什么信号,输出均是 0110。电路中没有 $\overline{I_0}$ 输入端,当所有输入端均为高电平时,4 个输出端均为 1111,其反码为 0000,认为是 BCD 码的 0 输出,相当于 $\overline{I_0}$ 有效,因此也可将表 4-5-3 的第一行默认为 $\overline{I_0}$ 输入。74LS147 的所有输入输出端均为低电平有效,因此在每一个输出端加一个反相器,便可将反码输出的 BCD 码转换为正常的 BCD 码。

4.5.2　译码器

译码是编码的逆过程,即是将代表特定含义的二进制代码翻译出来的过程。实现译码功能的电路称为译码器,它可将输入的二进制代码对应为输出的特定信息,也就是说译码器是将一种代码转换成另一种代码的电路。可以将译码器分为两类:一类是变量译码器,也称为唯一地址译码器,在计算机中用于将一个地址代码转换成一个有效信号;另一类是显示译码器,主要用于驱动数码管显示数字或字符。

1.变量译码器

变量译码器的工作原理框图如图 4-5-4 所示,有 n 个输入端,m 个译码输出端,$m \leqslant 2^n$。译码器工作时,输入一组含有 n 个变量的代码,m 个输出中仅有一个有效电平,其余输出均为无效电平。本节介绍二进制译码器和二-十进制译码器。

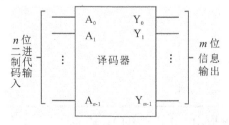

图 4-5-4　变量译码器工作原理框图

1)二进制译码器

二进制译码器有 n 个输入、$m = 2^n$ 个输出。常用的中规模集成电路芯片有 74LS139(双 2 线 - 4 线)、74LS138(3 线 - 8 线)、74LS154(4 线 - 16 线)等。

(1)译码器工作原理。图 4 - 5 - 5(a)是 3 - 8 译码器的逻辑电路图,(b)是逻辑符号图。A_2、A_1、A_0 依次为从高到低的地址输入端,$\overline{Y_0} \sim \overline{Y_7}$ 为状态信号输出端,低电平有效。E_1、$\overline{E_2}$ 和 $\overline{E_3}$ 均为使能端。

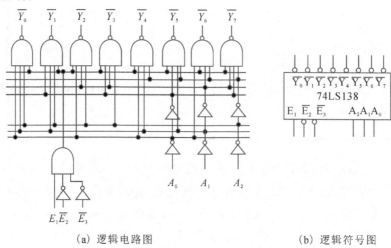

(a) 逻辑电路图　　　　　　　　　　(b) 逻辑符号图

图 4 - 5 - 5　74LS138 译码器逻辑电路图

表 4 - 5 - 4 为 74LS138 译码器的功能表,可以看出,只有使能端 E_1 为高电平,且 $\overline{E_2} + \overline{E_3}$ 为低电平时,译码器才能正常工作,输出端才有状态信号输出。三个使能端若有一个不满足条件,译码器禁止工作,输出端全部为高电平。从该表可以得出:$\overline{Y_7} = \overline{m_7}$,$\overline{Y_6} = \overline{m_6}$,$\overline{Y_5} = \overline{m_5}$,$\overline{Y_4} = \overline{m_4}$,$\overline{Y_3} = \overline{m_3}$,$\overline{Y_2} = \overline{m_2}$,$\overline{Y_1} = \overline{m_1}$,$\overline{Y_0} = \overline{m_0}$,即 $\overline{Y_i} = \overline{m_i}$。

表 4 - 5 - 4　74LS138 译码器的功能表

E_1	$\overline{E_2} + \overline{E_3}$	$A_2 A_1 A_0$	$\overline{Y_0}$	$\overline{Y_1}$	$\overline{Y_2}$	$\overline{Y_3}$	$\overline{Y_4}$	$\overline{Y_5}$	$\overline{Y_6}$	$\overline{Y_7}$
0	×	× × ×	1	1	1	1	1	1	1	1
×	1	× × ×	1	1	1	1	1	1	1	1
1	0	0 0 0	0	1	1	1	1	1	1	1
1	0	0 0 1	1	0	1	1	1	1	1	1
1	0	0 1 0	1	1	0	1	1	1	1	1
1	0	0 1 1	1	1	1	0	1	1	1	1
1	0	1 0 0	1	1	1	1	0	1	1	1
1	0	1 0 1	1	1	1	1	1	0	1	1
1	0	1 1 0	1	1	1	1	1	1	0	1
1	0	1 1 1	1	1	1	1	1	1	1	0

(2)译码器的扩展。实际应用中由于现有的译码器输入端数目太少,不能满足要求,这时可以巧妙利用译码器的使能端将几片译码器相连接,实现输入端数目较多的译码器功能,即实现了

功能扩展。例如,用两块 3-8 译码器扩展成 4-16 译码器,如图 4-5-6 所示。4-16 译码器的片(Ⅰ)使能端 E_1 直接高电平,即逻辑 1,最高位输入 A_3 与片(Ⅰ)的使能端 $\overline{E_3}$ 和片(Ⅱ)的使能端 E_1 连接,片(Ⅰ)的 $\overline{E_2}$ 和片(Ⅱ) $\overline{E_2}$、$\overline{E_3}$ 连接在一起作为 4-16 译码器的使能端 $\overline{EN}$,片(Ⅰ)和片(Ⅱ)的 A_2、A_1、A_0 端分别对应地连接在一起,作为 4-16 译码器的 A_2、A_1、A_0。当 $\overline{EN}=1$ 时,片(Ⅰ)和片(Ⅱ)均被禁止,译码器不工作。当 $\overline{EN}=0$ 时,若 $A_3=0$,片(Ⅰ)使能端满足工作要求,被选中,片(Ⅱ)使能端不满足要求,禁止工作,随着 $A_2A_1A_0$ 从 000 至 111 变化,片(Ⅰ)的输出端 $\overline{Y_0}\sim\overline{Y_7}$ 相应地输出。若 $A_3=1$,则片(Ⅰ)禁止工作,片(Ⅱ)使能端满足工作要求,被选中,随着 $A_2A_1A_0$ 从 000 至 111 的变化,片(Ⅱ)的输出端 $\overline{Y_8}\sim\overline{Y_{15}}$ 相应地输出。因此,当 $A_3A_2A_1A_0$ 从 0000 至 1111 变化,电路的输出 $\overline{Y_0}\sim\overline{Y_{15}}$ 相应地输出,这样就实现了 3-8 译码器扩展成 4-16 译码器的电路。

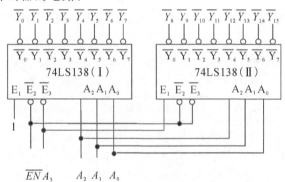

图 4-5-6 两片 3-8 译码器扩展成 4-16 译码器

(3)译码器的应用。二进制译码器的用途很广,典型的应用有以下几种:

①逻辑函数实现;

②存储系统的地址译码;

③数据分配器、程序计数器或脉冲分配器等(后面章节介绍)。

例 4-5-1 用 3-8 译码器设计两个二进制数的全加器。

解 假设全加器的和为 S_i,进位为 C_{i+1},被加数为 A_i,加数为 B_i,低位进位为 C_i,则可列出全加器的真值表如表 4-5-5 所示。可得 S_i 和 C_{i+1} 的逻辑表达式如下:

$$S_i = \overline{A_i}\,\overline{B_i}C_i + \overline{A_i}B_i\overline{C_i} + A_i\overline{B_i}\,\overline{C_i} + A_iB_iC_i$$
$$= m_1 + m_2 + m_4 + m_7$$
$$= \overline{\overline{m_1}\cdot\overline{m_2}\cdot\overline{m_4}\cdot\overline{m_7}}$$

$$C_{i+1} = \overline{A_i}B_iC_i + A_i\overline{B_i}C_i + A_iB_i\overline{C_i} + A_iB_iC_i$$
$$= m_3 + m_5 + m_6 + m_7$$
$$= \overline{\overline{m_3}\cdot\overline{m_5}\cdot\overline{m_6}\cdot\overline{m_7}}$$

表 4-5-5 全加器真值表

A_i	B_i	C_i	S_i	C_{i+1}
0	0	0	0	0
0	0	1	1	0
0	1	0	1	0
0	1	1	0	1
1	0	0	1	0
1	0	1	0	1
1	1	0	0	1
1	1	1	1	1

采用 3-8 译码器组成的全加器如图 4-5-7 所示。通过该例我们又学会了一种组合电路的设计方法。

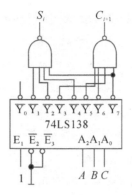

图 4 - 5 - 7　用 3 - 8 译码器组成全加器

例 4 - 5 - 2　试用一片 74LS138 译码器和门电路设计一个多地址译码电路。要求当地址码为 C0H～C7H 时,译码器的输出分别被译中,且低电平有效,已知该译码器电路有 8 根地址输入线 $A_0 \sim A_7$。

解　由本例给定的条件可以列出电路的输入、输出对应关系,如表 4 - 5 - 6 所示。

表 4 - 5 - 6　例 4 - 5 - 2 电路输入、输出关系表

地址码	A_7	A_6	A_5	A_4	A_3	A_2	A_1	A_0	$\overline{Y_0}$	$\overline{Y_1}$	$\overline{Y_2}$	$\overline{Y_3}$	$\overline{Y_4}$	$\overline{Y_5}$	$\overline{Y_6}$	$\overline{Y_7}$
C0H	1	1	0	0	0	0	0	0	0	1	1	1	1	1	1	1
C1H	1	1	0	0	0	0	0	1	1	0	1	1	1	1	1	1
C2H	1	1	0	0	0	0	1	0	1	1	0	1	1	1	1	1
C3H	1	1	0	0	0	0	1	1	1	1	1	0	1	1	1	1
C4H	1	1	0	0	0	1	0	0	1	1	1	1	0	1	1	1
C5H	1	1	0	0	0	1	0	1	1	1	1	1	1	0	1	1
C6H	1	1	0	0	0	1	1	0	1	1	1	1	1	1	0	1
C7H	1	1	0	0	0	1	1	1	1	1	1	1	1	1	1	0

从表 4 - 5 - 6 可以看出,地址码 $A_7 A_6 A_5 A_4 A_3$＝11000 始终不变,仅仅 $A_2 A_1 A_0$ 从 000～111 发生了变化,输出 $\overline{Y_0} \sim \overline{Y_7}$ 分别有对应的输出被译中,由此可以想象将 $A_7 \sim A_3$ 当作 74LS138 的使能端,即令 $E_1 = A_7 \cdot A_6$,$\overline{E_2} = \overline{E_3} = A_5 + A_4 + A_3$,剩下的输入端直接连到 74LS138 译码器对应的地址端即可。最终的电路连接图如图 4 - 5 - 8 所示。

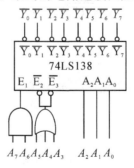

图 4 - 5 - 8　例 4 - 5 - 2 的逻辑电路图

2)二-十进制译码器

二-十进制译码器也称为 BCD 译码器,能够实现将输入的 1 位 BCD 码(4 位二进制代码)用 $A_3 \sim A_0$ 表示,译成 10 个高、低电平与十进制数相对应的 $0 \sim 9$ 输出信号,用 $\overline{Y_0} \sim \overline{Y_9}$ 表示,也被称作 4 - 10 译码器。常用的二-十进制译码器 74LS42 的逻辑电路及符号如图 4 - 5 - 9 所示。

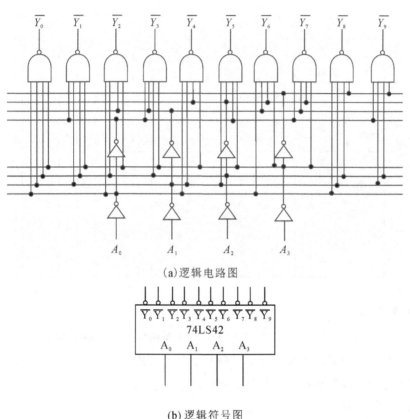

(a)逻辑电路图

(b)逻辑符号图

图 4 - 5 - 9　二-十进制译码器 74LS42 逻辑电路

表 4 - 5 - 7 为二-十进制译码器 74LS42 的功能表。从该表可以看出,当输入一个 BCD 码时,相应地译码器的十进制数输出端就会产生一个低电平有效信号。若输入的是伪码(非法码),则 $\overline{Y_0} \sim \overline{Y_9}$ 均不输出有效信号,即译码器拒绝译码。由功能表可以写出"与非"形式的输出表达式:

$$\overline{Y_0} = \overline{\overline{A_3} \cdot \overline{A_2} \cdot \overline{A_1} \cdot \overline{A_0}}, \overline{Y_1} = \overline{\overline{A_3} \cdot \overline{A_2} \cdot \overline{A_1} \cdot A_0}, \overline{Y_2} = \overline{\overline{A_3} \cdot \overline{A_2} \cdot A_1 \cdot \overline{A_0}}$$

$$\overline{Y_3} = \overline{\overline{A_3} \cdot \overline{A_2} \cdot A_1 \cdot A_0}, \overline{Y_4} = \overline{\overline{A_3} \cdot A_2 \cdot \overline{A_1} \cdot \overline{A_0}}, \overline{Y_5} = \overline{\overline{A_3} \cdot A_2 \cdot \overline{A_1} \cdot A_0},$$

$$\overline{Y_6} = \overline{\overline{A_3} \cdot A_2 \cdot A_1 \cdot \overline{A_0}}, \overline{Y_7} = \overline{\overline{A_3} \cdot A_2 \cdot A_1 \cdot A_0},$$

$$\overline{Y_8} = \overline{A_3 \cdot \overline{A_2} \cdot \overline{A_1} \cdot \overline{A_0}}, \overline{Y_9} = \overline{A_3 \cdot \overline{A_2} \cdot \overline{A_1} \cdot A_0}$$

表 4-5-7　二-十进制译码器 74LS42 的功能表

十进制数	$A_3 \, A_2 \, A_1 \, A_0$	$\overline{Y_0}$	$\overline{Y_1}$	$\overline{Y_2}$	$\overline{Y_3}$	$\overline{Y_4}$	$\overline{Y_5}$	$\overline{Y_6}$	$\overline{Y_7}$	$\overline{Y_8}$	$\overline{Y_9}$
0	0　0　0　0	0	1	1	1	1	1	1	1	1	1
1	0　0　0　1	1	0	1	1	1	1	1	1	1	1
2	0　0　1　0	1	1	0	1	1	1	1	1	1	1
3	0　0　1　1	1	1	1	0	1	1	1	1	1	1
4	0　1　0　0	1	1	1	1	0	1	1	1	1	1
5	0　1　0　1	1	1	1	1	1	0	1	1	1	1
6	0　1　1　0	1	1	1	1	1	1	0	1	1	1
7	0　1　1　1	1	1	1	1	1	1	1	0	1	1
8	1　0　0　0	1	1	1	1	1	1	1	1	0	1
9	1　0　0　1	1	1	1	1	1	1	1	1	1	0
伪码	1　0　1　0	1	1	1	1	1	1	1	1	1	1
	1　0　1　1	1	1	1	1	1	1	1	1	1	1
	1　1　0　0	1	1	1	1	1	1	1	1	1	1
	1　1　0　1	1	1	1	1	1	1	1	1	1	1
	1　1　1　0	1	1	1	1	1	1	1	1	1	1
	1　1　1　1	1	1	1	1	1	1	1	1	1	1

2.显示译码器

将数字、文字、图形和符号等采用二进制代码直观地显示出来的驱动显示电路称为显示译码器。常见的显示译码器是多种多样的,例如,按显示方式可分为:字形重叠式、分段式、点阵式等。本书只介绍七段显示数码管和显示译码器。

1)七段显示数码管

发光二极管(Light-Emitting Diode,LED)是由半导体材料砷化镓、磷砷化镓等制成,可单独使用,也可组成分段式或点阵式 LED 显示器件。七段显示数码管由七个发光二极管组成字形,加正电压二极管导通并发光,按照一定的规定设置发光段的亮或灭,就能够显示各种数字和符号。

按照连接方式的不同,可将显示数码管分为共阳极和共阴极两种。图 4-5-10 为共阳极数码管 201B 和共阴极数码管 201A 的引脚图和等效电路。".dp"为小数点,也占用一个发光二极管。要说明的是通常显示译码器没有驱动输出,使用时需要另外加一个驱动。共阳极是将所有发光二极管的阳极连在一起接高电平,输入驱动信号分别由阴极 a、b、c、d、e、f、g、dp 端接入,当某个输入端为低电平时,相应的发光二极管点亮。而共阴极数码管是将所有发光二极管的阴极连在一起接低电平,输入驱动信号分别由 a、b、c、d、e、f、g、dp 端接入,当某个输入端为高电平时,相应的发光二极管点亮。七段显示数码管具有电压低、体积小、寿命长、响应速度快、可靠性高和亮度大等优点,其缺点是电流较大。

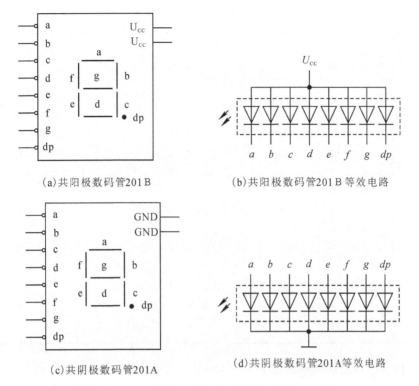

(a)共阳极数码管201B (b)共阳极数码管201B等效电路

(c)共阴极数码管201A (d)共阴极数码管201A等效电路

图 4-5-10 七段显示数码管的引脚图及等效电路

2)七段显示译码器

显示译码器设计首先应弄清楚要设计的字形。此处以七段显示数码管为例说明其设计过程。显示译码器输入的是一位 8421BCD 码,输出是由数码管各段组合的相应的十进制数字。已知数码管有共阳极和共阴极两类,因而常用的显示译码器有驱动共阳极的如输出低电平有效的 74LS46、74LS47 和输出为高电平的驱动共阴极数码管 74LS48 和 74LS49 等。七段共阳极数码管 74LS47 的逻辑符号如图 4-5-11 所示。D_3、D_2、D_1、D_0 为 8421BCD 码的输入,$\overline{a}$、$\overline{b}$、$\overline{c}$、$\overline{d}$、$\overline{e}$、$\overline{f}$、$\overline{g}$ 分别为译码器的输出,$\overline{LT}$ 为试灯输入,$\overline{RBI}$ 为纹波灭零输入,$\overline{BI/RBO}$ 为熄灭输入/纹波灭零输出。表 4-5-8 为 74LS47 显示译码器的功能表,当输出 $\overline{a}$、$\overline{b}$、$\overline{c}$、$\overline{d}$、$\overline{e}$、$\overline{f}$、$\overline{g}$ 分别为低电平,数码管相应字段导通,即点亮,而当输出分别为高电平时,数码管相应字段熄灭。

图 4-5-11 74LS47 显示译码器的逻辑符号

表 4 - 5 - 8　74LS47 的功能表

输入			输出		显示十进制字符及功能
$\overline{LT}$	$\overline{RBI}$	$D_3 D_2 D_1 D_0$	$\overline{BI}/\overline{RBO}$	$\bar{a}$　$\bar{b}$　$\bar{c}$　$\bar{d}$　$\bar{e}$　$\bar{f}$　$\bar{g}$	
0	×	× × × ×	1	0　0　0　0　0　0　0	试灯输入
1	0	0 0 0 0	0	1　1　1　1　1　1　1	纹波灭零输入
×	×	× × × ×	0	1　1　1　1　1　1　1	熄灭输入
1	1	0 0 0 0	1	0　0　0　0　0　0　1	0/
1	×	0 0 0 1	1	1　0　0　1　1　1　1	1/
1	×	0 0 1 0	1	0　0　1　0　0　1　0	2/
1	×	0 0 1 1	1	0　0　0　0　1　1　0	3/
1	×	0 1 0 0	1	1　0　0　1　1　0　0	4/
1	×	0 1 0 1	1	0　1　0　0　1　0　0	5/
1	×	0 1 1 0	1	1　1　0　0　0　0　0	6/
1	×	0 1 1 1	1	0　0　0　1　1　1　1	7/
1	×	1 0 0 0	1	0　0　0　0　0　0　0	8/
1	×	1 0 0 1	1	0　0　0　1　1　0　0	9/

74LS47 控制信号的功能说明如下。

(1)试灯输入$\overline{LT}$。$\overline{LT}$为低电平有效信号,即当$\overline{LT}=0$,且$\overline{BI}/\overline{RBO}=1$时无论输入的 8421BCD 码和$\overline{RBI}$为何种状态,输出$\bar{a}\sim\bar{g}$均为 0,此时数码管七段全部点亮,显示数字 8。此输入端的主要功能是对数码管的七个显示段进行测试,正常工作时应将$\overline{LT}$置为高电平。

(2)$\overline{LT}$和$\overline{BI}/\overline{RBO}$均为高电平(无效状态),$\overline{RBI}$为 1 或为×时,可以进行字段译码,驱动数码管显示。如$D_3 D_2 D_1 D_0 = 0100$时,$\bar{a}\sim\bar{g}=1001100$,即 a、d、e 不亮,其它字段点亮,驱动显示输出为 4。要注意,有些显示译码器将$D_3 D_2 D_1 D_0$的输入按二进制数处理,不但可以显示 0～9,而且也可以显示 A、B、C、D、E、F 这 6 个十进制不用的数符。74LS47 还有 1010～1111 这 6 个非法 8421BCD 码的输入显示代表的一些特殊符号,表 4 - 5 - 8 未予以列出,需要的读者可参看相关书籍或集成电路手册。

(3)$\overline{BI}/\overline{RBO}=0$时有两种情况:①当$\overline{LT}=1$,$\overline{RBI}=0$并且$D_3 D_2 D_1 D_0 = 0000$时,$\bar{a}\sim\bar{g}$全为高电平,数码管各字段全部熄灭,没有显示,此时$\overline{BI}/\overline{RBO}$作为输出端使用,$\overline{RBO}=0$。灭零是通过$\overline{RBI}$控制的,因此称$\overline{RBI}$为纹波灭零输入端。

②$\overline{BI}/\overline{RBO}=0$,$\overline{BI}/\overline{RBO}$作为输入端使用,$\overline{LT}$、$\overline{RBI}$和$D_3 D_2 D_1 D_0$为任意取值,$\bar{a}\sim\bar{g}$同样全为高,数码管也全部熄灭,因此称$\overline{BI}/\overline{RBO}$为熄灭输入端。将$\overline{RBI}$和$\overline{BI}/\overline{RBO}$配合使用,可以实现多位十进制数码显示系统的整数和小数的灭零控制。图 4 - 5 - 12 为具有灭零控制的数码显示系统。整数部分将高位的$\overline{RBO}$和后一位的$\overline{RBI}$相连。小数部分将低位的$\overline{RBO}$与相邻的高位$\overline{RBI}$相连。整数显示部分最高位译码器的$\overline{RBI}$接地,始终为低电平有效状态,因此输入为 0 时,进行灭零操作,并经$\overline{RBO}$将灭零输出低电平向后传递,开启后一位的灭零操作。小数显示部分最低位的$\overline{RBI}$也接地,始终处于有效状态,输入为 0 时,进行灭零操作,经$\overline{RBO}$将灭零输出的低电平向前传递,开启前一位的灭零操作。

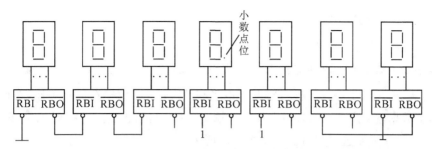

图 4-5-12　有灭零控制的数码显示系统

例 4-5-3　用 4-10 译码器 74LS42 实现单"1"检测电路。

解　假设变量名为 A、B、C、D，$0 \sim 9$ 的四位二进制数组合出现单个 1 的情况有 $\overline{A}\,\overline{B}\,\overline{C}D$、$\overline{A}\,BC\,\overline{D}$、$\overline{A}\,B\,\overline{C}\,\overline{D}$、$AB\,\overline{C}\,\overline{D}$，则单个 1 检测的逻辑函数表达式为：

$$F = \overline{A}\,\overline{B}\,\overline{C}D + \overline{A}\,\overline{B}C\overline{D} + \overline{A}\,B\,\overline{C}\,\overline{D} + A\overline{B}\,\overline{C}\,\overline{D}$$

$$= m_1 + m_2 + m_4 + m_8$$

$$= \overline{\overline{m_1} \cdot \overline{m_2} \cdot \overline{m_4} \cdot \overline{m_8}}$$

逻辑电路如图 4-5-13 所示。

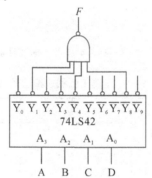

图 4-5-13　用 74LS42 译码器实现单"1"检测

4.5.3　数据选择器

数字系统传输数据时，常常需要分时、有选择地传送数据，实现该功能的电路称为数据选择器或多路开关。数据选择器是经地址译码控制从多路输入信号中选择一路作为输出的逻辑电路。图 4-5-14 为具有 n 个地址控制端 $A_0 \sim A_{n-1}$，2^n 个数据输入端 $D_0 \sim D_{2^n-1}$，一个输出端 F 的数据选择器逻辑符号图。每次在地址输入的控制下，从多路输入数据中选择一路输出，其功能可以认为是一个单刀多掷开关。常用的数据选择器有 74LS153（双 4 选 1）、74LS151（8 选 1）、74LS150（16 选 1）等。

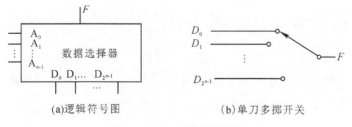

(a)逻辑符号图　　　　　　　　(b)单刀多掷开关

图 4-5-14　数据选择器

1.数据选择器的工作原理

下面以 4 选 1 数据选择器为例,介绍其工作原理。

图 4－5－15 是 4 选 1 数据选择器的逻辑电路及符号图。$D_0 \sim D_3$ 是数据输入端,A_0、A_1 是地址控制端,F 是输出端,$\overline{E}$ 是使能端,低电平有效。$\overline{E}=0$,数据选择器工作,在地址控制端的作用下,从数据输入端 $D_0 \sim D_3$ 中选择一路输出。$\overline{E}=1$,禁止数据选择器工作,即输出为 0,无效。表 4－5－9 为 4 选 1 的数据选择器的功能表。

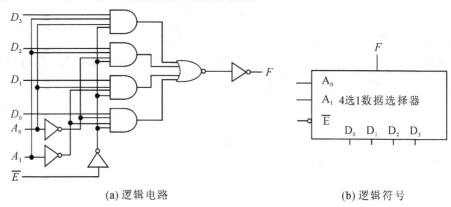

(a) 逻辑电路　　　　　　　　　　　　　　　　(b) 逻辑符号

图 4－5－15　4 选 1 数据选择器

表 4－5－9　4 选 1 数据选择器的功能表

$\overline{E}$	A_1	A_0	D	F
1	×	×	×	0
0	0	0	$D_0 \sim D_3$	D_0
0	0	1	$D_0 \sim D_3$	D_1
0	1	0	$D_0 \sim D_3$	D_2
0	1	1	$D_0 \sim D_3$	D_3

$\overline{E}=0$ 时,4 选 1 数据选择器的逻辑功能可以用下式描述:

$$F = \overline{A_1}\,\overline{A_0}D_0 + \overline{A_1}A_0D_1 + A_1\overline{A_0}D_2 + A_1A_0D_3 = \sum_{i=0}^{3} m_i D_i$$

其中,m_i 是地址变量对应的最小项,也可将其用矩阵的形式表示为

$$F = (\overline{A_1 A_0} \quad \overline{A_1}A_0 \quad A_1\overline{A_0} \quad A_1A_0) \begin{bmatrix} D_0 \\ D_1 \\ D_2 \\ D_3 \end{bmatrix} = (A_1 A_0)_m (D_0 D_1 D_2 D_3)^{\mathrm{T}}$$

实际中,8 选 1 数据选择是最常用的,图 4－5－16 为 8 选 1 数据选择器的逻辑符号图,表 4－5－10 为 8 选 1 数据选择器的功能表。

表 4 - 5 - 10　8 选 1 数据选择器功能表

$\overline{E}$	A_2	A_1	A_0	D	F
1	×	×	×	×	0
0	0	0	0	$D_0 \sim D_7$	D_0
0	0	0	1	$D_0 \sim D_7$	D_1
0	0	1	0	$D_0 \sim D_7$	D_2
0	0	1	1	$D_0 \sim D_7$	D_3
0	1	0	0	$D_0 \sim D_7$	D_4
0	1	0	1	$D_0 \sim D_7$	D_5
0	1	1	0	$D_0 \sim D_7$	D_6
0	1	1	1	$D_0 \sim D_7$	D_7

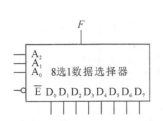

图 4 - 5 - 16　8 选 1 数据选择器逻辑符号

2.数据选择器的扩展

实际中,当采用的数据选择器的输入端少于所需传输的数据通道数时,必须对现有数据选择器进行数据端扩展,常用的方法是充分利用使能端。

1)用使能端扩展

例 4 - 5 - 4　试将两片 4 选 1 数据选择器组成一个 8 选 1 数据选择器。

解　两片 4 选 1 数据选择器、一个或门和一个反相器可以组成一个具有 8 个数据输入端的 8 选 1 数据选择器,其逻辑电路如图 4 - 5 - 17 所示。

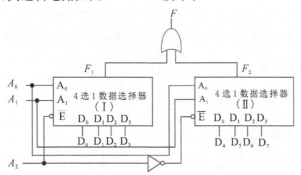

图 4 - 5 - 17　4 选 1 数据选择器扩展为 8 选 1 数据选择器

由图 4 - 5 - 17 组成的 8 选 1 的数据选择器可以得出,将使能端 $\overline{E}$ 作为最高地址端 A_2,$A_2 = 0$,选中片(Ⅰ),片(Ⅱ)禁止工作,$A_2 = 1$,选中片(Ⅱ),片(Ⅰ)禁止工作,可得出功能表如表 4 - 5 - 11 所示。

表 4 - 5 - 11　8 选 1 数据选择器功能表

工作片	A_2	A_1	A_0	F
Ⅰ	0	0	0	D_0
Ⅰ	0	0	1	D_1
Ⅰ	0	1	0	D_2
Ⅰ	0	1	1	D_3
Ⅱ	1	0	0	D_4

续表 $4-5-11$

工作片	A_2	A_1	A_0	F
II	1	0	1	D_5
II	1	1	0	D_6
II	1	1	1	D_7

2)不用使能端扩展

例 4-5-5 试不用使能端完成 4 选 1 数据选择器扩展为 16 选 1 的电路连接。

解 本例的电路图如图 4-5-18 所示,共采用了 5 个 4 选 1 数据选择器。工作过程请读者自行分析。

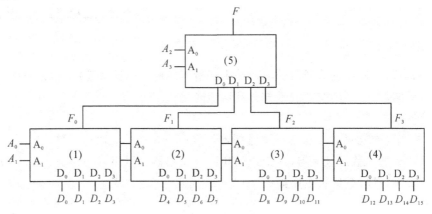

图 4-5-18 4 选 1 数据选择器扩展为 16 选 1 数据选择器

3.数据选择器的应用

数据选择器主要能实现以下功能:

(1)组合逻辑函数;

(2)并行数据到串行数据的转换;

(3)多路信号分时传送;

(4)产生序列信号。

对于有 n 个地址控制端的数据选择器,当使能端有效,数据选择器可以工作,其输出表达式为

$$F = \sum_{i=0}^{2^n-1} m_i D_i$$

其中,m_i 是由 $A_0 \sim A_{n-1}$ 组成的地址最小项;D_i 是数据选择器的数据输入,此处可将 m_i 看成是 D_i 的系数。D_i 为 0 时,其对应的 m_i 系数"不出现";D_i 为 1 时,其对应的 m_i 系数"出现"。因此,可以对照一般逻辑函数表达式,利用数据选择器实现其电路功能。

例 4-5-6 试用 4 选 1 数据选择器实现二变量异或运算。

解 已知二变量异或运算的表达式为

$$F = A\bar{B} + \bar{A}B$$

令 A 接 A_1 端,B 接 A_0 端。已知 4 选 1 的输出表达式为

$$F = \sum_{i=0}^{2^n-1} m_i D_i = \overline{A_1}\,\overline{A_0}D_0 + \overline{A_1}A_0 D_1 + A_1\overline{A_0}D_2 + A_1 A_0 D_3$$

将上述两式对比可以得出：$D_0 = D_3 = 0$，$D_1 = D_2 = 1$，因此可以画出其逻辑电路如图 $4-5-19$ 所示。

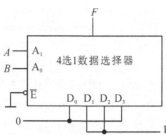

图 $4-5-19$　数据选择器实现逻辑函数

通过此例进一步说明逻辑函数表达式可以有多种表示方法。

例 $4-5-7$　试用 8 选 1 数据选择器 74LS151 实现逻辑函数
$$F(A,B,C,D) = \sum m(0,4,5,8,12,13,14)$$

解　逻辑函数对应的最小项展开为
$$F(A,B,C,D) = \sum m(0,4,5,8,12,13,14) = \overline{A}\,\overline{B}\,\overline{C}\,\overline{D} + \overline{A}B\overline{C}\,\overline{D} + \overline{A}BC\overline{D} + A\overline{B}\,\overline{C}\,\overline{D}$$
$$+ AB\overline{C}\,\overline{D} + AB\overline{C}D + ABC\overline{D}$$

将变量 A、B、C 输入 8 选 1 地址控制端 $A_2 \sim A_0$，变量 D 作为 3 个地址控制端的系数，也就是数据的输入端，这样问题就简单化了，为便于求出系数，上式可写成如下形式，即数据端的取值
$$F(A,B,C,D) = \sum m(0,4,5,8,12,13,14) = \overline{A}\,\overline{B}\,\overline{C}\,\overline{D} + \overline{A}B\overline{C}\,\overline{D} + \overline{A}BC\overline{D} + A\overline{B}\,\overline{C}\,\overline{D} +$$
$$AB\overline{C}\,\overline{D} + AB\overline{C}D + ABC\overline{D}$$
$$= \overline{A}\,\overline{B}\,\overline{C}\,\overline{D} + \overline{A}B\overline{C} \cdot 1 + A\overline{B}\,\overline{C}\,\overline{D} + AB\overline{C} \cdot 1 + ABC\overline{D}$$

由此得到 $D_0 \sim D_7 = \overline{D}010\overline{D}01\overline{D}$，该逻辑函数的电路如图 $4-5-20$ 所示。

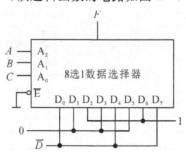

图 $4-5-20$　数据选择器实现逻辑函数

例 $4-5-8$　试用图 $4-5-21$ 所示 8 选 1 数据选择器实现并行数据到串行数据的转换。

解　8 选 1 数据选择器的数据端的取值如图 $4-5-21$(a) 所示，即认为 8 个数据并行连接在数据端，当 3 个地址控制端 $A_2 \sim A_0$ 的输入从 $000 \sim 111$ 进行有序变化（如图(b)所示），则依次从数据选择器输出端输出输入端已经存在的 8 个数值，这样就实现了并行数据到串行数据的转换。

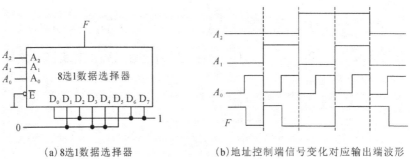

(a)8选1数据选择器   (b)地址控制端信号变化对应输出端波形

图 4-5-21   数据选择器产生序列信号

例 4-5-9   试用数据选择器产生 11010101 序列信号。

解   本例为 8 位数的信号序列,因此可以联想采用 8 选 1 的数据选择器实现,即当地址控制端 $A_2 A_1 A_0$ 的输入 (A、B、C)取 $000\sim111$ 中不同值时,数据选择器的 $D_0 \sim D_7 = 11010101$,依次输出(F)1、1、0、1、0、1、0、1,其电路图如图 4-5-22 所示。

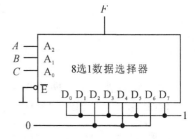

图 4-5-22   数据选择器产生序列信号

例 4-5-10   试利用数据选择器实现分时传送。(用译码显示器和数据选择器分时传送四位 8421BCD 码。)

解   根据题意,首先分析得出本例要用到变量译码器、4 选 1 数据选择器、数码显示管以及七段显示译码器。电路连接如图 4-5-23 所示。4 个 4 选 1 数据选择器的数据端 D_0 的组合作为个位,D_1 的组合作为十位,D_2 的组合作为百位,D_3 的组合作为千位。当地址控制端 $A_1 A_0$ 为 $00\sim11$ 时,分别传送个位、十位、百位、千位,经过七段译码器译码后就可以得到个位、十位、百位、千位的七段码。哪一个数码管点亮,最终受 2-4 译码器的输出控制,这样就实现了数据分时传送。

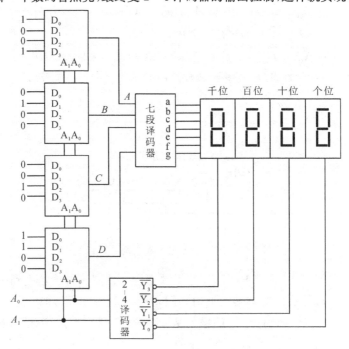

图 4-5-23   例 4-5-10 数据选择器分时传送信号

分析图 4-5-23,当 A_1A_0=00 时,$ABCD$=1001,2-4 译码器输出为 $\overline{Y_0}$,选中个位,则个位显示"9";同理,当 A_1A_0 分别取 01、10、11,而 $ABCD$ 的数值取 0~9 中的某一个数值时,就依次对应选中 $\overline{Y_1}$、$\overline{Y_2}$、$\overline{Y_3}$ 所对应的十位、百位、千位数码显示管,显示 $ABCD$ 的取值。

4.5.4　数据分配器

数据分配是数据选择的逆过程,数据分配器也称为多路分配器。它实现将一路输入数据按照 n 位地址分别送到 2^n 个数据输出端去。图 4-5-24 为 1 路-4 路数据分配器的逻辑符号,其中,D 为数据输入端;A_1A_0 为地址输入端;$Y_0Y_1Y_2Y_3$ 分别为输出端;$\overline{E}$ 为使能端,低电平有效。其功能表如表 4-5-12 所示。

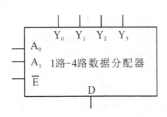

图 4-5-24　数据分配器

表 4-5-12　1 路-4 路数据分配器功能表

$\overline{E}$	A_1	A_0	$Y_0\ Y_1\ Y_2\ Y_3$
1	×	×	1　1　1　1
0	0	0	D　1　1　1
0	0	1	1　D　1　1
0	1	0	1　1　D　1
0	1	1	1　1　1　D

由表 4-5-12 可以写出输出函数表达式取反形式:

$$\overline{Y_0}=\overline{D\,\overline{A_1}\,\overline{A_0}}$$

$$\overline{Y_1}=\overline{D\,\overline{A_1}A_0}$$

$$\overline{Y_2}=\overline{DA_1\,\overline{A_0}}$$

$$\overline{Y_3}=\overline{DA_1A_0}$$

即　　　　　　　　　　　　$$\overline{Y_i}=\overline{Dm_i}\quad(i=0,1,2,3)$$

对照 2-4 译码器的端口发现,只要将译码器的使能端作为数据分配器数据输入端,数据分配器就成了二进制译码器,因此数据分配器完全可以用二进制译码器代替。可以认为常用的 2-4 译码器 74LS139 也是 1 路-4 路数据分配器,3-8 译码器 74LS138 译码器也是 1 路-8 路数据分配器,它们的电路连接如图 4-5-25 所示。

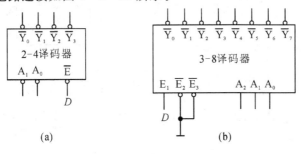

(a)　　　　　　　　　　　(b)

图 4-5-25　译码器实现数据分配器

4.5.5　加法器

二进制数加法是数字系统的最基本的运算之一。两个二进制数之间的加、减、乘、除运算均可以转化成加法运算加以实现。实现加法运算的电路称为加法器,它是实现算术运算的基本电路单元。按位数可以将加法器分为半加器、全加器和多位二进制加法器等。

1.半加器

不考虑低位进位的加法运算,称为半加。实现半加运算的逻辑电路称为半加器。半加器实际上是最低位的加法运算,有被加数 A_i 和加数 B_i 两个输入,其运算结果从两个输出端输出,即和 S_i 与向高位的进位 C_{i+1}。其框图如图 4-5-26 所示,真值表如表 4-5-13 所示。

图 4-5-26　半加器框图

表 4-5-13　半加器真值表

A_i	B_i	S_i	C_{i+1}
0	0	0	0
0	1	1	0
1	0	1	0
1	1	0	1

从真值表可以得出:

$$S_i = \overline{A_i}B_i + A_i\overline{B_i} = A_i \oplus B_i, \quad C_{i+1} = A_iB_i$$

2.全加器

考虑低位进位的加法称为全加运算,实现全加运算的逻辑电路称为全加器。全加器有三个输入端,即被加数 A_i、加数 B_i 和低位来的进位 C_{i-1};有两个输出端,即和 S_i 和向高位的进位 C_i,其中,i 表示多位二进制数的某一位。其框图如图 4-5-27 所示,真值表如表 4-5-14 所示。

图 4-5-27　全加器框图

表 4-5-14　全加器真值表

A_i	B_i	C_{i-1}	S_i	C_i
0	0	0	0	0
0	0	1	1	0
0	1	0	1	0
0	1	1	0	1
1	0	0	1	0
1	0	1	0	1
1	1	0	0	1
1	1	1	1	1

由真值表可以得出:

$$S_i = \sum m(1,2,4,7) = \overline{A_i}\,\overline{B_i}C_{i-1} + \overline{A_i}B_i\,\overline{C_{i-1}} + A_i\,\overline{B_i}\,\overline{C_{i-1}} + A_iB_iC_{i-1} = A_i \oplus B_i \oplus C_{i-1}$$

$$C_i = \sum m(3,5,6,7) = \overline{A_i}B_iC_{i-1} + A_i\overline{B_i}C_{i-1} + A_iB_i\overline{C_{i-1}} + A_iB_iC_{i-1} = (A_i \oplus B_i)C_{i-1} + A_iB_i$$

从全加器的和及进位项的表达式可以看出,实现全加器的逻辑电路结构有多种形式,无论哪种形式的电路结构,均应满足真值表。

3.多位二进制加法器

要想完成两个 n 位二进制数相加,只用一个全加器是不能实现的,可将多个这样的全加器连接起来采用并行相加、串行进位的方法实现多位二进制加法器。按照进位方式的不同,可将其分为串行进位和超前进位两种类型。目前常见的集成 4 位全加器 74LS83 为 4 位串行进位加法器,74LS283 为超前进位 4 位加法器。

1)串行进位加法器

图 4-5-28 是由 4 个全加器组成的 4 位二进制数加法电路。其进位是由低位向高位逐位串行传送的。这种串行进位加法器电路简单,但运算速度较慢,不利于大型系统设计。为了克服这一缺点,通常采用超前进位方式的多位加法器。

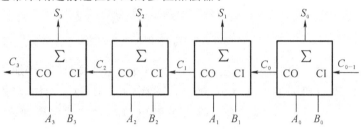

图 4-5-28　4 位二进制数加法器框图

2)超前进位加法器

为提高运算速度,减少进位信号之间的传递时间,常常采用超前进位加法器。其特点是各级进位可同时产生,每一位加法无须等到低位的进位送入后再计算,其基本原理如下。

已知全加器的表达式为

$$\begin{cases} S_i = A_i \oplus B_i \oplus C_{i-1} \\ C_i = A_i B_i + (A_i \oplus B_i) C_{i-1} \end{cases}$$

定义 $G_i = A_i B_i$ 为进位产生函数;$P_i = A_i \oplus B_i$ 为进位传输函数。将 G_i 和 P_i 分别代入 S_i 和 C_i 的表达式得到:

$$\begin{cases} S_i = P_i \oplus C_{i-1} \\ C_i = G_i + P_i C_{i-1} \end{cases}$$

由此,可以分别推算出 C_3、C_2、C_1、C_0 和 S_3、S_2、S_1、S_0 的逻辑函数表达式,并进一步画出其逻辑电路图(此处省略,有兴趣的读者可参考相关书籍)。图 4-5-29 为 4 位二进制超前进位全加器 74LS283 的逻辑符号图。其中,$A_3 \sim A_0$ 和 $B_3 \sim B_0$ 分别为 4 位被加数和加数输入端,$S_3 \sim S_0$ 分别为 4 位和的输出端,C_{0-1} 为最低进位输入端,C_3 为向高位输送进位的输出端。

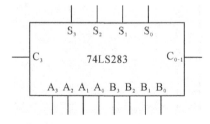

图 4-5-29　74LS283 4 位二进制超前进位全加器

4.加法器应用举例

例 4-5-11　试用全加器构成二进制减法器。

解　利用前面的知识得到,两个二进制数相减可以转换成两个二进制数的补码相加,因此本题的逻辑电路连接如图 4-5-30 所示。

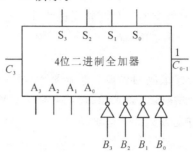

图 4-5-30 全加器实现二进制减法

例 4-5-12 试用 4 位二进制加法器 74LS83 构成 1 位 8421BCD 码加法电路。

解 1 位 8421BCD 码的最大数为 9(1001),若两个 8421BCD 码相加,考虑低位来的进位,其和应在 0~19 之间,而 0~19 的二进制码与 8421BCD 码对应的编码如表 4-5-15 所示。其中 C_3 为二进制加法器的进位,K_3 是 8421BCD 码的进位。

表 4-5-15 十进制数 0~19 与二进制数、8421BCD 码的对照表

十进制数	二进制数					8421BCD 码				
	C_3	S_3	S_2	S_1	S_0	K_3	F_3	F_2	F_1	F_0
0	0	0	0	0	0	0	0	0	0	0
1	0	0	0	0	1	0	0	0	0	1
2	0	0	0	1	0	0	0	0	1	0
3	0	0	0	1	1	0	0	0	1	1
4	0	0	1	0	0	0	0	1	0	0
5	0	0	1	0	1	0	0	1	0	1
6	0	0	1	1	0	0	0	1	1	0
7	0	0	1	1	1	0	0	1	1	1
8	0	1	0	0	0	0	1	0	0	0
9	0	1	0	0	1	0	1	0	0	1
10	0	1	0	1	0	1	0	0	0	0
11	0	1	0	1	1	1	0	0	0	1
12	0	1	1	0	0	1	0	0	1	0
13	0	1	1	0	1	1	0	0	1	1
14	0	1	1	1	0	1	0	1	0	0
15	0	1	1	1	1	1	0	1	0	1
16	1	0	0	0	0	1	0	1	1	0
17	1	0	0	0	1	1	0	1	1	1
18	1	0	0	1	0	1	1	0	0	0
19	1	0	0	1	1	1	1	0	0	1

由表 4-5-15 可知,当十进制数小于等于 9 时,二进制数与 8421BCD 码的表达一致。而当十进制数大于 9 时,不论二进制数有没有进位,都出现了 $K_3=1$ 且 $F_3F_2F_1F_0=S_3S_2S_1S_0+0110$ 的情况。数值大于 9 的情况有三种:$C_3=1$,$S_3S_2=1$,$S_3S_1=1$。由此,可以得到:

$$K_3 = C_3 + S_3 S_2 + S_3 S_1$$

根据上面的分析,可以采用两片 74LS283 加法器实现两个 1 位 8421BCD 码相加。首先令第一片实现两个低位数及来自低位的进位的相加,得到二进制数的和。然后判断和是否大于 9(即 K_3 是否等于 1),若 $K_3 = 1$,则给片(1)的和加 0110,若小于等于 9,则给片(1)加 0000。其逻辑电路如图 4-5-31 所示。

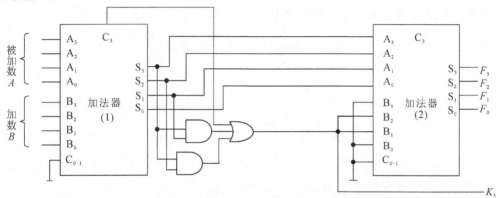

图 4-5-31　例 4-5-12 的逻辑电路图

4.5.6　数值比较器

数字系统中,常常要比较数值的大小。用于比较两个二进制数 A 和 B 大小的逻辑电路称为数值比较器。其比较的结果有 $A > B$、$A < B$、$A = B$ 三种情况。

1.数值比较器的工作原理

1)1 位数值比较器

两个 1 位数 A 和 B 进行比较,其结果有三种可能,即 $A > B$、$A = B$、$A < B$。因此,比较器有两个输入端 A 和 B,三个输出端 $F_{A>B}$、$F_{A=B}$、$F_{A<B}$,且有

$$F_{A<B} = \overline{A}B; \quad F_{A>B} = A\overline{B}; \quad F_{A=B} = \overline{\overline{A}B + A\overline{B}} = A \odot B$$

1 位数值比较器的逻辑电路如图 4-5-32 所示。通常假定与比较结果一致的输出为 1,不一致的输出为 0,由此可列出两个 1 位数值比较的真值表如表 4-5-16 所示。

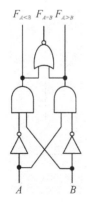

$F_{A<B}$ $F_{A=B}$ $F_{A>B}$

A B

图 4-5-32　1 位数值比较器的逻辑电路

表 4-5-16　1 位数值比较器的真值表

输入		输出		
A	B	$F_{A>B}$	$F_{A<B}$	$F_{A=B}$
0	0	0	0	1
0	1	0	1	0
1	0	1	0	0
1	1	0	0	1

2)集成多位数值比较器

实际中常常需要进行多位数值的比较,最常用的典型器件是 4 位数值比较器,例如 TTL 系列的 74LS85,CMOS 系列的 4585。图 4-5-33 为 4 位 74LS85 的逻辑符号图。$A_3 \sim A_0$、$B_3 \sim B_0$ 为欲比较的两个 4 位二进制数的输入端,$A > B$、$A = B$、$A < B$ 分别是低位比较结果的三个级联输入端,$F_{A>B}$、$F_{A=B}$、$F_{A<B}$ 是三个比较结果的输出端。对集成数值比较器的比较输入端进行扩展,可以实现多位二进制数的比较。

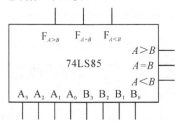

图 4-5-33 4 位 74LS85 数值比较器的逻辑符号图

表 4-5-17 为 4 位数值比较器 74LS85 的功能表。

(1)两个 4 位二进制数 A 和 B 进行比较,首先从最高位 A_3 和 B_3 开始进行比较,如果 $A_3 \neq B_3$,则该位的输出结果可以作为两个数的比较结果。如果两个数的最高位相等,即 $A_3 = B_3$,则继续比较次高位 A_2 和 B_2,同理,如果 $A_2 \neq B_2$,则该位的输出结果可以作为两个数的比较结果。如果两个数的次高位相等,即 $A_2 = B_2$,则继续比较 A_1 和 B_1,依此类推,直至比较到最低位。

(2)输出 $F_{A=B}$ 的条件是 $A_3 = B_3, A_2 = B_2, A_1 = B_1, A_0 = B_0$,且级联输入端 $A > B$ 为 0,$A < B$ 为 0,$A = B$ 为 1。

表 4-5-17 74LS85 比较器功能表

比较输入				级联输入			输出		
$A_3 B_3$	$A_2 B_2$	$A_1 B_1$	$A_0 B_0$	$A > B$	$A < B$	$A = B$	$F_{A>B}$	$F_{A<B}$	$F_{A=B}$
$A_3 > B_3$	×	×	×	×	×	×	1	0	0
$A_3 < B_3$	×	×	×	×	×	×	0	1	0
$A_3 = B_3$	$A_2 > B_2$	×	×	×	×	×	1	0	0
$A_3 = B_3$	$A_2 < B_2$	×	×	×	×	×	0	1	0
$A_3 = B_3$	$A_2 = B_2$	$A_1 > B_1$	×	×	×	×	1	0	0
$A_3 = B_3$	$A_2 = B_2$	$A_1 < B_1$	×	×	×	×	0	1	0
$A_3 = B_3$	$A_2 = B_2$	$A_1 = B_1$	$A_0 > B_0$	×	×	×	1	0	0
$A_3 = B_3$	$A_2 = B_2$	$A_1 = B_1$	$A_0 < B_0$	×	×	×	0	1	0
$A_3 = B_3$	$A_2 = B_2$	$A_1 = B_1$	$A_0 = B_0$	1	0	0	1	0	0
$A_3 = B_3$	$A_2 = B_2$	$A_1 = B_1$	$A_0 = B_0$	0	1	0	0	1	0
$A_3 = B_3$	$A_2 = B_2$	$A_1 = B_1$	$A_0 = B_0$	0	0	1	0	0	1

2.集成数值比较器功能扩展

1)串联方式

若要将 4 位比较器扩展为 8 位比较器,可以采用将两芯片串联的方式,如图 4-5-34 所示。低位片(1)的三个输出端 $F_{A>B}$、$F_{A=B}$、$F_{A<B}$ 分别连接到高位片(2)的三个级联输入端 $A>B$、$A=B$、$A<B$。当高 4 位相等时,就可以由低 4 位决定两个数的大小。该方法的电路连接简单,但当要比较的数值位数较多的时候,速度较慢。

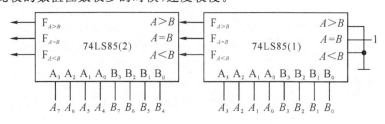

图 4-5-34 4 位数值比较器扩展为 8 位数值比较器

2)并联方式

当要比较的数值位较多且要求运算速度较快时,通常采用并联的方式扩展。例如,若想将 4 位数值比较器扩展成一个 16 位的数值比较器,可采用五片 4 位数值比较器组成电路,如图 4-5-35 所示。首先将要比较的 16 位二进制数分成四组,分别由四个 4 位比较器并行比较数据,然后将每一组的比较结果输入到片(5)再进行比较,得出最后的结果。从该比较方式可以看出,从数据输入到输出仅仅有两倍的数据比较器的延迟时间,而如果采用串联方式,则需要四倍的数据比较器延迟时间,因此提高了运算速度。但要注意,所选用的数据比较器个数比串联方式多,即增加了硬件成本。实际中到底采用哪种连接方式,要根据需要而定。

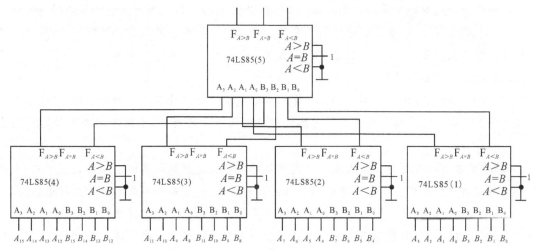

图 4-5-35 4 位数值比较器扩展为 16 位数值比较器

例 4-5-13 分析图 4-5-36 所示逻辑电路的功能。

解 由图 4-5-36 看出,该电路首先对两个 4 位二进制数进行比较。当 $A \geqslant B$ 时,加法器完成 $F = A + (B)_补 = A - B$ 的运算;当 $A < B$,加法器完成 $F = (A)_补 + B = B - A$ 的运算。本电路完成两个数的减法运算,并输出差的绝对值。

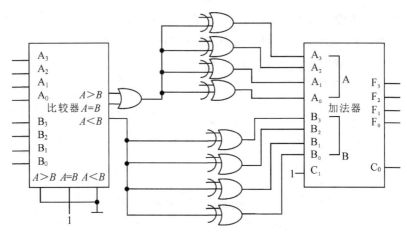

图 4-5-36　例 4-5-13 的逻辑电路图

本章小结

本章首先介绍了组合逻辑电路的特点，然后介绍了电路的分析和设计方法、电路的竞争和冒险现象及简单的消除方法，最后较详细地讲述了常用的中规模组合逻辑器件及其应用等内容。

不同组合逻辑电路完成的功能千差万别，但是它们的电路分析和设计方法却是相通的。掌握了一般的分析步骤，就可以分析判定任何一个给定的逻辑电路具有的功能。同样，掌握了电路设计的一般步骤，就可以根据给定的设计要求设计出相应的逻辑电路。因此，学习本章应重点掌握电路的分析和设计思路。

(1) 组合逻辑电路任何时刻的输出状态仅仅取决于该时刻的输入变量的状态，与电路的过去状态无关。在电路结构上只包含门电路或中规模组合逻辑器件，电路不包含存储(记忆)元件。

(2) 分析电路的目的是为了确定电路的逻辑功能。可通过写电路的逻辑函数表达式、真值表等步骤完成电路分析。应该熟练掌握电路的分析方法，并且能够判断常用电路的逻辑功能。

(3) 组合电路的设计是根据命题的要求和选用的器件设计出电路简单、所用器件种类和个数较少，即经济、合理、性价比高的逻辑电路。设计中最关键的一步是逻辑抽象，将文字叙述的逻辑命题转换成符合要求的真值表，然后合理地选择器件类型，使得逻辑表达式的变换与化简与所选器件的形式尽量一致。

(4) 组合逻辑中的竞争与冒险是电路在工作状态转换时经常会遇到的一种现象。应该了解竞争和冒险的产生原因、种类、冒险现象的判别和消除方法。

(5) 本章介绍了几种数字系统中常用的中规模组合逻辑器件：编码器、译码器、数据选择器、数据分配器、加法器和数值比较器。通过实例介绍了它们在实际中的重要应用。为了正确使用这些器件，应重点掌握它们的逻辑符号、功能表、输出函数表达式和扩展方法。

习题 4

4-1　分析下图所示电路,写出输出函数表达式,列出真值表,说明电路的逻辑功能。

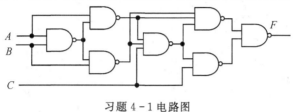

习题 4-1 电路图

4-2　分析下图所示两个逻辑电路,比较两电路的逻辑功能。

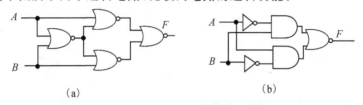

(a)　　　　　　　　　　　　　　(b)

习题 4-2 电路图

4-3　下图是一个多功能逻辑运算电路。$S_0 \sim S_3$ 为控制输入端。列表说明该电路在 $S_0 \sim S_3$ 的各种取值组合下的 F 与 A、B 之间的逻辑关系。

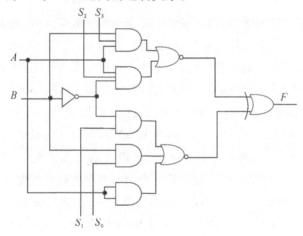

习题 4-3 电路图

4-4　已知某组合电路输出波形如习题 4-4 电路图所示,用最少的门实现该电路。

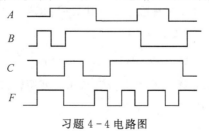

习题 4-4 电路图

4-5　下图为一个代码转换电路。试分析当控制端 P 分别输入 1 和 0 时,电路完成什么操作。写出输出端的逻辑函数表达式,并列出真值表。

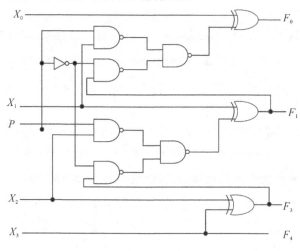

习题 4-5 电路图

4-6　试设计一个 1 位二进制全减器电路。

4-7　试设计一个 2 位二进制的乘法器。

4-8　分别用与非门设计完成下列逻辑功能的组合电路。

(1)三变量的判奇电路(当三变量中有奇数个 1 时,输出为 1)。

(2)四变量的判偶电路(当四变量中有 0 个或偶数个 1 时,输出为 1)。

(3)三变量的一致电路(当三变量的取值相同时,输出为 1,否则为 0)。

(4)四变量的多数表决器(当四个变量中有多个数为 1,输出为 1)。

4-9　设计一个受光、声、手触摸控制亮灯的逻辑电路。灯亮的条件是,不论光、声信号有无,只要手触摸开关,灯就点亮;无人触摸开关时,仅当无光、有声音时灯才会亮。

4-10　现有 4 台设备,每台设备用电均为 10 kW。若这 4 台设备由 F_1、F_2 两台发电机供电,F_1 的功率为 10 kW,F_2 的功率为 20 kW。4 台设备的工作情况为:不能 4 台同时工作,有可能其中任意 1 台至 3 台同时工作。试设计一个能够节电的供电控制逻辑电路。

4-11　设计一个判断能否被 2 或 3 整除的逻辑电路,其中被除数 $ABCD$ 是 8421BCD 码,规定能整除时,输出 F 为 1,否则为 0,要求用最少的与非门完成(假设 0 能被任何数整除)。

4-12　用与非门和异或门设计一个代码转换电路,以实现 8421 码到余 3 码的转换。

4-13　判断下列函数是否存在冒险。若存在冒险,试采用合适的方法消除冒险。

(1)$F = A\overline{B} + \overline{A}C + B\overline{C}$;

(2)$F(A, B, C, D) = \sum m(0, 1, 4, 5, 12, 13, 14, 15)$。

4-14　试用一片 74LS138 译码器和逻辑门实现下列逻辑函数。

(1)$F_1 = \overline{A}B + A\overline{B}$;

(2)$F_2 = A + B + C$;

(3)$F_3(A,B,C,D)=\sum m(1,3,5,7,9,13)$。

4-15　组合电路的输入 X 和输出 Y 均为 3 位二进制数。$X<2$ 时,$Y=1$;$2\leqslant X\leqslant5$ 时,$Y=X+2$;$X>5$ 时,$Y=0$。用 74LS138 译码器和少量逻辑门实现。

4-16　试用一片 74LS138 译码器和逻辑门设计下列多地址输入的译码电路。

(1)8 根地址输入线 $A_7\sim A_0$,当地址码为 B8H、B9H、…、BFH 时,译码器输出 $\overline{Y_0}\sim\overline{Y_7}$ 分别被译中,且低电平有效;

(2)9 根地址输入线 $A_8\sim A_0$,当地址码为 1E0H、1E1H、…、1E7H 时,译码器输出 $\overline{Y_0}\sim\overline{Y_7}$ 分别被译中,且低电平有效。

4-17　用 74LS138 译码器设计逻辑电路,实现 5-24 译码器。

4-18　由 74LS138 译码器和逻辑门组成的组合逻辑电路如下图所示,当输入变量 A、B、C、D 为何值时,$F_1=F_2=1$?

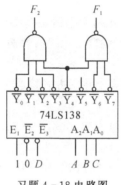

习题 4-18 电路图

4-19　试用 8 选 1 数据选择器 74LS151 实现下列函数(允许反变量输入,但不能附加门电路)。

(1) $F(A,B,C)=\sum m(0,2,3,6,7)$;

(2)$F=\overline{A\,\overline{BC}+(AC+\overline{AC})D+\overline{A}\,\overline{B}\,\overline{D}}$。

4-20　下图是用两个 4 选 1 数据选择器组成的逻辑电路,试写出输出 F 与 A、B、C、D 间的逻辑函数式。

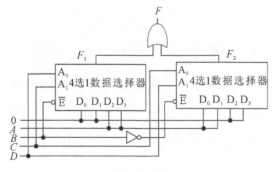

习题 4-20 电路图

4-21　试用 16 选 1 数据选择器和一个异或门实现一个八功能逻辑电路。其功能表达如下表所示。

$S_2\ S_1\ S_0$	F
0　0　0	0
0　0　1	$A+B$
0　1　0	$\overline{AB}$
0　1　1	$A \oplus B$
1　0　0	1
1　0　1	$\overline{A+B}$
1　1　0	AB
1　1　1	$A \odot B$

4-22　试用 74LS138 译码器和 4 选 1 数据选择器实现 20 选 1 和 25 选 1 数据选择器。

4-23　若已知图 $4-5-35$ 的 16 位数据比较器的输入数据 $A_{15} \sim A_0 = $ C57AH，$B_{15} \sim B_0 = $ C591H，试分别求每个芯片的输出值。

4-24　试用三片 4 位数值比较器以并联方式接成 12 位数值比较器，画出逻辑电路图，说明工作原理。

4-25　设 X 和 Y 分别为 4 位二进制数，试用 4 位二进制全加器 74LS283 实现 $F = 2(X + Y)$ 的运算电路。

4-26　试用一片 4 位数值比较器 74LS85 和一片 4 位二进制加法器 74LS283 设计一个 8421BCD 码到 2421BCD 码的转换电路。

第 5 章　时序逻辑电路的分析与设计

时序逻辑电路是数字逻辑电路的重要组成部分。掌握时序逻辑电路的特点并能正确、合理地分析和设计时序逻辑电路是数字逻辑的核心内容之一。而触发器又是时序逻辑电路最重要最基础的记忆器件，因此有必要深刻理解其工作原理。

本章主要介绍时序逻辑电路的基本特点、时序逻辑电路的分析和设计方法、计数器、寄存器、移位寄存器、序列信号发生器等常用中规模时序逻辑器件及其应用等内容。

5.1　时序逻辑电路概述

5.1.1　时序逻辑电路的组成和结构特点

数字电路分为组合逻辑电路和时序逻辑电路两种。在一般的数字系统中这两种电路往往是同时存在的。

组合逻辑电路在任意时刻的输出状态只取决于该时刻的输入变量，即当前状态，而与该时刻之前电路的输入状态即历史状态无关。而时序逻辑电路的输出状态不仅取决于它的当前输入变量状态，而且还与电路的原来状态，即它的历史输出状态有关。

时序逻辑电路一般由组合逻辑电路和存储电路构成，其结构框图如图 5-1-1 所示，图中 $X(x_1,x_2,\cdots,x_i)$ 为时序逻辑电路外部输入信号，$Z(z_1,z_2,\cdots,z_j)$ 为时序逻辑电路外部输出信号，$W(w_1,w_2,\cdots,w_k)$ 为存储电路输入信号（也称为驱动信号或激励信号），$Q(q_1,q_2,\cdots,q_l)$ 为存储电路输出信号。从图 5-1-1 可以看出，时序逻辑电路的结构特点是：组合逻辑电路的部分输出 W 通过存储电路反馈到组合逻辑电路的输入（Q）端，与外部输入信号 X 共同决定组合逻辑电路的输出 Z；组合逻辑电路的输出除包含外部输出外，还包含连接到存储电路的内部输出，它将控制存储电路状态的转移。

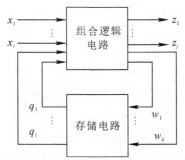

图 5-1-1　时序逻辑电路的一般结构框图

上述信号之间的逻辑关系可以用下列三个方程来表示。

驱动方程:$W=H[X,Q^n]$,W 表示各触发器的连线方程,Q^n 表示各触发器的现态,也可写成 Q;

状态方程:$Q^{n+1}=G[W,Q^n]$,方程中 n、$n+1$ 表示相邻的两个离散时间,Q^{n+1} 表示在时钟作用之后触发器的状态,称为次态,而在下一个时钟作用之前该次态又被认为是现态;

输出方程:$Z=F[X,Q^n]$,在一个循环结束前对应电路输出状态。

时序逻辑电路的特点为:①它是由组合逻辑电路和存储电路两部分组成,其中,存储电路具有记忆功能,通常由触发器组成;②存储电路的输出状态反馈到组合逻辑电路的输入端,与外部输入信号共同决定组合逻辑电路的输出;③组合逻辑电路的输出除了包含外部输出外,还包含连接到存储电路的内部输出,它将控制存储电路的状态变化。

5.1.2 时序逻辑电路的分类

根据状态变化的特点,时序逻辑电路可分为同步时序逻辑电路和异步时序逻辑电路。同步时序逻辑电路是指各触发器状态的翻转受统一的时钟脉冲控制,即各触发器状态的翻转都在有效脉冲到达时同时发生;而在异步时序逻辑电路中,没有统一的时钟脉冲,触发器状态的翻转由各自的有效时钟脉冲信号决定。

根据输出信号的特点,可将时序电路分为米利(Mealy)型和摩尔(Moore)型两类。Mealy型时序电路某时刻的外部输出取决于该时刻的外部输入变量和内部状态;Moore 型时序电路某时刻的外部输出只取决于该时刻的内部状态,而不受外部当时输入变量的影响或没有外部输入变量,但当输入变化时,它必须等待时钟到来时才能使输出变化。

根据实现功能的不同,时序逻辑电路又可分为计数器、移位寄存器、序列信号发生器等。

5.1.3 时序逻辑电路的功能描述方法

描述时序逻辑电路的方法有逻辑方程、状态转移表、状态转移图和时序波形图等。

1.逻辑方程

时序逻辑电路的逻辑方程主要有以下 3 个。

驱动方程:$W=H[X,Q^n]$,也称为激励方程;

状态方程:$Q^{n+1}=G[W,Q^n]$;

输出方程:$Z=F[X,Q^n]$。

2.状态转移表

状态转移表也称状态迁移表或状态表,利用列表的形式来描述时序逻辑电路的外输出 Z、次态 Q^{n+1} 与外输入 X、现态 Q 之间的逻辑关系。

状态表的形式较多,Mealy 型时序电路的状态表如表 5-1-1 所示。表中所填是外部输入 $X_1 X_0$、现态 $Q_1 Q_0$ 时的各种不同取值所对应的次态和输出值,即 $Q_1^{n+1} Q_0^{n+1}/Z$ 的值。Moore 型时序电路的状态表如表 5-1-2 所示。由于输出 Z 与外部输入 X 的取值无关,而仅取决于电路的当前状态 $Q_1 Q_0$，所以 Z 可以单独列出。还有一些时序电路只有时钟输入，而没有外部输入，也没有输出信号（通常以它的内部状态作为该电路的输出），此类时序电路的状态如表 5 - 1 - 3 所示。

表 5 - 1 - 1　Mealy 型时序电路状态转移表

Q_1^n	Q_0^n	$Q_1^{n+1} Q_0^{n+1}/Z$			
		$X_1 X_0 = 00$	$X_1 X_0 = 01$	$X_1 X_0 = 11$	$X_1 X_0 = 10$
0	0	00/0	01/1	00/0	10/1
0	1	01/1	01/1	00/0	11/1
1	1	00/0	11/1	00/0	11/1
1	0	10/1	11/1	00/0	10/1

表 5 - 1 - 2　Moore 型时序电路状态转移表

Q_1^n	Q_0^n	$Q_1^{n+1} Q_0^{n+1}$		Z
		$X = 0$	$X = 1$	
0	0	01	11	0
0	1	10	00	0
1	1	00	10	1
1	0	11	01	0

表 5 - 1 - 3　没有外输入的 Moore 型时序电路状态转移表

Q_2^n	Q_1^n	Q_0^n	Q_2^{n+1}	Q_1^{n+1}	Q_0^{n+1}
0	0	0	0	0	1
0	0	1	0	1	0
0	1	0	0	1	1
0	1	1	1	0	0
1	0	0	1	0	1
1	0	1	1	1	0
1	1	0	1	1	1
1	1	1	0	0	0

3.状态转移图

状态转移图是用图形的方式描述时序电路的状态转移规律以及输出与输入间的关系。它可以直观、形象地描述时序电路的状态转移过程。n 个变量可以有 2^n 个不同状态，每一个状态通常用小圆圈表示，用带箭头的线表示状态的转移方向，在转移线上标明发生该转移的条件。表 5 - 1 - 1～表 5 - 1 - 3 对应的状态转移图分别如图 5 - 1 - 2(a)、(b)、(c)所示。

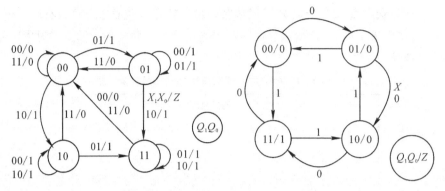

（a）表5-1-1对应的Mealy型电路的状态转移图　　　（b）表5-1-2对应的Moore型电路的状态转移图

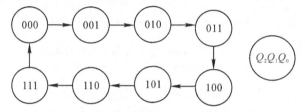

（c）表5-1-3对应的Moore型电路的状态转移图

图 5-1-2　时序逻辑电路的状态图

对于 Mealy 型时序电路，外部输出在转移条件中给出；对于 Moore 型时序电路，外部输出在圆圈内指明。图 5-1-2(c)中转移线上没有注明转移条件，可理解为时钟脉冲到达即发生状态转移。

4.时序波形图

时序波形图描述了时序电路内部状态 Q、外部输出 Z 随输入信号 X 和时钟脉冲序列 CP 变化的规律，也称为工作波形图。图 5-1-3 为表 5-1-3 所对应的时序波形图。

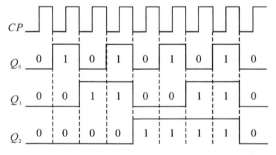

图 5-1-3　表 5-1-3 所对应的时序波形图

同一个时序电路可以用不同的描述方式来表示，这些描述方式的本质是相同的，所以可以相互转换，它们是分析和设计时序电路的主要工具。

5.2　触发器

在数字系统中，常常需要对数值运算结果或其它信息进行保存。能够保存这些数值或信息的基本电路单元是触发器，它是时序逻辑电路的基础。

　　触发器(Flip-Flop,FF)是指能够实现储存 1 位二进制数值或逻辑信息的单元电路。它的输出有两种稳定状态(0 和 1),称为 0 态和 1 态。在合适的控制条件下,可通过外加输入触发信号使触发器的输出在这两个状态之间转换。如果从 0 态变为 1 态,则把 0 态称为初态,用 Q^n 表示,把 1 态称为次态,用 Q^{n+1} 表示,反之亦然。

　　本节主要介绍基本 RS 触发器、同步触发器、主从 JK 触发器、边沿维持阻塞 D 触发器。

5.2.1　基本 RS 触发器

1)基本 RS 触发器的电路结构与逻辑符号

　　由两个与非门构成的基本 RS 触发器的逻辑电路如图 5 - 2 - 1(a)所示,逻辑符号如图 5 - 2 - 1(b)所示。

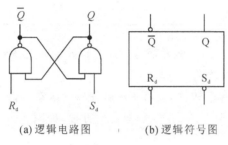

(a)逻辑电路图　　　　　　　(b)逻辑符号图

图 5 - 2 - 1　基本 RS 触发器

　　其中,R_d 和 S_d 为触发器的两个输入端,即触发端;Q 和 $\overline{Q}$ 为触发器的两个互为非(补)的输出端。通常用 Q 的逻辑值来表示触发器的状态,即当 $Q=0,\overline{Q}=1$ 时,称为触发器的 0 状态;当 $Q=1,\overline{Q}=0$ 时,称为触发器的 1 状态。

2)基本 RS 触发器的工作原理

　　分析图 5 - 2 - 1 可知:

　　当 $R_d=0,S_d=1$ 时,无论触发器原来处于什么状态,它输出为 0 状态,即 $Q=0,\overline{Q}=1$,称为置 0 或复位;

　　当 $R_d=1,S_d=0$ 时,无论触发器原来处于什么状态,它输出为 1 状态,即 $Q=1,\overline{Q}=0$,称为置 1 或置位;

　　当 $R_d=1,S_d=1$ 时,触发器输出状态与原来状态相同,即保持不变,称为保持;

　　当 $R_d=0,S_d=0$ 时,触发器输出状态 $Q=\overline{Q}=1$,虽然此时输出状态是确定的,但在逻辑上破坏了触发器的互补输出关系,尤其是当 R_d 和 S_d 同时由 0 变为 1 时,电路的输出状态在逻辑上必然会稳定下来,但由于门的延迟时间不一致,触发器的输出不能确定,这种不能够预测的状态称为不定状态,一般在逻辑设计中是不允许出现的。

　　由以上分析可知,基本 RS 触发器具有置 0、置 1 和保持功能。通常将 R_d 称为置 0 端或复位端,S_d 称为置 1 端或置位端,低电平有效。

　　也可以通过两个或非门来实现基本 RS 触发器的功能。

3)基本 RS 触发器的状态转移表

　　根据对基本 RS 触发器的功能分析,可得到其状态转移表如表 5 - 2 - 1 所示。

表 5 - 2 - 1 基本 RS 触发器状态转移表

R_d	S_d	Q^n	Q^{n+1}	状态说明
0	0	0	×	不定状态
0	0	1	×	
0	1	0	0	$Q^{n+1}=0$,置 0
0	1	1	0	
1	0	0	1	$Q^{n+1}=1$,置 1
1	0	1	1	
1	1	0	0	$Q^{n+1}=Q^n$,保持
1	1	1	1	

它反映了触发器的次态与输入触发信号 R_d、S_d 以及初态的逻辑关系。

4)基本 RS 触发器的特征方程

根据基本 RS 触发器的状态转移表,可画出触发器的次态卡诺图如图 5 - 2 - 2(a)所示;化简后可得到触发器次态的逻辑表达式,也称为特征方程,如图 5 - 2 - 2(b)所示,其中,约束条件表示 R_d 和 S_d 不能同时为 0。

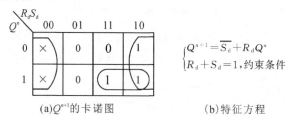

$$\begin{cases} Q^{n+1}=\overline{S_d}+R_d Q^n \\ R_d+S_d=1,约束条件 \end{cases}$$

(a)Q^{n+1}的卡诺图   (b)特征方程

图 5 - 2 - 2 基本 RS 触发器的次态卡诺图及特征方程

5)基本 RS 触发器的状态转移图

根据基本 RS 触发器的状态转移表,可得其状态转移图如图 5 - 2 - 3 所示。

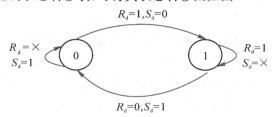

图 5 - 2 - 3 基本 RS 触发器的状态转移图

其中,圆圈表示触发器的状态,箭头表示状态转移的方向,箭头旁的标注显示状态转移条件。

6)基本 RS 触发器的激励表

根据基本 RS 触发器的状态转移图,可得出其激励表如表 5 - 2 - 2 所示。该表显示了触发器由当前状态转移到确定的下一状态时对输入触发信号 R_d 和 S_d 的要求,主要用于触发器电路的设计。

表 5 - 2 - 2　　基本 RS 触发器的激励表

$Q^n \rightarrow Q^{n+1}$	R_d	S_d
$0 \rightarrow 0$	$\times$	1
$0 \rightarrow 1$	1	0
$1 \rightarrow 0$	0	1
$1 \rightarrow 1$	1	$\times$

7）基本 RS 触发器的工作波形

基本 RS 触发器的工作波形如图 5 - 2 - 4 所示。该图称为波形图,它反映了触发器的输出状态在输入信号作用下随时间变化的规律。

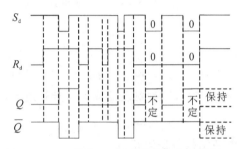

图 5 - 2 - 4　基本 RS 触发器的工作波形图

8）基本 RS 触发器对输入信号的要求

在实际信号传输过程中,由于门电路的延时,实际信号的变化时间与理论分析有一些差异,设 Q 的初态为 0,$R_d = 1$,S_d 有一个宽度为 t_w 的负脉冲,此时考虑延时的触发器输出信号变化如图 5 - 2 - 5 所示,从图中可看出。在宽度为 t_w 的负脉冲的下降沿作用后,经过一个 t_{pd} 延时,Q 由低变高;再经过一个 t_{pd} 的延时,$\overline{Q}$ 由高变低。这表明负脉冲的宽度 t_w 应大于 $2t_{pd}$ 触发器才能稳定到新状态,即要求 R_d 和 S_d 的有效信号宽度 $t_w > 2t_{pd}$。

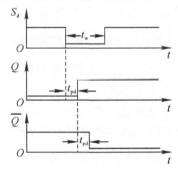

图 5 - 2 - 5　状态转移对输入信号的要求

9）基本 RS 触发器的应用

（1）电平开关。电平开关是指硬件开关动作后,能产生高电平或低电平输出的器件,但在开关动作时会出现抖动现象。在有些场合下,例如要计开关动作次数,直接用电平开关是不合适的。

（2）逻辑开关。逻辑开关是在电平开关后接入基本 RS 触发器构成的,如图 5 - 2 - 6(a)所示。它利用了基本 RS 触发器在输入信号 $R_d = S_d = 1$ 时输出状态不变的特点,使得电平开关在 R_d 或 S_d 端产生的抖动信号不会出现在触发器的输出端,其工作波形如图 5 - 2 - 6(b)所示。

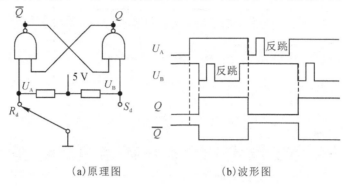

（a）原理图　　　　　　　　　（b）波形图

图 5 - 2 - 6　防抖动开关

5.2.2　同步触发器

在数字系统中,常常需要多个触发器按一定的时间节拍进行有序工作,即要求触发器的状态翻转要在时钟信号的控制下进行,这种触发器称为同步触发器,也称钟控触发器。

1.同步 RS 触发器

1）同步 RS 触发器的电路结构与逻辑符号

同步 RS 触发器逻辑电路如图 5 - 2 - 7(a)所示,逻辑符号如图 5 - 2 - 7(b)所示。

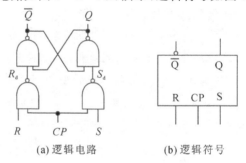

（a）逻辑电路　　　　　　　（b）逻辑符号

图 5 - 2 - 7　同步 RS 触发器

由图 5 - 2 - 7 可知,同步 RS 触发器是在基本 RS 触发器的基础上加两个与非门构成的,同时多了一个信号输入端 CP（称为时钟脉冲输入端）。

2）同步 RS 触发器的工作原理及描述方式

通过分析同步 RS 触发器的逻辑电路并结合基本 RS 触发器的功能可得:

当 $CP = 0$ 时,与其相连的两个与非门被封锁,触发器输出状态与初始状态相同,即实现了保持功能;

当 $CP = 1$ 时,触发器的状态才会发生改变,且同一状态转移情况下触发信号的取值与基本 RS 触发器正好相反,即 $R = \overline{R_d}$,$S = \overline{S_d}$。

由此可以得出同步 RS 触发器的状态转移如表 5 - 2 - 3 所示,次态卡诺图、特征方程如图 5 - 2 - 8 所示,激励表如表 5 - 2 - 4 所示。

表 5 - 2 - 3　同步 RS 触发器的状态转移表

CP	R	S	Q^n	Q^{n+1}	说明
0	$\times$	$\times$	0	0	$CP=0$,保持原状态不变
0	$\times$	$\times$	1	1	
1	0	0	0	0	$Q^{n+1}=Q^n$,保持
1	0	0	1	1	
1	0	1	0	1	$Q^{n+1}=1$,置 1
1	0	1	1	1	
1	1	0	0	0	$Q^{n+1}=0$,置 0
1	1	0	1	0	
1	1	1	0	$\times$	不定状态
1	1	1	1	$\times$	

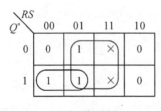

$$\begin{cases} Q^{n+1}=S+\overline{R}Q^n \\ R\cdot S=0,约束条件 \end{cases}$$

(a) Q^{n+1} 的卡诺图　　　　　　(b) 特征方程

图 5 - 2 - 8　同步 RS 触发器次态卡诺图及特征方程

表 5 - 2 - 4　同步 RS 触发器的激励表

$Q^n \rightarrow Q^{n+1}$	R	S
$0 \rightarrow 0$	$\times$	0
$0 \rightarrow 1$	0	1
$1 \rightarrow 0$	1	0
$1 \rightarrow 1$	0	$\times$

3) 同步 RS 触发器的状态转移图

根据同步 RS 触发器的激励表可得到状态转移图如图 5 - 2 - 9 所示。

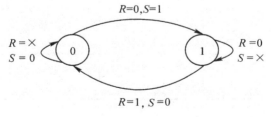

图 5 - 2 - 9　同步 RS 触发器的状态转移图

4)同步 RS 触发器的波形图

同步 RS 触发器的工作波形如图 5-2-10 所示，它反映了触发器的输出状态在输入信号作用下随时间变化的规律。

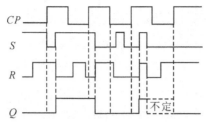

图 5-2-10　同步 RS 触发器的工作波形

2.同步 D 触发器(数据锁存器)

1)同步 D 触发器的电路结构和逻辑符号

将同步 RS 触发器电路结构做如图 5-2-11(a)所示的改变就构成了同步 D 触发器，也称为钟控 D 触发器，其逻辑符号如图 5-2-11(b)所示，图 5-2-11(c)为其波形图。

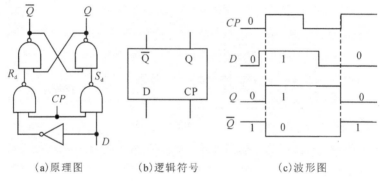

(a)原理图　　　　　　　(b)逻辑符号　　　　　　　(c)波形图

图 5-2-11　同步 D 触发器

2)同步 D 触发器的工作原理

当 $CP=0$ 时，触发器输出状态与初始状态相同，实现保持功能；

当 $CP=1$ 时，触发器的状态才会发生改变。此时触发信号为 $R_d=D$ ，$S_d=\overline{D}$ 。

同步 D 触发器的状态转移表如表 5-2-5 所示，状态转移图如图 5-2-12 所示。

表 5-2-5　同步 D 触发器的状态转移表

CP	D	Q^n	Q^{n+1}	说明
0	×	0	0	$CP=0$,保持原状态不变
0	×	1	1	
1	0	0	0	$Q^{n+1}=0$,置 0
1	0	1	0	
1	1	0	1	$Q^{n+1}=1$,置 1
1	1	1	1	

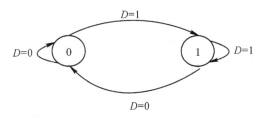

图 5 - 2 - 12　同步 D 触发器的状态转移图

3）同步 D 触发器的特征方程和激励表

由同步 D 触发器的状态转移表可得其特征方程为

$$Q^{n+1} = D \quad （CP 为高电平时有效）$$

同步 D 触发器也被称为数据锁存器，它可同步储存（锁存）1 位数据，即通过 CP 将 D 输入锁存到 Q 中，其具体过程为：将要锁存的数据由 D 端输入，在 CP 的高电平期间同步锁存，低电平期间保持不变。同步 D 触发器的激励表见表 5 - 2 - 6。

表 5 - 2 - 6　同步 D 触发器的激励表

$Q^n \rightarrow Q^{n+1}$	D
$0 \rightarrow 0$	0
$0 \rightarrow 1$	1
$1 \rightarrow 0$	0
$1 \rightarrow 1$	1

4）集成数据锁存器

数据锁存器的集成芯片种类繁多，如 74LS373、74LS273 等，图 5 - 2 - 13(a)所示是一个型号为 74HC573 的 8 位 D 锁存器。图中，引脚 11(LE)为锁存控制端，其为高电平时数据输入有效，低电平时锁存；$D_0 \sim D_7$ 为数据输入端；引脚 $\overline{OE}$ 为允许输出端，低电平有效；$Q_0 \sim Q_7$ 为数据输出端。

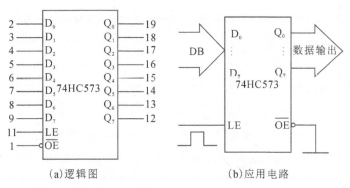

(a)逻辑图　　　　　　(b)应用电路

图 5 - 2 - 13　74HC573 8 位 D 锁存器

图 5 - 2 - 13(b)是 74HC573 的应用电路，将 8 位数据总线 DB 与锁存器的数据输入端相连，LE 端接入一个正脉冲，实现在高电平期间输入数据，下降沿后锁存。$\overline{OE}$ 端接低电平表示输出数据直通，也可以采用负脉冲选通的方式输出数据。

3.同步 JK 触发器

1）同步 JK 触发器的电路结构和逻辑符号

同步 JK 触发器的逻辑电路如图 5-2-14(a)所示,逻辑符号如图 5-2-14(b)所示。

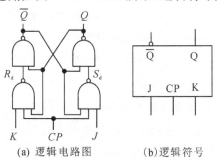

(a) 逻辑电路图　　　　(b)逻辑符号

图 5-2-14　同步 JK 触发器

2）同步 JK 触发器的工作原理

当 $CP=0$ 时,触发器输出状态与初始状态相同,实现保持功能。

当 $CP=1$ 时,触发器的状态会发生改变,此时触发信号为 $R_d=\overline{KQ^n}$,$S_d=\overline{J\,\overline{Q^n}}$。

同步 JK 触发器的状态转移表和状态转移图分别如表 5-2-7 和图 5-2-15 所示。

表 5-2-7　同步 JK 触发器的状态转移表

CP	J	K	Q^n	Q^{n+1}	说明
0	×	×	0	0	保持原状态不变
0	×	×	1	1	
1	0	0	0	0	$Q^{n+1}=Q^n$,保持
1	0	0	1	1	
1	0	1	0	0	$Q^{n+1}=0$,置 0
1	0	1	1	0	
1	1	0	0	1	$Q^{n+1}=1$,置 1
1	1	0	1	1	
1	1	1	0	1	$Q^{n+1}=\overline{Q^n}$,计数
1	1	1	1	0	

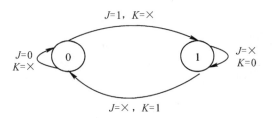

图 5-2-15　同步 JK 触发器的状态转移图

3)同步 JK 触发器的特征方程和激励表

根据同步 JK 触发器的状态转移表,画出其次态卡诺图如图 5 - 2 - 16(a)所示,进行化简,得到特征方程如图 5 - 2 - 16(b)所示。

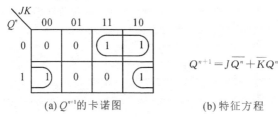

(a) Q^{n+1} 的卡诺图　　　　　　　(b) 特征方程

图 5 - 2 - 16　同步 JK 触发器

从状态转移图得到同步 JK 触发器的激励表如表 5 - 2 - 8 所示。

表 5 - 2 - 8　同步 JK 触发器的激励表

$Q^n \rightarrow Q^{n+1}$	J	K
0 → 0	0	×
0 → 1	1	×
1 → 0	×	1
1 → 1	×	0

4.同步 T 触发器和 T′ 触发器

1)同步 T 触发器的电路结构和逻辑符号

将同步 JK 触发器的 JK 端连到一起就得到了同步 T 触发器,其逻辑电路如图 5 - 2 - 17(a)所示,逻辑符号如图 5 - 2 - 17(b)所示。

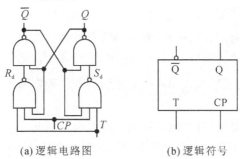

(a) 逻辑电路图　　　　　　　(b) 逻辑符号

图 5 - 2 - 17　同步 T 触发器

2)同步 T 触发器的工作原理

当 $CP = 0$ 时,触发器输出状态与原始状态相同,实现保持功能;

当 $CP = 1$ 时,触发器的状态才会发生改变,此时触发信号为 $T = J = K$。

由同步 JK 触发器的特征方程可得同步 T 触发器的特征方程为

$$Q^{n+1} = T\overline{Q^n} + \overline{T}Q^n = T \oplus Q^n$$

由同步 JK 触发器的特性可得到同步 T 触发器的状态转移表如表 5 - 2 - 9 所示,状态转移图如图 5 - 2 - 18 所示,激励表如表 5 - 2 - 10 所示。

表 5 - 2 - 9   同步 T 触发器的状态转移表

CP	T	Q^n	Q^{n+1}	说明
0	×	0	0	保持原状态不变
0	×	1	1	
1	0	0	0	$Q^{n+1}=Q^n$,保持
1	0	1	1	
1	1	0	1	$Q^{n+1}=\overline{Q^n}$,计数
1	1	1	0	

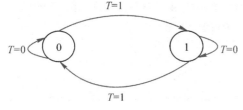

图 5 - 2 - 18   同步 T 触发器的状态转移图

表 5 - 2 - 10   同步 T 触发器的激励表

$Q^n \rightarrow Q^{n+1}$	T
$0 \rightarrow 0$	0
$0 \rightarrow 1$	1
$1 \rightarrow 0$	1
$1 \rightarrow 1$	0

由表 5 - 2 - 9 可知,同步 T 触发器中,当 CP 为高电平时,$T=0$ 实现保持功能,$T=1$ 实现计数功能。若将 T 端接固定的高电平,便得到同步 T′ 触发器,其特征方程为

$$Q^{n+1}=\overline{Q^n}$$

显然,同步 T′ 触发器具有计数功能,即 CP 每作用一次,T′ 触发器翻转一次,因此 T′ 触发器也称为计数触发器。

5.电平触发与空翻现象

通过对同步触发器的功能分析可知,触发器状态的翻转是在 CP 脉冲的控制下进行的,当 CP 脉冲在低电平期间时,输入触发信号不起作用,输出状态保持原状态不变;当 CP 脉冲在高电平期间时,输入触发信号才能起作用。将这种控制方式称为电平触发方式,分为高电平触发和低电平触发两种。

电平触发方式的特点是:在时钟信号的整个有效电平期间,触发信号的改变都将引起触发器输出状态的改变。例如,CP 在高电平期间,同步 D 触发器的触发信号 D 的状态发生了多次变化,根据同步 D 触发器的特征方程 $Q^{n+1}=D$ 可知,在 CP 的一个有效高电平期间,触发器的输出状态随着 D 的变化也进行了多次翻转,这种现象称为空翻,如图 5 - 2 - 19 所示。

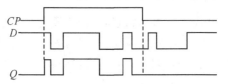

图 5 - 2 - 19   具有空翻现象的同步 D 触发器

空翻现象的出现与 CP 脉冲的宽度密切相关,如果要求在一个有效的 CP 脉冲期间触发器

只翻转一次,就必须对 CP 的有效电平宽度 t_{CP} 严格控制,即要求触发器输出端的新状态返回输入端之前,CP 应变为无效,也就是说 t_{CP} 要不大于 3 倍的 t_{pd}(门电路的平均传输延时);同时,为了保证触发器的输出能够可靠地完成状态翻转,t_{CP} 又不能小于 2 倍的 t_{pd},因此 CP 的有效电平宽度要求满足 $2t_{pd} \leqslant t_{CP} \leqslant 3t_{pd}$。

5.2.3　集成触发器

为了解决空翻问题,专家们又设计出了集成触发器,其性能稳定,完全可以满足需要。常用的集成触发器主要有主从触发器和边沿触发器两种。

1.主从 JK 触发器

1)主从 JK 触发器的电路结构与逻辑符号

主从 JK 触发器的逻辑电路与符号如图 5-2-20 所示,由主触发器和从触发器两部分组成。其中,由 G_5、G_6、G_7、G_8 四个门组成主触发器,同步信号为 CP;由 G_1、G_2、G_3、G_4 四个门组成从触发器,同步信号为 $\overline{CP}$。

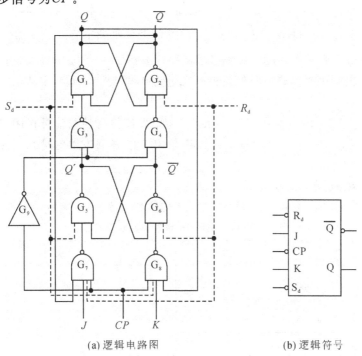

(a)逻辑电路图　　　　　　　　(b)逻辑符号

图 5-2-20　主从 JK 触发器

2)主从 JK 触发器的工作原理

当 $CP=1$ 时,主触发器接收输入信号,输出状态随触发信号 J、K 变化,从触发器被封锁,即保持原状态不变。当 $CP=0$ 时,主触发器被封锁,输出状态与输入触发信号 J、K 无关,从触发器随该时刻主触发器的输出状态 Q' 和 $\overline{Q'}$ 进行状态转移,这样就实现了在每一个时钟周期输出的状态仅改变一次,杜绝了空翻现象。

图 5-2-20(a)中引入 R_d、S_d,增加了控制功能。

当 $R_d=1$、$S_d=0$ 时,触发器的输出状态与输入信号 J、K 以及 CP 无关,$Q=1$。

当 $R_d=0$、$S_d=1$ 时,触发器的输出状态也与输入信号 J、K 以及 CP 无关,$Q=0$。

所以称 S_d 为异步置"1"端,称 R_d 为异步置"0"端,它们均为低电平有效,逻辑符号图中通常采用小圆圈表示。因此,在分析有 J、K 和 CP 控制的输入功能时,为了表明不受 R_d 和 S_d 的影响,必须令 $R_d=1$,$S_d=1$。

当 $J=0$,$K=0$ 时,不管 Q^n 初态为 0 还是为 1,CP 的高电平到来后,由 JK 触发器的特征方程 $Q^{n+1}=J\overline{Q^n}+\overline{K}Q^n$ 可知主触发器 Q' 状态不变,所以从触发器也不会改变,主从 JK 触发器的输出状态保持不变,即 $Q^{n+1}=Q^n$。

当 $J=0$,$K=1$ 时,不管 Q^n 初态为 0 还是为 1,CP 的高电平到来后,由 JK 触发器的特征方程 $Q^{n+1}=J\overline{Q^n}+\overline{K}Q^n$ 可知主触发器 Q' 状态为 0,所以在 CP 的低电平到来后从触发器状态也为 0,主从 JK 触发器的输出置 0,即 $Q^{n+1}=0$。

当 $J=1$,$K=0$ 时,不管 Q^n 初态为 0 还是为 1,CP 的高电平到来后,由 JK 触发器的特征方程 $Q^{n+1}=J\overline{Q^n}+\overline{K}Q^n$ 可知主触发器 Q' 状态为 1,所以在 CP 的低电平到来后从触发器状态也为 1,主从 JK 触发器的输出置 1,即 $Q^{n+1}=1$。

当 $J=1$,$K=1$ 时,若 Q^n 初态为 0,CP 的高电平到来后,由 JK 触发器的特征方程 $Q^{n+1}=J\overline{Q^n}+\overline{K}Q^n$ 可知主触发器 Q' 状态为 1,所以在 CP 的低电平到来后从触发器状态也为 1;若 Q^n 初态为 1,CP 的高电平到来后,由 JK 触发器的特征方程 $Q^{n+1}=J\overline{Q^n}+\overline{K}Q^n$ 可知主触发器状态为 0,所以在 CP 的低电平到来后从触发器状态也为 0,即 $Q^{n+1}=\overline{Q^n}$,主从 JK 触发器的这种状态翻转称为计数。

综上所述,主从 JK 触发器在 $CP=1$ 期间,主触发器接受控制信号作用,被置成相应的状态,而从触发器不动,在 CP 下降沿置定输出状态,因此主从触发器的状态翻转发生在 CP 的下降沿。

3)主从 JK 触发器的状态转移表

当 $R_d=1$、$S_d=1$ 时,主从 JK 触发器的状态转移如表 5-2-11 所示。

表 5-2-11 主从 JK 触发器的状态转移表

CP	J	K	Q^n	Q^{n+1}	说明
0	×	×	0	0	保持原状态不变
0	×	×	1	1	
↓	0	0	0	0	$Q^{n+1}=Q^n$
↓	0	0	1	1	
↓	0	1	0	0	$Q^{n+1}=0$,置 0
↓	0	1	1	0	
↓	1	0	0	1	$Q^{n+1}=1$,置 1
↓	1	0	1	1	
↓	1	1	0	1	$Q^{n+1}=\overline{Q^n}$,计数
↓	1	1	1	0	

4)主从 JK 触发器的特征方程

根据主从 JK 触发器的状态转移表,画出触发器的次态卡诺图如图 5-2-21(a)所示,进行化简,得到触发器特征方程如图 5-2-21(b)所示。

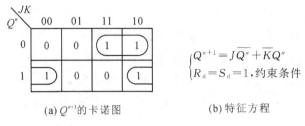

$$\begin{cases} Q^{n+1} = J\overline{Q^n} + \overline{K}Q^n \\ R_d = S_d = 1,约束条件 \end{cases}$$

(a) Q^{n+1} 的卡诺图　　　　　　(b) 特征方程

图 5-2-21　主从 JK 触发器

5)主从 JK 触发器的激励表

从状态转移表得到主从 JK 触发器的激励表如表 5-2-12 所示。

表 5-2-12　JK 触发器的激励表

$Q^n \rightarrow Q^{n+1}$	J	K
$0 \rightarrow 0$	0	$\times$
$0 \rightarrow 1$	1	$\times$
$1 \rightarrow 0$	$\times$	1
$1 \rightarrow 1$	$\times$	0

6)主从 JK 触发器的工作特性及一次翻转

通过上面分析可知,在 CP 的高电平期间,由于主触发器一直处于工作状态,因此输入控制信号 J 和 K 不能变化,如果 J 和 K 有变化,就不能满足主从 JK 触发器的功能表,这是该种触发器的主要缺点。如果在 CP=1 期间,主从 JK 触发器的 J 或 K 端出现一定宽度和一定幅度的干扰,那么干扰很有可能被主触发器接收,从而在 CP 负跳变时,Q 就会和功能表不一致。因此,主从 JK 触发器的抗干扰能力较弱,这是主从 JK 触发器的另一个缺点,即会出现所谓的一次翻转问题,如图 5-2-22(b)所示。干扰正脉冲 2 使得 $Q'=1$,因此在 CP 的下降沿到来后 $Q'=1$ 被传送到 Q 端,使得 $Q=1$。同理干扰正脉冲 4 使得 $Q'=0$,因此在 CP 的下降沿到来后 $Q'=0$ 被传送到 Q 端,使得 $Q=0$。而干扰 1 和 3 未起作用。正常工作状态下,在 CP 的下降沿到来后,由于 $J=K=0$,触发器不应翻转,这就是主从触发器的所谓一次翻转问题。

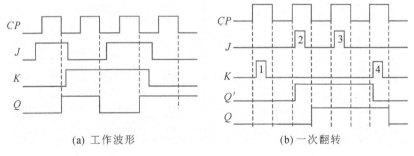

(a) 工作波形　　　　　　　　　(b) 一次翻转

图 5-2-22　主从 JK 触发器的工作特性

2.边沿触发的维持阻塞 D 触发器

主从 JK 触发器解决了空翻问题,但其在时钟信号有效期间(CP=1 的时间足够长)对输入控制信号敏感,不仅有一次翻转问题,而且还降低了触发器的抗干扰能力。如果触发器只在 CP 跳变瞬间(0 到 1,或 1 到 0)接收输入控制信号发生状态转移,$CP=1$ 或 $CP=0$ 期间输入信号变化不影响触发器的状态,即触发器状态在此期间保持不变,这样不仅可以克服多次翻转和一次翻转问题,而且还能大大提高抗干扰能力,这种触发器称为边沿触发器。边沿触发方式分为上升沿触发(0 到 1,表示为↑)和下降沿(1 到 0,表示为↓)触发两种。

最常用的集成边沿触发器有维持阻塞触发器、CMOS 传输门等,此处介绍维持阻塞 D 触发器。

1)维持阻塞 D 触发器的电路结构与逻辑符号

加入异步置"1"端 S_d 和异步置"0"端 R_d 的维持阻塞 D 触发器的电路结构和逻辑符号如图 5-2-23 所示。在 CP 端无小圆圈且用"∧"表示上升沿有效。

2)维持阻塞 D 触发器的工作原理

维持阻塞 D 触发器是从同步 D 触发器转换而来,其转换过程如图 5-2-24 所示。图 5-2-24(a)所示的电路是同步 D 触发器的另一种形式,两种形式逻辑功能是相同的。

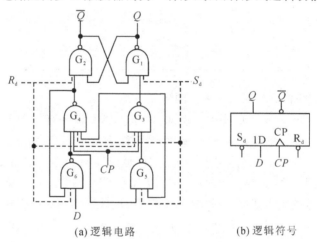

(a) 逻辑电路   (b) 逻辑符号

图 5-2-23   维持阻塞 D 触发器

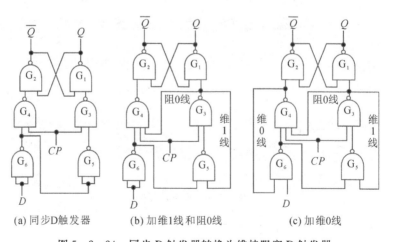

(a) 同步D触发器   (b) 加维1线和阻0线   (c) 加维0线

图 5-2-24   同步 D 触发器转换为维持阻塞 D 触发器

(1)如图 $5-2-24$(b)所示,假设 CP 的上升沿到来前,$D=1$,则 $G_{6输出}=0$,$G_{5输出}=1$,由于 $CP=0$,因此 $G_{3输出}=G_{4输出}=1$,触发器保持原来的状态不变,G_5、G_6 打开(对 D 输入端信号)。G_4 此时关闭,G_3 打开。

CP 的上升沿到来,使得 $G_{4输出}=1$,$G_{3输出}=0$,从 G_3 输出端到 G_5 输入端的反馈线将维持 $G_{5输出}=1$,从 G_3 输出端到 G_4 输入端的反馈线将 G_4 关闭,G_4(阻塞门)可能出现置 0,当 D 由 $1→0$ 时,$G_{6输出}=1$,也不能将 G_4 打开,使 $G_{4输出}=0$,因此称 G_3 输出端到 G_4 输入端的反馈线为置 0 阻塞线(阻 0 线),G_3 输出端到 G_5 输入端的反馈线为置 1 维持线(维 1 线),即使得触发器 $Q^{n+1}=1=D$。

(2)如图 $3-2-24$(c)所示,假设 CP 的上升沿到来前,$D=0$,$G_{6输出}=1$,$G_{5输出}=0$,由于 $CP=0$,因此 $G_{3输出}=G_{4输出}=1$,触发器保持原来的状态不变,G_5、G_6 打开(对 D 输入端信号)。G_4 此时打开,G_3 关闭。

CP 的上升沿到来,使得 $G_{4输出}=0$,$G_{3输出}=1$,从 G_4 输出端到 G_6 输入端的反馈线将维持 $G_{6输出}=1$,再经过 G_6 输出端到 G_5 输入端的反馈连线,保持 $G_{5输出}=0$,若此时 D 输入端信号发生变化也不会改变 G_6、G_5 的输出($G_{6输出}=1$,$G_{5输出}=0$),因此称 G_4 输出端到 G_6 输入端的反馈线为置 0 维持线(维 0 线),使得 $Q^{n+1}=0=D$。

综上所述,维持阻塞 D 触发器是在 CP 脉冲的上升沿到来时同步读入 D 的状态,触发器的输出 $Q^{n+1}=D$,且在 CP 脉冲的整个高电平和低电平期间无论 D 的状态有无变化,触发器状态始终保持不变,直到 CP 脉冲下一个上升沿到来。

3)维持阻塞 D 触发器的状态转移表

维持阻塞 D 触发器的状态转移表如表 $5-2-13$ 所示。

表 $5-2-13$　维持阻塞 D 触发器的状态转移表

CP	D	Q^n	Q^{n+1}	说明
0	×	0	0	$Q^{n+1}=Q^n$,不变
0	×	1	1	
↑	0	0	0	$Q^{n+1}=0$,置 0
↑	0	1	0	
↑	1	0	1	$Q^{n+1}=1$,置 1
↑	1	1	1	

4)维持阻塞 D 触发器的特征方程

由状态转移表得到维持阻塞 D 触发器的特征方程为

$$\begin{cases} Q^{n+1}=D \\ R_d=S_d=1,约束条件 \end{cases}$$

5)维持阻塞 D 触发器的工作波形

维持阻塞 D 触发器的工作波形如图 $5-2-25$ 所示。

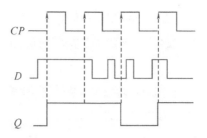

图 5 - 2 - 25　维持阻塞 D 触发器的工作波形

6) 维持阻塞 D 触发器的激励表

维持阻塞 D 触发器的激励表如表 5 - 2 - 14 所示。

表 5 - 2 - 14　维持阻塞 D 触发器的激励表

$Q^n \rightarrow Q^{n+1}$	D
0 → 0	0
0 → 1	1
1 → 0	0
1 → 1	1

7) 维持阻塞 D 触发器的脉冲工作特性

维持阻塞 D 触发器的脉冲工作特性波形如图 5 - 2 - 26 所示。

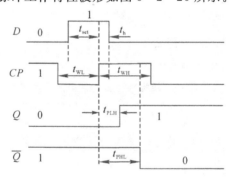

图 5 - 2 - 26　维持阻塞 D 触发器的脉冲工作特性

当 $CP = 0$ 时，维持阻塞 D 触发器的输出处于保持状态，在 CP 的上升沿时刻，触发器立即按照输入 D 信号的状态翻转；由于 D 信号到达内部输入端需经过两级门延时，这就要求 D 信号必须提前到来，该提前时间称为建立时间 t_{set}。t_{set} 应大于 $2t_{pd}$。

在 CP 的上升沿到来后须经一定的时间 D 信号才能撤出，否则会干扰触发器的正常工作，这段时间称为保持时间 t_h，有 $t_h \approx t_{pd}$。$t_{PHL} \approx 3t_{pd}$ 表示 CP 上升沿后的高电平应保持 $3t_{pd}$ 才能使触发器的状态完全稳定。此部分内容只需一般了解，因为触发器的参数中都有 CP 的最高工作频率，使用时仅要留有余地即可。

当遇到 D 的变化正好与 CP 的有效沿同时出现时，则 D 状态应以 CP 沿到来之前的状态为准，即在 CP 的有效沿和输入控制信号 D 同时有变化时，触发器翻转应取 CP 的有效沿之前对应 D 的状态，然后按触发器的特征方程得到其次态。

　　维持阻塞结构的 D 触发器属于具有数据封锁能力的触发器,因为它的状态翻转仅与 CP
上升沿作用时刻的 D 输入有关,所以称为边沿触发器。边沿触发器克服了空翻问题,可用于
计数器、移位寄存器等时序逻辑电路设计中。

5.2.4　触发器的逻辑符号

　　由前面介绍可知,不同功能的触发器的电路结构、逻辑功能和触发方式都不相同,因此逻
辑符号也有所不同。下面分类进行说明。

　　1.电平触发方式触发器的逻辑符号

　　电平触发方式触发器的逻辑符号如图 5-2-27 所示。

(a)基本RS触发器　　　　(b)同步RS触发器　　　　(c)同步D触发器

图 5-2-27　电平触发方式触发器的逻辑符号

　　图 5-2-27(a)为基本 RS 触发器的逻辑符号,它没有时钟输入端,R_d、S_d 为非同步(异步)
输入端,触发器的输出状态直接受 R_d、S_d 电平控制。图 5-2-27(b)和(c)分别为同步 RS 触发
器和同步 D 触发器的逻辑符号,触发器的输出状态受时钟 CP 的电平控制,其中图 5-2-27
(b)为高电平控制,当 $CP=1$ 时,触发器接受输入信号作用,输出状态按其功能发生变化,当
$CP=0$ 时,触发器不接受输入信号作用,输出状态保持不变;图 5-2-27(c)为低电平控制,其
时钟输入端有"。",当 $CP=0$ 时,触发器接受输入信号作用,输出状态按其功能发生变化,当
$CP=1$ 时,触发器不接受输入信号作用,输出状态保持不变。

　　2.边沿触发方式触发器的逻辑符号

　　边沿触发方式触发器的逻辑符号如图 5-2-28 所示。

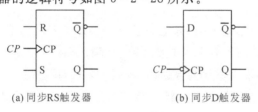

(a)同步RS触发器　　　　　(b)同步D触发器

图 5-2-28　边沿触发方式触发器的逻辑符号

　　图 5-2-28(a)和(b)分别为边沿触发的同步 RS 和同步 D 触发器的逻辑符号,触发器的
输出状态受时钟 CP 边沿变化时刻的控制,其中图 5-2-28(a)为上升沿控制,其时钟输入端
有标志">",当 CP 的上升沿到来时,触发器接受输入信号作用,输出状态按其功能发生变化,
其余时间触发器均不接受输入信号作用,输出状态保持不变;图 5-2-28(b)为下降沿控制,
其时钟输入端在">"处多了一个"。",表示低电平有效,即当 CP 的下降沿到来时,触发器接受
输入信号作用,输出状态按其功能发生变化,其余时间触发器均不接受输入信号作用,输出状
态保持不变。

　　3.传统的触发器逻辑符号

　　传统的触发器逻辑符号如图 5-2-29 所示,其常在计算机应用软件中出现,一般均采用

这种符号,各符号中的 S_d 称为异步置"1"端,R_d 称为异步置"0"端,它们都是低电平有效,在逻辑符号图中用小圆圈"○"表示。触发器在时钟信号的控制下正常工作时必须令 $R_d=1$,$S_d=1$。

　　输入端可由多个输入信号相与而成,例如,图 5-2-29(a) 中 $J=J_1J_2J_3$,$K=K_1K_2K_3$,图 5-2-29(b) 中 $D=D_1D_2D_3$。

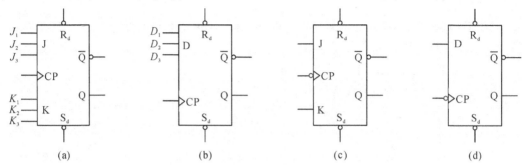

图 5-2-29　传统的触发器逻辑符号

4.国际标准中的逻辑符号

　　国际标准中的触发器逻辑符号如图 5-2-30 所示。

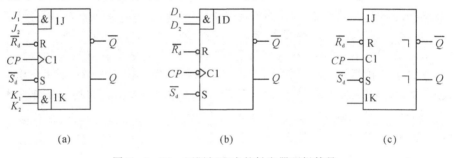

图 5-2-30　国际标准中的触发器逻辑符号

　　图 5-2-30(a) 为上升沿触发的 JK 触发器,图 5-2-30(b) 为下降沿触发的 D 触发器,图 5-2-30(c) 为主从 JK 触发器,其中,C1 为时钟 CP 输入端,C1 中的 C 是控制关联标记,C1 表示受其影响的输入是以数字 1 标记的数据输入,如 1D、1J、1K 等;R、S 分别为异步置"0"端和异步置"1"端。C1 输入端没有"○",表示触发器在上升沿到来时接收数据;符号"¬"表示延迟输出,即 CP 回到 0 以后输出状态才改变,所以该电路输出状态变化发生在 CP 信号的下降沿。如果 C1 输入端有"○",则电路输出状态变化发生在 CP 信号的上升沿。

5.3　时序逻辑电路的分析

　　时序逻辑电路的分析是指根据给定的时序逻辑电路图,分析在时钟信号和输入信号共同作用下,电路的状态和输出的变化以及实现的逻辑功能。

5.3.1　同步时序逻辑电路的分析

　　同步时序逻辑电路分析的一般步骤为:

(1)根据逻辑电路图写出输出方程和各触发器的驱动方程;

(2)根据驱动方程和各触发器的特征方程写出时序电路的状态方程;

(3)根据状态方程和输出方程画出时序电路所对应的状态转移表、状态转移图和时序图;

(4)根据以上信息分析电路的逻辑功能。

例 5 - 3 - 1　分析图 5 - 3 - 1 所示电路的逻辑功能。

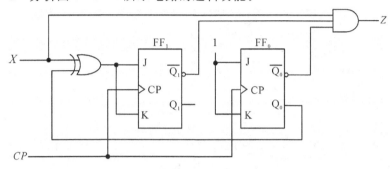

图 5 - 3 - 1　例 5 - 3 - 1 的逻辑电路图

解　(1)由给定的逻辑电路,可以写出各触发器的驱动方程和电路的输出方程:

$$J_0 = K_0 = 1, J_1 = K_1 = X \oplus Q_0^n$$

$$Z = X \, \overline{Q_1^n} \, \overline{Q_0^n}$$

(2)根据驱动方程和 JK 触发器的特征方程写出状态方程:

$$Q_0^{n+1} = J_0 \overline{Q_0^n} + \overline{K_0} Q_0^n = \overline{Q_0^n}$$

$$Q_1^{n+1} = J_1 \overline{Q_1^n} + \overline{K_1} Q_1^n = (X \oplus Q_0^n) \overline{Q_1^n} + \overline{(X \oplus Q_0^n)} Q_1^n = X \oplus Q_0^n \oplus Q_1^n$$

(3)设各触发器的初始状态 $Q_1^n Q_0^n = 00$,根据状态方程列出状态转移表如表 5 - 3 - 1 所示,状态转移图和波形图分别如图 5 - 3 - 2 和图 5 - 3 - 3 所示。

表 5 - 3 - 1　例 5 - 3 - 1 的状态转移表

Q_1^n	Q_0^n	$Q_1^{n+1} Q_0^{n+1}/Z$	
		$X=0$	$X=1$
0	0	01/0	11/1
0	1	10/0	00/0
1	1	00/0	10/0
1	0	11/0	01/0

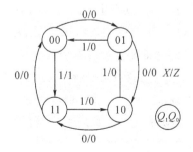

图 5 - 3 - 2　例 5 - 3 - 1 的状态转移图

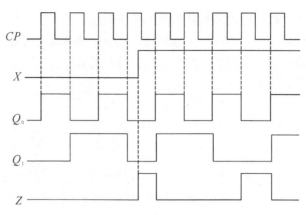

图 5 - 3 - 3 例 5 - 3 - 1 的波形图

对于本例,由于该电路是 Mealy 型电路,外输出 Z 会随着 X 的变化而变化,而 X 的变化是随机的,与 CP 不同步,所以外输出 Z 也与 CP 不同步。

(4)逻辑功能分析。从以上分析可知:该时序电路每经过 4 个 CP 作用,其状态循环一次,且当 $X=0$ 时,每来一个 CP 上升沿,时序电路状态值加 1,实现了四进制加法计数器功能。当 $X=1$ 时,每来一个 CP 上升沿,时序电路状态值减 1,实现了四进制减法计数器功能,因此该电路实现的是一个同步四进制可逆计数器功能,其中,X 为加/减控制信号,Z 为借位输出。

例 5 - 3 - 2 分析如图 5 - 3 - 4 所示电路的逻辑功能。

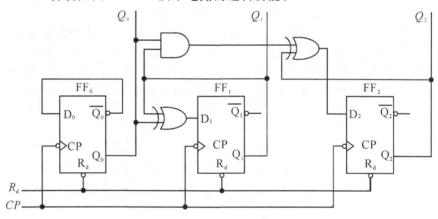

图 5 - 3 - 4 例 5 - 3 - 2 的逻辑电路图

解 (1)由给定的时序逻辑电路,可以写出各触发器的驱动方程和电路的输出方程:

$$D_0 = \overline{Q_0^n}, \quad D_1 = Q_0^n \oplus Q_1^n, \quad D_2 = Q_0^n Q_1^n \oplus Q_2^n$$

(2)根据驱动方程和 D 触发器的特征方程写出状态方程:

$$Q_0^{n+1} = D_0 = \overline{Q_0^n}, \quad Q_1^{n+1} = D_1 = Q_0^n \oplus Q_1^n, \quad Q_2^{n+1} = D_2 = Q_0^n Q_1^n \oplus Q_2^n$$

(3)设各触发器的初始状态为 $Q_2^n Q_1^n Q_0^n = 000$,根据状态方程列出状态转移表如表 5 - 3 - 2 所示,状态转移图和波形图分别如图 5 - 3 - 5 和图 5 - 3 - 6 所示。

表 5 - 3 - 2　例 5 - 3 - 2 的状态转移表

CP↓	初态			次态		
序号	Q_2^n	Q_1^n	Q_0^n	Q_2^{n+1}	Q_1^{n+1}	Q_0^{n+1}
0	0	0	0	0	0	1
1	0	0	1	0	1	0
2	0	1	0	0	1	1
3	0	1	1	1	0	0
4	1	0	0	1	0	1
5	1	0	1	1	1	0
6	1	1	0	1	1	1
7	1	1	1	0	0	0

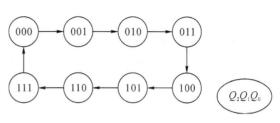

图 5 - 3 - 5　例 5 - 3 - 2 的状态转移图

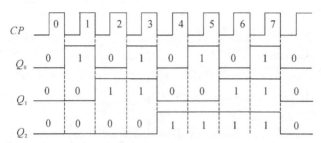

图 5 - 3 - 6　例 5 - 3 - 2 的波形图

（4）逻辑功能分析。从以上分析可知：该时序电路在 8 个状态中循环，即每来一个 CP 下降沿，时序电路状态值加 1，因此该电路实现的是一个同步八进制加法计数器功能。其中，Q_2^n、Q_1^n、Q_0^n 为计数器的输出。

需要注意的是：

（1）本例中的清零端 R_d 为低电平有效，一般在上电复位时使 $R_d = 0$，计数器清零，作为计数器工作的初始状态，在 CP 下降沿到来前使 $R_d = 1$，计数器进入计数状态，因此，实际使用中应该给 R_d 一个很窄的负脉冲。

（2）由例 5 - 3 - 2 的分析过程可知，实际上只要列出该电路所对应的状态转移表即可直观得出其逻辑功能，因此，在分析时序电路的过程中不必严格按照分析步骤，具体分析到哪一步，以能直观看出逻辑功能为准。

例 5 - 3 - 3　分析如图 5 - 3 - 7 所示电路的逻辑功能。

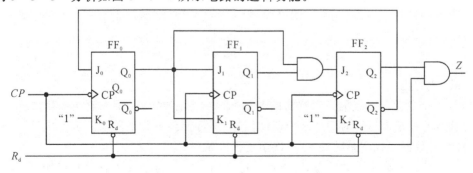

图 5 - 3 - 7　例 5 - 3 - 3 的逻辑电路图

解　（1）由给定的时序逻辑电路，可以写出各触发器的驱动方程和电路的输出方程：

$$J_0 = \overline{Q_2^n}, \ K_0 = 1; \ J_1 = K_1 = Q_0^n; \ J_2 = Q_1^n Q_0^n, \ K_2 = 1$$

$$Z = Q_2^n CP$$

（2）根据驱动方程和 JK 触发器的特征方程写出状态方程：

$$Q_0^{n+1} = J_0 \ \overline{Q_0^n} + \overline{K_0} Q_0^n = \overline{Q_2^n} \ \overline{Q_0^n}$$

$$Q_1^{n+1} = J_1 \ \overline{Q_1^n} + \overline{K_1} Q_1^n = \overline{Q_1^n} Q_0^n + Q_1^n \ \overline{Q_0^n}$$

$$Q_2^{n+1} = J_2 \ \overline{Q_2^n} + \overline{K_2} Q_2^n = \overline{Q_2^n} Q_1^n Q_0^n$$

（3）给 R_d 一个很窄的负脉冲，则各触发器的初始状态 $Q_2^n Q_1^n Q_0^n = 000$，根据状态方程列出状态转移表如表 5-3-3 所示。

（4）逻辑功能分析。从以上分析可知：该时序电路在 5 个状态中循环，即每来一个 CP 下降沿，时序电路状态值加 1，因此该电路实现的是一个同步五进制加法计数器功能。

（5）检查自启动。由于该计数器中加入清零端控制，所以通过上电复位或手动复位可以使计数器始终从初始状态 $Q_2^n Q_1^n Q_0^n = 000$ 开始计数，即在"000→001→010→011→100→000"

表 5-3-3　例 5-3-2 的状态转移表

CP↓	初态			次态		
序号	Q_2^n	Q_1^n	Q_0^n	Q_2^{n+1}	Q_1^{n+1}	Q_0^{n+1}
0	0	0	0	0	0	1
1	0	0	1	0	1	0
2	0	1	0	0	1	1
3	0	1	1	1	0	0
4	1	0	0	0	0	0

状态之间进行循环工作，将这 5 个状态称为有效状态。由于本例有 3 个触发器，因此可以有 8 个状态，在此将未用到的 3 个状态 101、110 和 111 称为无效状态。

如果该计数器作为分频器使用，就应该检查当分频器受到外界干扰信号的影响而进入无效状态 101、110 或 111 时，电路能否自动回到有效状态，这一步称为电路的自启动检查。

检查自启动的方法是：将任意无效状态作为初始状态，代入状态方程，看得到的次态能否回到有效状态循环圈内。在本例中，代入 $Q_2^n Q_1^n Q_0^n = 101$，得到 $Q_2^{n+1} Q_1^{n+1} Q_0^{n+1} = 010$；代入 $Q_2^n Q_1^n Q_0^n = 110$，得到 $Q_2^{n+1} Q_1^{n+1} Q_0^{n+1} = 010$；代入 $Q_2^n Q_1^n Q_0^n = 111$，得到 $Q_2^{n+1} Q_1^{n+1} Q_0^{n+1} = 000$。这表明无论计数器从哪一个无效状态进入，经过 1 个 CP 脉冲后均可回到有效循环圈内，说明该电路可以自启动。本例所对应的状态转移图如图 5-3-8 所示。

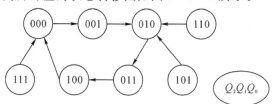

图 5-3-8　例 5-3-3 的状态转移图

需要注意的是：

（1）若 n 个触发器构成的计数器的模 M 小于 2^n，则有 $2^n - M$ 个无效状态存在。

（2）计数器在正常运行时的状态周期性循环，不可能出现无效状态。但在电路上电（合上电源）瞬间，计数器的状态是随机的，可能出现无效状态。

（3）如果计数器处于无效状态，随着计数脉冲输入能够自动转入有效状态循环，则表示计数器具有自启动能力，否则电路没有自启动能力，将陷入无效状态的死循环。一般作为计数器使用时,不允许计数器进入无效状态,否则计数将会出错。

(4)在有些情况下,如果设计的电路不能自启动,一般需要修改电路设计,或者重新从状态分配这一步做起,或者修改次态卡诺图,直至可以自启动为止。

5.3.2 异步时序逻辑电路的分析

与同步时序电路不同,异步计数器电路没有统一的时钟信号,所以分析异步时序电路时,首先要看各触发器的时钟信号是否有效,只有在有效时钟脉冲到达时,才考虑次态的变化。因此,分析异步时序电路时要多写一组时钟信号方程。

例 5 - 3 - 4 分析如图 5 - 3 - 9 所示电路的逻辑功能。

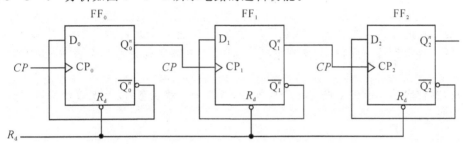

图 5 - 3 - 9 例 5 - 3 - 4 的逻辑电路图

解 (1)由给定的时序逻辑电路,可以写出各触发器的时钟方程和驱动方程:

$$CP_2 = Q_1 \uparrow , CP_1 = Q_0 \uparrow , CP_0 = CP \uparrow$$
$$D_2 = \overline{Q_2} , D_1 = \overline{Q_1} , D_0 = \overline{Q_0}$$

(2)根据驱动方程和 D 触发器的特征方程写出状态方程:

$$Q_2^{n+1} = D_2 = \overline{Q_2} , Q_1^{n+1} = D_1 = \overline{Q_1} , Q_0^{n+1} = D_0 = \overline{Q_0}$$

(3)本例的 3 个触发器的时钟是不同步的且均为上升沿有效,因此分析电路时要格外小心。假设电路的初始状态是 000,根据状态方程列出状态转移表和状态转移图分别如表 5 - 3 - 4 和图 5 - 3 - 10 所示。

表 5 - 3 - 4　例 5 - 3 - 4 的状态表

Q_2^n	Q_1^n	Q_0^n	CP_2	CP_1	CP_0	Q_2^{n+1}	Q_1^{n+1}	Q_0^{n+1}
0	0	0	↑	↑	↑	1	1	1
1	1	1	0	↓	↑	1	1	0
1	1	0	↓	↑	↑	1	0	1
1	0	1	0	↓	↑	1	0	0
1	0	0	↑	↑	↑	0	1	1
0	1	1	0	↓	↑	0	1	0
0	1	0	↓	↑	↑	0	0	1
0	0	1	0	↓	↑	0	0	0

本例的分析完全遵循逻辑电路分析的一般步骤,但要注意三个时钟是不同步的,因而触发器状态的转移也不同步,与同步电路相比,会给电路分析带来一定的麻烦。例如,当状态是 111 时,CP_0 上升沿到来,Q_0 状态发生变化,由 1→0,而 Q_1 和 Q_2 能不能发生变化要看 CP_1 和

CP$_2$ 的时钟上升沿是否到来。由状态方程知道 Q_0 由 1→0,使得 CP$_1$ 有一个下降沿 ↓ ,不满足状态转移条件,故 Q_1 保持不变,即还是 1,因此 CP$_2$ 没有上升沿或下降沿,故 Q_2 保持不变,即还是 1,所以电路状态由 111→110,其它状态分析同理。显然异步电路分析比同步电路繁琐,分析时要格外小心。

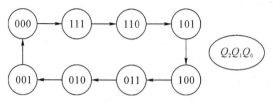

图 5-3-10　例 5-3-4 的状态转移图

(4)逻辑功能分析。由状态转移表可以看出,每经过 8 个时钟脉冲的作用,$Q_2^n Q_1^n Q_0^n$ 的状态循环一次,且每翻转一次,输出状态值减 1,因此该电路实现的是一个异步八进制减法计数器功能。

(5)检查自启动。由于本例有 3 个触发器,有 8 个有效状态,没有无效状态,因此不需要检查自启动能力。

5.4　同步时序逻辑电路的设计

5.4.1　同步时序逻辑电路设计的一般步骤

时序逻辑电路的设计是分析的逆过程。其设计的一般步骤如图 5-4-1 所示。

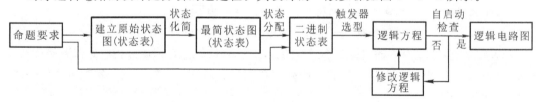

图 5-4-1　同步时序逻辑电路设计的一般过程

首先根据命题要求对逻辑问题进行抽象;然后列出该问题所对应的原始状态图(可能包含有无效状态)、经过化简后的状态转移表;接着进行二进制的状态分配;在确定触发器类型和数量的基础上,求出输出函数、激励函数和特征方程,即逻辑方程;最后进行自启动检查并画出逻辑电路图,若不能自启动,要对电路进行修改,画出新的电路图,从而设计出满足该命题要求的时序逻辑电路。本节主要讨论同步时序电路的设计。

1.建立原始状态图和状态表

根据设计命题要求,对实际问题进行逻辑抽象,画出状态图、写出状态表。这种直接由实际逻辑功能得到的状态图和状态表称为原始状态图和原始状态表,它们的建立是时序电路设计的关键,步骤如下:

(1)分析题意,确定输入变量、输出变量的个数并给各个变量命名;

(2)设置状态,首先确定有多少种信息,然后将每种信息设置为一个状态并用字母表示,一般用 S_0、S_1、S_2、…表示;

（3）根据实际问题描述，确定状态之间的转移关系，画出原始状态图，列出原始状态表。

例 5 - 4 - 1　试建立一个"111"序列检测电路的原始状态图和原始状态表。

解　所谓"111"序列检测电路是指当输入序列出现连续三个 1 时，输出为 1，其它情况输出为 0。该电路的输出不仅与当前输入状态有关，还与原来的输入状态有关，是典型的时序逻辑电路。

（1）确定输入变量和输出变量个数并对其命名。设该电路的输入变量为 X，代表输入串行序列，输出变量为 Z，表示检测结果。首先按照题意写出输入变量与输出变量的关系为：

$$输入序列\ X\quad 0\quad 1\quad 1\quad 1\quad 1\quad 0$$
$$输出序列\ Z\quad 0\quad 0\quad 0\quad 1\quad 1\quad 0$$

（2）确定电路的状态数。由题意可知，该电路包含四个状态 S_0、S_1、S_2、S_3。其中 S_0 表示电路的初态，S_1 表示电路已经输入一个 1 以后的状态，S_2 表示已经连续输入两个 1 以后的状态，S_3 表示电路连续输入三个 1 以后的状态。

（3）画原始状态图，列状态表。

①从初态 S_0 开始，电路有 $X=0$ 和 $X=1$ 两种输入；如果 $X=0$，则维持原状态 S_0，如果 $X=1$，则它可能是被检测序列的第一个 1，因而转向 S_1。

②如果第二个输入 $X=0$，说明不是被检测序列，返回 S_0；如果 $X=1$，则可能是被检测序列的第二个 1，电路转向 S_2。

③如果第三个输入 $X=0$，不是被检测序列，返回状态 S_0；如果是 $X=1$，说明已检测到序列，输出为 1，同时进入 S_3。

④如果第四个输入 $X=0$，则表示该次检测的序列已结束，返回 S_0；如果 $X=1$，则仍为检测序列，维持状态 S_3。

由上述分析画出原始状态图，如图 5 - 4 - 2 所示。由原始状态转移图可得状态转移表，见表 5 - 4 - 1。

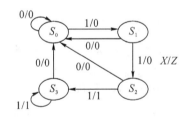

图 5 - 4 - 2　例 5 - 4 - 1 的原始状态图

表 5 - 4 - 1　例 5 - 4 - 1 的状态转移表

S	S^{n+1}/Z	
	$X=0$	$X=1$
S_0	$S_0/0$	$S_1/0$
S_1	$S_0/0$	$S_2/0$
S_2	$S_0/0$	$S_3/1$
S_3	$S_0/0$	$S_3/1$

2.状态化简

由于实际问题比较复杂，直接得到的原始状态图或状态表一般都不是最简的，可能包含无效状态，而状态数目的多少直接影响到所需触发器的个数，因此需要对状态进行化简，即消除无效状态，以得到最简状态图和最简状态表，从而减少触发器的个数并简化电路。常用的状态化简方法分为观察法和隐含表法。

1）观察化简法

例 5 - 4 - 2　对例 5 - 4 - 1 的原始状态表（表 5 - 4 - 1）进行化简。

观察表 5 - 4 - 1，发现对于状态 S_2、S_3，当 $X=0$ 时输出相同，都为 0，次态也相同，都为

S_0。当 $X=1$ 时，输出和次态也相同，分别为 1 和 S_3。因此状态 S_2 和 S_3 是等效的，可以合并为一项，命名为 S_2，S_0 和 S_1 不变，化简后的表如表 5-4-2 所示。

表 5-4-2　例 5-4-1 化简后的状态表

S	S^{n+1}/Z	
	$X=0$	$X=1$
S_0	$S_0/0$	$S_1/0$
S_1	$S_0/0$	$S_2/0$
S_2	$S_0/0$	$S_2/1$

例 5-4-3　对表 5-4-3 所示原始状态表进行化简。

表 5-4-3　例 5-4-3 的原始状态表

Q^n	Q^{n+1}/Z	
	$X=0$	$X=1$
A	$C/1$	$B/0$
B	$C/1$	$E/0$
C	$B/1$	$E/0$
D	$D/1$	$B/1$
E	$D/1$	$B/1$

表 5-4-4　例 5-4-3 化简后的状态表

Q^n	Q^{n+1}/Z	
	$X=0$	$X=1$
A	$B'/1$	$B'/0$
B'	$B'/1$	$C'/0$
C'	$C'/1$	$B'/1$

首先，采用观察法观察表格，发现状态 D、E 的输出和次态相同，所以 D、E 等效。对于状态 B、C，在 $X=1$ 时输出和次态相同，只是在 $X=0$ 时的次态不同，但却呈"交错情况"，即状态 B 的次态是 C，状态 C 的次态是 B，电路不会进入 B、C 以外的状态，且它们的输出一直相同，因而电路对外表现的特性相同。因此，认为 B、C 是等效的，将 B、C 合并后的状态命名为 B'，D、E 合并后的状态命名为 C'，则化简后的原始状态表如表 5-4-4 所示。

例 5-4-4　对表 5-4-5 所示原始状态表进行化简。

表 5-4-5　例 5-4-4 的原始状态表

Q^n	Q^{n+1}/Z	
	$X=0$	$X=1$
A	$A/0$	$B/0$
B	$A/1$	$C/0$
C	$D/1$	$C/0$
D	$A/0$	$C/0$

观察表 5-4-5 发现，A、B 输出在 $X=0$ 时不同，因此没有可能合并。同样，A、C 输出在 $X=0$ 时不同，没有可能合并。A、D 在 $X=0$ 时输出相同，次态相同，在 $X=1$ 时，输出相同，A 的次态为 B，D 的次态为 C，因此要想 AD 等效，必须看 BC 是不是等效。再看 BC，在 $X=0$ 时输出相同，都为 1，B 的次态为 A，C 的次态为 D，即要想 BC 等效，AD 必须等效，这就形成了"循环"。由于状态对（AD、BC）的输出都相同，所以状态 A、D 等效，状态 B、C 等效。将 A、D 合并后的状态命名为 A'，B、C 合并后的状态命名为 B'，化简后的状态表如表 5-4-6 所示。

表 5-4-6　例 5-4-4 化简后的状态表

Q^n	Q^{n+1}/Z	
	$X=0$	$X=1$
A'	$A'/0$	$B'/0$
B'	$A'/1$	$B'/0$

综上所述，可以得出判断两个状态是否等效的条件如下：

（1）两状态的次态相同，输出也相同；

（2）两状态的输出相同，但次态对与现态对呈现交错状态；

（3）两状态的输出完全相同，但次态呈现循环。

进一步讲，判断两状态是否等效，首先看输出，若输出不同，则判断为不等效，若输出相同，进一步分析次态情况。观察法只适用于状态表较简单的情况，当状态表的状态数较多时，采用观察法就不方便了，需要一种系统的方法，隐含表法可以解决该问题。

2）隐含表法

状态化简中常常采用隐含表法化简较复杂的状态表。隐含表是一种等腰直角三角形网格，两直角边格数相同。隐含表法有三个步骤，即顺序比较、关联比较和状态合并。

例 5-4-5　化简表 5-4-7 的原始状态表。

表 5-4-7　例 5-4-5 的原始状态表

Q^n	Q^{n+1}/Z			
	$X_1X_0=00$	$X_1X_0=01$	$X_1X_0=11$	$X_1X_0=10$
A	$D/0$	$D/0$	$A/0$	$F/0$
B	$C/1$	$D/0$	$F/0$	$E/1$
C	$C/1$	$D/0$	$A/0$	$E/1$
D	$D/0$	$B/0$	$F/0$	$A/0$
E	$C/1$	$F/0$	$A/0$	$E/1$
F	$D/0$	$D/0$	$F/0$	$A/0$
G	$G/0$	$G/0$	$A/0$	$A/0$
H	$B/1$	$D/0$	$A/0$	$E/1$

解　首先画出隐含表。表 5-4-7 有 8 个状态，因此，每个直角边的格数为 7，水平边的网格自左至右的状态按照 A、B、C、D、E、F、G 标注（不含 H）；垂直边的网格自上至下按照 B、C、D、E、F、G、H 标注（不含 A），如图 5-4-3 所示。

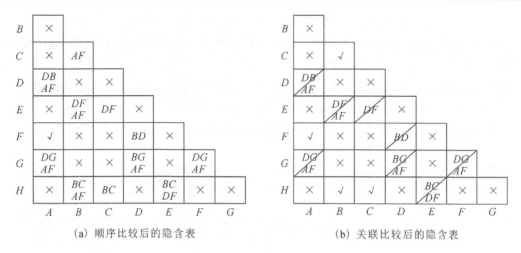

（a）顺序比较后的隐含表　　　　　　　　（b）关联比较后的隐含表

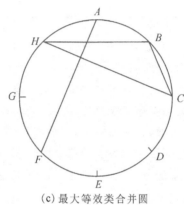

（c）最大等效类合并圆

图 5-4-3　例 5-4-5 的原始状态表、隐含表、等效类合并圆图

（1）顺序比较。按照前述状态等效的情况，可以画出顺序比较后的隐含表如图 5-4-3(a)所示。顺序比较就是对隐含表中的所有状态按照顺序依次进行比较，即先从水平方向的 A 依次同垂直方向的 B、C、D、E、F、G、H 进行比较，然后再将水平方向的 B 依次同垂直方向的 C、D、E、F、G、H 进行比较；同理，再从水平方向的 C 开始，依次比较下去，直至水平方向最后一个状态和垂直方向最后一个状态比较结束，比较结果写在相应的格子内。3 种比较的结果为：①输出不同，直接在隐含表相应的表格内填入"×"，表示状态不等效，例如，本例 AB，BD 等；②输出相同，次态相同或呈现"交错"状态，在隐含表相应的格子填入"√"，表示状态等效，例如，本例 AF；③输出相同，次态不相同但又非交错，此时将次态对填入相应的格子中等待进一步的比较，例如，本例在 AD 网格内填入 DB、AF，在 DF 网格内填入 BD。

（2）关联比较。关联比较后的隐含表如图 5-4-3(b)所示。

AD 是否等效必须看 DB、AF 是否等效，由图 5-4-3(a)隐含表看出，BD 不等效，故 AD 不等效，在其相应的网格填入"/"。

AG 是否等效必须看 AF、DG 是否等效，由图 5-4-3(a)隐含表看出，AF 等效，DG 是否等效必须看 AF、BG 是否等效，而 BG 是不等效的，故 AG 不等效，在相应格子填入"/"。

BC 等效必须看 AF 是否等效，由图 5-4-3(a)隐含表看出，AF 等效，故 BC 等效，在相应的格子填入"√"。

BE 是否等效必须看 AF、DF 是否等效,已知 AF 等效,DF 是否等效必须看 BD 是否等效,由图 5－4－3(a)隐含表看出,BD 不等效,故 BE 不等效,在相应格子填入"/"。

BH 是否等效必须看 AF、BC 是否等效,已知 AF 等效,BC 等效取决于 AF,故 BH 等效。

CE 是否等效必须看 DF 是否等效,DF 是否等效取决于 BD 是否等效,由图 5－4－3(a)隐含表看出,BD 不等效,故 CE 不等效,在相应格子填入"/"。

CH 是否等效必须看 BC,已知 AF 等效,BC 等效取决于 AF,故 CH 等效,填入"√"。

DF 是否等效必须看 BD,由图 5－4－3(a)隐含表看出,BD 不等效,故 DF 不等效,在相应格子填入"/"。

DG 是否等效必须看 BG、AF 是否等效,已知 AF 等效,由图 5－4－3(a)隐含表看出,BG 不等效,故 DG 不等效,在相应格子填入"/"。

EH 是否等效必须看 BC、DF 是否等效,由图 5－4－3(a)隐含表看出,BC 等效取决于 AF,DF 等效取决于 BD,而 BD 不等效,故 EH 不等效,在相应格子填入"/"。

FG 是否等效必须看 DG、AF 是否等效,已知 AF 等效,DG 不等效,在相应格子填入"/"。

(3)状态合并。通过上述分析,得出 AF、BC、BH、CH 为等效对。显然,BC、BH、CH 均等效,故 BCH 为等效。将这种两两等效的状态集合成的等效态集合称为等效类,例如 BCH。将所有相互等效的状态集合称为最大等效类。为了求得最简的状态表,应尽量找出最大等效类,这样可以合并的状态数更多。为了直观看出最大等效类可采用画圆的方法:将状态以点的形式均匀地画在圆周上,再将等效对用直线相连,构成最大的多边形即为最大等效类,如图 5－4－3(c)所示。合并多余状态,重新命名 AF 为 A',BCH 为 B',D、E、G 分别命名为 C'、D'、E',这样 8 个状态就化简成了 5 个状态,可得到一个化简后的状态表,如表 5－4－8 所示。

表 5－4－8　例 5－4－5 化简后的状态表

Q_n	Q^{n+1}/Z			
	$X_1X_0=00$	$X_1X_0=01$	$X_1X_0=11$	$X_1X_0=10$
A'	$C'/0$	$C'/0$	$A'/0$	$A'/0$
B'	$B'/1$	$C'/0$	$A'/0$	$D'/1$
C'	$C'/0$	$D'/0$	$A'/0$	$A'/0$
D'	$B'/1$	$A'/0$	$A'/0$	$D'/1$
E'	$E'/0$	$E'/0$	$A'/0$	$A'/0$

3.状态分配

通过状态化简,确定了时序逻辑电路最终的状态数,因为时序逻辑电路的状态是通过触发器的状态组合来表示的,所以对状态数为 M 的时序逻辑电路需要 n 个触发器,且要满足 $2^{n-1}<M<2^n$。

触发器的数量确定以后,需要给每个状态分配一个二进制代码,以便求出激励函数和输出函数、最后完成时序电路的设计。状态分配合适与否,虽然不影响触发器的级数,但对所设计时序电路的复杂程度和工作可靠性有一定的影响。

最常用的状态分配方法为相邻法,它比较直观、简单,一般满足以下三个条件的状态应尽可能分配相邻的二进制代码,其中以第一条为主,兼顾第二、三条。

条件一:具有相同次态的现态;

条件二:同一现态下的次态;

条件三:具有相同输出的现态。

现按相邻法对表 5-4-2 进行状态分配如下:

按条件一:S_1 和 S_2 相邻;

按条件二:S_0 和 S_1 相邻,S_0 和 S_2 相邻;

按条件三:S_0 和 S_1 相邻。

综合考虑后分配 S_0 和 S_1 相邻、S_1 和 S_2 相邻。

由于有 3 个状态,因此可以确定需要 2 个触发器,即需要对两个状态变量 Q_0 和 Q_1 进行编码。又因为 2 个触发器最大状态数为 4 个,因此存在一个无效状态。用卡诺图表示的分配方案如图 5-4-4 所示,则最后的分配结果为 $S_0=00$,$S_1=10$,$S_2=11$,状态 01 为无关项,分配后得到的二进制状态表如表 5-4-9 所示。

图 5-4-4 例 5-4-1 的状态分配卡诺图

表 5-4-9 例 5-4-1 的二进制状态表

$Q_1^n Q_0^n$	$Q_1^{n+1} Q_0^{n+1}/Z$	
	$X=0$	$X=1$
0 0	00/0	10/0
1 0	00/0	11/0
1 1	00/0	11/1

4.确定触发器类型、激励方程和输出方程

根据状态分配后的二进制状态表,画出次态卡诺图和输出函数卡诺图,从而求得次态方程组和输出方程组,然后将各状态方程与所选用触发器的特征方程对比,便可求出激励函数,这种方法称为状态方程比较法。

若选用 JK 触发器,因为 JK 触发器的特征方程为 $Q^{n+1}=J\overline{Q^n}+\overline{K}Q^n$,所以为了便于比较,各次态方程也应该写为 $Q_i^{n+1}=A_i\overline{Q_i^n}+\overline{B_i}Q_i^n$ 的形式,为了能直接得到这种形式,应将次态卡诺图 Q_i^{n+1} 分成 Q_i^n 和 $\overline{Q_i^n}$ 两个子卡诺图,然后分别在子卡诺图中画包围圈进行化简。

根据表 5-4-9 画出的次态卡诺图和输出卡诺图如图 5-4-5 所示。

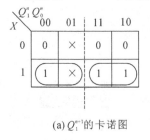

(a)Q_1^{n+1}的卡诺图

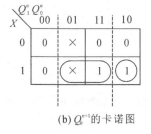

(b)Q_0^{n+1}的卡诺图

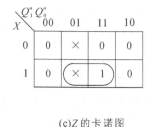

(c)Z 的卡诺图

图 5-4-5 例 5-4-1 的诺图

化简卡诺图可得次态方程和输出方程为

$$Q_1^{n+1}=X\,\overline{Q_1^n}+XQ_1^n$$

$$Q_0^{n+1}=XQ_1^n\,\overline{Q_0^n}+XQ_0^n$$

$$Z = XQ_0^n$$

与 JK 触发器的特征方程相比,得出激励方程为

$$J_1 = X, K_1 = \overline{X}$$

$$J_0 = XQ_1^n, K_0 = \overline{X}$$

5.检查自启动

将存在没有用到的状态(无效状态)的电路称为非完全描述时序电路。在非完全描述时序电路中,由于存在无效状态(对应无关项)和在进行卡诺图化简时圈法的随意性,无效状态的转移可能出现死循环而使电路不能自启动。如果电路不能自启动,则需要修改设计,修改的方法主要有两种:

(1)将原来的非完全描述时序电路中的无效状态的转移情况加以定义,使其成为完全描述时序电路,这种方法由于取消了无关项,会增加电路的复杂程度;

(2)修改原来对无关项的圈法,使其进入主循环。

例 5-4-1 中,由于 01 为无关项,因此必须检查自启动。当 $Q_1^n Q_0^n = 01$ 且 $X = 1$ 时,代入对应次态方程可得 $Q_1^{n+1} Q_0^{n+1} = 11$;当 $Q_1^n Q_0^n = 01$ 且 $X = 0$ 时,代入对应次态方程可得 $Q_1^{n+1} Q_0^{n+1} = 00$,显然该电路具有自启动能力。

6.画逻辑电路图

当电路能够自启动以后,根据最终得到的逻辑方程画出逻辑电路图。例 5-4-1"111"序列检测电路的逻辑电路图如图 5-4-6 所示。

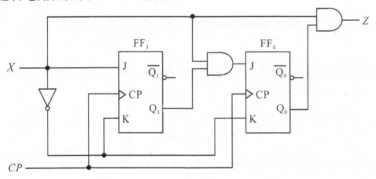

图 5-4-6　例 5-4-1"111"序列检测的逻辑电路图

5.4.2　同步时序逻辑电路设计举例

例 5-4-6　试用 JK 触发器设计一个可逆三进制加减法计数器。

解:(1)根据命题要求进行逻辑抽象,确定输入和输出变量。

设 X 为可逆计数器的控制端,$X = 0$ 为加计数,$X = 1$ 为减计数。

设 Z 为进位或借位输出端,$Z = 0$ 表示无进位或借位,$Z = 1$ 表示有进位或借位。

(2)画出状态转移图,列出状态转移表。

3 个状态分别表示为 S_0、S_1 和 S_2,对应的状态转移图如图 5-4-7 所示,状态转移表如表 5-4-10 所示。

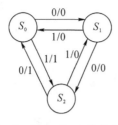

图 5 - 4 - 7 例 5 - 4 - 6 的状态转移图

表 5 - 4 - 10   例 5 - 4 - 6 的状态转移表

S	S^{n+1}/Z	
	$X=0$	$X=1$
S_0	$S_1/0$	$S_2/1$
S_1	$S_2/0$	$S_0/0$
S_2	$S_0/1$	$S_1/0$

(3)状态分配。按相邻法对表 5 - 4 - 10 进行状态分配如下:

无满足条件一和三的状态;

按条件二: S_0 和 S_1、S_1 和 S_2、S_0 和 S_2 相邻。

本例需要设计三进制计数器,所以状态数 $M=3$,即有 $2^1<3\leqslant 2^2$,可知 JK 触发器的个数为 2,即需要对 2 个状态变量 Q_0 和 Q_1 进行编码。又因为 2 个触发器最大状态数为 4,因此存在一个无效状态,用卡诺图表示的分配方案如图 5 - 4 - 8 所示,则最后的分配结果为 $S_0=00$, $S_1=01$,$S_2=10$,状态 11 为无关项,分配后得到的二进制状态表如表 5 - 4 - 11 所示。

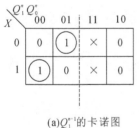

图 5 - 4 - 8 例 5 - 4 - 6 的状态分配卡诺图

表 5 - 4 - 11   例 5 - 4 - 6 的二进制状态表

$Q_1^n Q_0^n$	$Q_1^{n+1} Q_0^{n+1}/Z$	
	$X=0$	$X=1$
0 0	01/0	10/1
0 1	10/0	00/0
1 0	00/1	01/0

(4)确定激励方程和输出方程。由于选用 JK 触发器,将次态卡诺图 Q_i^{n+1} 分成 Q_i^n 和 $\overline{Q_i^n}$ 两个子卡诺图,然后分别在子卡诺图中画包围圈进行化简。根据表 5 - 4 - 11 画出的次态卡诺图和输出卡诺图如图 5 - 4 - 9 所示。

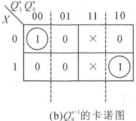
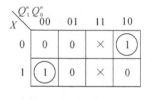

(a)Q_1^{n+1}的卡诺图   (b)Q_0^{n+1}的卡诺图   (c)Z 的卡诺图

图 5 - 4 - 9 例 5 - 4 - 6 的卡诺图

化简卡诺图可得次态方程和输出方程为

$$Q_1^{n+1}=\overline{X}Q_0^n\,\overline{Q_1^n}+X\,\overline{Q_0^n}\overline{Q_1^n}=(X\oplus Q_0^n)\overline{Q_1^n}$$

$$Q_0^{n+1}=\overline{X}\,\overline{Q_1^n}\overline{Q_0^n}+XQ_1^n\overline{Q_0^n}=(\overline{X\oplus Q_1^n})\overline{Q_0^n}$$

$$Z=\overline{X}Q_1^n\,\overline{Q_0^n}+X\,\overline{Q_1^n}\overline{Q_0^n}=(X\oplus Q_1^n)\overline{Q_0^n}$$

与 JK 触发器的特征方程相比,得出激励方程为

$$J_1=X\oplus Q_0^n,K_1=1$$

$$J_0 = \overline{X \oplus Q_1^n}, K_0 = 1$$

（5）检查自启动。由于本电路中有一个无关项 11，所以需要检查自启动。当 $Q_1^n Q_0^n = 11$ 且 $X = 1$ 时，代入对应次态方程可得 $Q_1^{n+1} Q_0^{n+1} = 00$；当 $Q_1^n Q_0^n = 11$ 且 $X = 0$ 时，代入对应次态方程可得 $Q_1^{n+1} Q_0^{n+1} = 00$，显然该设计电路具有自启动能力。

（6）画逻辑电路图。根据激励方程和输出方程画出其对应的逻辑电路图如图 5-4-10 所示。

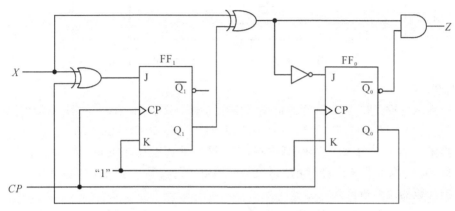

图 5-4-10　例 5-4-6 的逻辑电路图

例 5-4-7　设计一个由 T 触发器构成的同步八进制加法计数器。

解　本例需要设计八进制计数器，所以状态数 $M = 8 = 2^3$，可知需用 T 触发器的个数为 3，且需要对 3 个状态变量 Q_0、Q_1 和 Q_2 进行完全编码。即该电路属于完全描述电路，因此可直接画出该电路对应的时序图如图 5-4-11 所示。

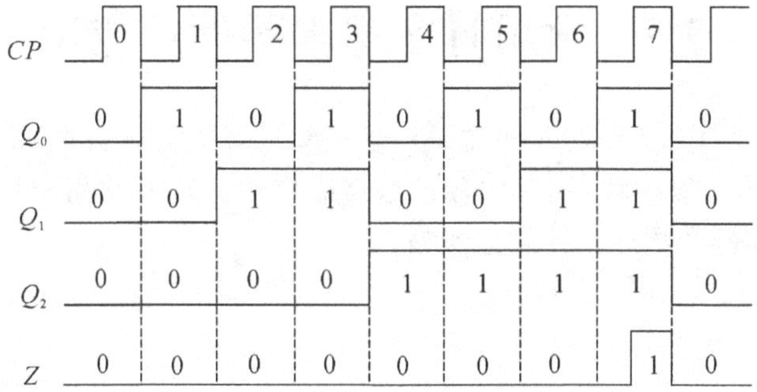

图 5-4-11　例 5-4-7 的时序图

由图 5-4-11 中 Q_0 的波形可知，触发器 FF_0 为一个 1 位二进制计数器，每经过一个 CP 脉冲状态翻转一次，由 T 触发器的特征方程 $Q^{n+1} = T\overline{Q^n} + \overline{T}Q^n$ 可得，此时 $T_0 = 1$。

由图 5-4-11 中 Q_1 的波形可知，触发器 FF_1 也为一个 1 位二进制计数器，每经过两个 CP 脉冲且 $Q_0 = 1$ 时状态翻转一次，因此可得 $T_1 = Q_0^n$。

由图 5-4-11 中 Q_2 的波形可知，触发器 FF_2 也为一个 1 位二进制计数器，每经过四个 CP 脉冲且 $Q_0 = Q_1 = 1$ 时状态翻转一次，因此可得 $T_2 = Q_1^n Q_0^n$。

由图 5-4-11 中 Z 的波形可知，输出方程 $Z = Q_2^n Q_1^n Q_0^n CP$。

由以上分析可画出由 T 触发器构成的同步八进制加法计数器逻辑电路如图 5-4-12 所

示。

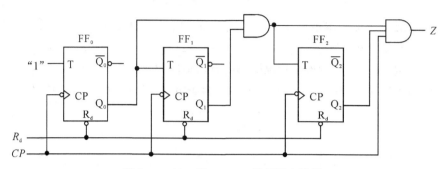

图 5 - 4 - 12 　例 5 - 4 - 2 的逻辑电路图

本例推广：

(1)由本例可推广得到 T 触发器构成的任意同步 2^n 进制加法计数的通用设计原则为

$$T_0=1, T_i=Q_{i-1}^n\cdots Q_1^n Q_0^n, Z=Q_i^n\cdots Q_1^n Q_0^n CP, 1\leqslant i\leqslant n$$

(2)将图 5 - 4 - 11 中 Q_0 波形的周期和 CP 脉冲的周期比较可知，Q_0 的周期为 CP 周期的 2 倍，即 Q_0 的频率为 CP 频率的二分之一，所以 FF$_0$ 实际上实现了二分频的功能，因此可得，二进制计数器电路也就是二分频电路。

同理可得：由 FF$_0$ 和 FF$_1$ 构成的四进制计数器电路就是四分频电路，此时的四分频波形从输出端 Q$_1$ 获得。

由 FF$_0$、FF$_1$ 和 FF$_2$ 构成的八进制计数器电路就是八分频电路，此时的八分频波形从输出端 Q$_2$ 获得。

依此类推，2^n 进制计数器实现 2^n 分频，此时的 2^n 分频波形从输出端 Q$_{n-1}$ 获得。

5.5　常用时序逻辑器件及应用

在数字系统的应用中，人们根据需要设计了一些具有特定功能的时序逻辑器件，利用它们很容易构成所需要的功能模块，用于实际的数字装置中。这些常用的器件包括计数器、寄存器、锁存器、移位寄存器和顺序脉冲发生器等。

5.5.1　计数器

1.计数器的概念及分类

1)计数器的概念

若在时钟信号的不断作用下，时序电路的状态按照一定的顺序循环变化，则称该电路为计数器。状态循环一次所需的时钟脉冲数称为计数器的模值 M。在计数达到计数的最大容量 M 时将产生一个进位信号，因此也将模 M 计数器称为 M 进制计数器。

2)计数器分类

(1)按计数脉冲输入方式，可分为同步计数器和异步计数器；

(2)按数制和编码方式，可分为二进制计数器、非二进制计数器和移位型计数器(n 位触发器构成的二进制计数器，最大模值为 $M=2^n$，没有无效状态，实现 2^n 进制计数；非二进制计数器的模值 $M<2^n$，会出现 2^n-M 个无效状态)；

（3）按计数增减，可分为递增计数器（每来一个计数脉冲，触发器状态的二进制代码有规律增加，也称加法计数器）、递减计数器（每来一个计数脉冲，触发器状态的二进制代码有规律减少，也称减法计数器）和双向计数器（由控制端决定计数是递增还是递减）；

（4）按电路集成度，可分为小规模计数器（由若干个集成触发器和门电路，以及各种连线构成）和中规模计数器（通常由四个集成触发器和若干门电路，经内部连线集成在一块硅片上，本节主要介绍该类计数器）；

（5）按状态编码方式，分为 8421BCD 码十进制计数器、余 3 码计数器等。

2.同步二进制计数器和同步十进制计数器

1）同步二进制计数器

同步二进制计数器通常由 n 位触发器构成，模值为 $M=2^n$，没有无效状态。按照例 $5-4-7$ 推广的结论得到同步 4 位二进制加法计数器的驱动方程为

$$T_0=1, T_1=Q_0^n, T_2=Q_1^n Q_0^n, T_3=Q_2^n Q_1^n Q_0^n$$

输出方程为

$$Z=Q_3^n Q_2^n Q_1^n Q_0^n CP$$

将驱动方程代入 T 触发器的特征方程 $Q^{n+1}=T \overline{Q^n}+\overline{T}Q^n$ 得其状态方程为

$$Q_0^{n+1}=\overline{Q_0^n}, Q_1^{n+1}=Q_0^n \oplus Q_1^n, Q_2^{n+1}=(Q_1^n Q_0^n) \oplus Q_2^n, Q_3^{n+1}=(Q_2^n Q_1^n Q_0^n) \oplus Q_3^n$$

由此得到的同步 4 位二进制加法计数器的逻辑电路图和状态转移图分别如图 $5-5-1$ 和图 $5-5-2$ 所示。

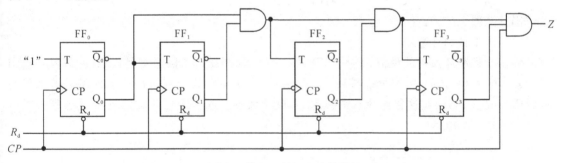

图 $5-5-1$　同步 4 位二进制加法计数器的逻辑电路图

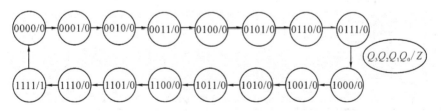

图 $5-5-2$　同步 4 位二进制加法计数器的状态转移图

由状态转移图得到的同步 4 位二进制加法计数器的状态转移表如表 $5-5-1$ 所示。

表 5 - 5 - 1　同步 4 位二进制加法计数器的状态转移表

CP 脉冲计数	Q_3^n	Q_2^n	Q_1^n	Q_0^n	Q_3^{n+1}	Q_2^{n+1}	Q_1^{n+1}	Q_0^{n+1}	Z
0	0	0	0	0	0	0	0	1	0
1	0	0	0	1	0	0	1	0	0
2	0	0	1	0	0	0	1	1	0
3	0	0	1	1	0	1	0	0	0
4	0	1	0	0	0	1	0	1	0
5	0	1	0	1	0	1	1	0	0
6	0	1	1	0	0	1	1	1	0
7	0	1	1	1	1	0	0	0	0
8	1	0	0	0	1	0	0	1	0
9	1	0	0	1	1	0	1	0	0
10	1	0	1	0	1	0	1	1	0
11	1	0	1	1	1	1	0	0	0
12	1	1	0	0	1	1	0	1	0
13	1	1	0	1	1	1	1	0	0
14	1	1	1	0	1	1	1	1	0
15	1	1	1	1	0	0	0	0	1

由以上分析可知,该计数器每来一个 CP 脉冲,其二进制状态码加 1,每输入 16 个 CP 脉冲计数器的状态循环一次,并在 Z 端输出一个进位信号,因此该二进制加法计数器又称为十六进制计数器。

2)同步十进制计数器

同步十进制计数器的模值 $M=10$,因 $2^3 < 10 < 2^4$,则需要 4 位触发器构成,即需要对输出 Q_0、Q_1、Q_2 和 Q_3 进行 10 种状态编码,且会出现 6 个无效状态。对输出状态的编码通常采用 8421BCD 码方式,因此这种计数器也称为 BCD 计数器。同步十进制加法计数器的逻辑电路图如图 5 - 5 - 3 所示。

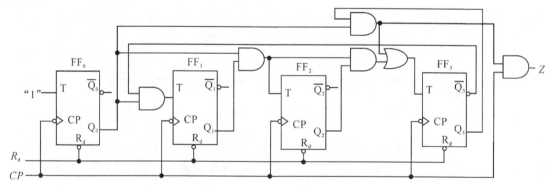

图 5 - 5 - 3　同步十进制加法计数器的逻辑电路图

根据逻辑电路图可得到其对应的驱动方程和输出方程为

$$T_0 = 1, T_1 = Q_0^n \overline{Q_3^n}, T_2 = Q_1^n Q_0^n, T_3 = Q_2^n Q_1^n Q_0^n + Q_3^n Q_0^n, Z = Q_3^n Q_0^n CP$$

将驱动方程代入 T 触发器的特征方程 $Q^{n+1} = T \overline{Q^n} + \overline{T} Q^n$ 得其状态方程为

$$Q_0^{n+1}=\overline{Q_0^n}, \quad Q_1^{n+1}=Q_0^n\,\overline{Q_3^n\,\overline{Q_1^n}}+\overline{Q_0^n}\,\overline{\overline{Q_3^n}\,Q_1^n}$$

$$Q_2^{n+1}=Q_1^nQ_0^n\,\overline{Q_2^n}+\overline{Q_1^nQ_0^n}\,Q_2^n$$

$$Q_3^{n+1}=(Q_2^nQ_1^nQ_0^n+Q_3^nQ_0^n)\overline{Q_3^n}+\overline{(Q_2^nQ_1^nQ_0^n+Q_3^nQ_0^n)}\,Q_3^n$$

由状态方程可得出同步十进制计数器的状态转移表(此处省略),状态转移图如图 5-5-4 所示。该计数器每来一个 CP 脉冲,8421BCD 状态码加 1,每输入 10 个 CP 脉冲,计数器的状态从 0000 至 1001 循环一次,并在 Z 端输出一个进位信号。由于本电路存在 6 个无效状态,因此需要保证它们在时钟脉冲作用下都可以进入主循环,即确保电路具有自启动能力。

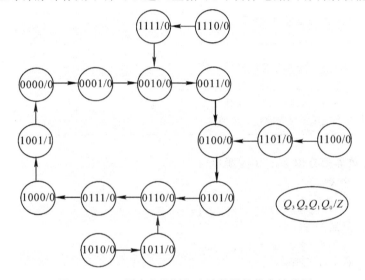

图 5-5-4　同步十进制加法计数器的状态转移图

5.5.2　集成计数器

在前述若干计数器电路的基础上适当增加一些附加电路并集成封装起来就构成了集成计数器。由于其具有通用性强、功耗低、工作速度高、易于扩展等许多优点,因此得到了广泛应用。目前 TTL 和 CMOS 电路构成的中规模集成计数器品种较多,表 5-5-2 列出了几种常用的 TTL 中规模集成计数器的型号及工作特点。

表 5-5-2　常用 TTL 中规模集成计数器

类型	名称	型号	预置	清零
异步计数器	二-五-十进制计数器	74LS90	异步置 9/高	异步/高
		74LS290	异步置 9/高	异步/高
		74LS196	异步/低	异步/低
	二-八-十六进制计数器	74LS293	无	异步/高
		74LS197	异步/低	异步/低
	双 4 位二进制计数器	74LS393	无	异步/高

续表

类型	名称	型号	预置	清零
同步 计数器	十进制计数器	74LS160 74LS162	同步/低 同步/低	异步/低 同步/低
	十进制可逆计数器	74LS190 74LS168	异步/低 同步/低	无 无
	十进制可逆计数器(双时钟)	74LS192	异步/低	异步/高
	4 位二进制计数器	74LS161 74LS163	同步/低 同步/低	异步/低 同步/低
	4 位二进制可逆计数器	74LS169 74LS191	同步/低 异步/低	无 无
	4 位二进制可逆计数器 （双时钟）	74LS193	异步/低	异步/高

通常集成计数器都有以下的功能端口：

(1)计数脉冲输入端 CP；

(2)同步或异步清零端 CR；

(3)同步或异步置数端 LD；

(4)计数器工作控制端 CT_P、CT_T；

(5)加减控制端 CP_U/CP_D；

(6)数据输入端 $D_i(i$ 通常为 4)；

(7)状态输出端 $Q_i(i$ 通常为 4)；

(8)进位、借位端 CO、BO 等。

集成计数器的逻辑功能通常采用逻辑符号、功能表、时序图、状态图等方式描述。下面介绍几种计数器的功能及应用设计。

1.同步 4 位二进制计数器 74LS161

74LS161 是同步 4 位二进制加法计数器,它的逻辑符号如图 5-5-5 所示,功能表如表 5-5-3 所示。74LS161 在时钟脉冲 CP 的上升沿触发,$\overline{CR}$ 为异步清零端,低电平有效,CT_P、CT_T 是计数控制端,$\overline{LD}$ 是同步置数端,低电平有效,CO 是进位输出端,D_3、D_2、D_1、D_0 分别是 4 个数据输入端,Q_3、Q_2、Q_1、Q_0 为计数器输出端。

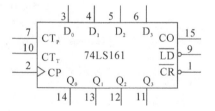

图 5-5-5　74LS161 的逻辑符号

表 5 - 5 - 3　74LS161 的功能表

CP	$\overline{CR}$	$\overline{LD}$	CT_P	CT_T	D_3	D_2	D_1	D_0	$Q_3Q_2Q_1Q_0$
$\times$	0	$\times$	$\times$	$\times$	$\times$	$\times$	$\times$	$\times$	0000(异步清 0)
$\uparrow$	1	0	$\times$	$\times$	d_3	d_2	d_1	d_0	$d_3d_2d_1d_0$(同步置数)
$\times$	1	1	0	1	$\times$	$\times$	$\times$	$\times$	保持
$\times$	1	1	$\times$	0	$\times$	$\times$	$\times$	$\times$	保持($CO=0$)
$\uparrow$	1	1	1	1	$\times$	$\times$	$\times$	$\times$	计数

74LS161 的具体功能如下。

(1)异步清零:低电平有效。当 $\overline{CR}=0$ 时,其它端口任意输入,可以使计数器清零,即 $Q_3Q_2Q_1Q_0=0000$,清零与 CP 无关。

(2)同步置数:低电平有效。当 $\overline{CR}=1,\overline{LD}=0$,数据输入端 $D_3D_2D_1D_0=d_3d_2d_1d_0$ 时,CT_P、CT_T 端任意输入,在时钟脉冲 CP 上升沿到来时,完成置数操作,使 $Q_3Q_2Q_1Q_0=d_3d_2d_1d_0$。

(3)保持:当 $\overline{CR}=\overline{LD}=1$ 时,$CT_P=0$,$CT_T=1$,使计数器 Q_i 的状态保持不变。但当 $CT_P=\times$,$CT_T=0$ 时,影响进位输出(CT_P 和 CT_T 的区别是 CT_T 影响进位输出,CT_P 不影响进位输出),使 $CO=0$。

(4)计数:当 $\overline{CR}=\overline{LD}=1$,$CT_P=CT_T=1$,时钟脉冲 CP 上升沿到来时,计数器进行计数。输出 $Q_3Q_2Q_1Q_0$ 状态在 0000~1111 中循环,$CO=Q_3Q_2Q_1Q_0CT_T$。当 $Q_3\sim Q_0$ 均为 1 时,$CO=1$,产生正进位脉冲。

74LS161 的工作时序图如图 5 - 5 - 6 所示。

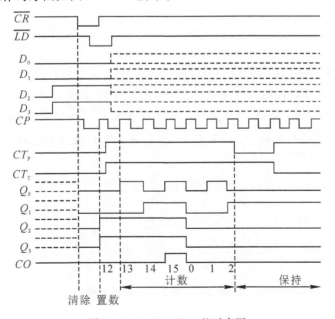

图 5 - 5 - 6　74LS161 的时序图

2.同步 4 位二进制计数器 74LS163

74LS163 与 74LS161 的逻辑符号及功能基本相同,唯一的区别是 74LS163 的清 0 端 $\overline{CR}$ 为同步清零,其功能表如表 5 - 4 - 4 所示。

表 5 - 5 - 4　74LS163 的功能表

CP	$\overline{CR}$	$\overline{LD}$	CT_P	CT_T	D_3	D_2	D_1	D_0	$Q_3Q_2Q_1Q_0$
↑	0	×	×	×	×	×	×	×	0000(同步清 0)
↑	1	0	×	×	d_3	d_2	d_1	d_0	$d_3d_2d_1d_0$(同步置数)
×	1	1	0	1	×	×	×	×	保持
×	1	1	×	0	×	×	×	×	保持($CO=0$)
↑	1	1	1	1	×	×	×	×	计数

3.同步十进制计数器 74LS160

74LS160 是一个 8421BCD 码同步十进制计数器。其逻辑符号与 74LS161 相同,区别在于当 $\overline{CR}=\overline{LD}=CT_P=CT_T=1$ 时,74LS160 按照十进制计数,即计数范围为 0000~1001,当电路处于 1001 状态时,进位 $CO=1$,其功能表如表 5 - 5 - 5 所示。

表 5 - 5 - 5　74LS160 的功能表

CP	$\overline{CR}$	$\overline{LD}$	CT_P	CT_T	D_3	D_2	D_1	D_0	$Q_3Q_2Q_1Q_0$
×	0	×	×	×	×	×	×	×	0000(异步清 0)
↑	1	0	×	×	d_3	d_2	d_1	d_0	$d_3d_2d_1d_0$(同步置数)
×	1	1	0	1	×	×	×	×	保持
×	1	1	×	0	×	×	×	×	保持($CO=0$)
↑	1	1	1	1	×	×	×	×	计数

4.同步十进制可逆计数器 74LS192

74LS192 是具有双时钟输入的同步十进制可逆计数器,其逻辑符号如图 5 - 5 - 7 所示,功能表如表 5 - 5 - 6 所示。CP_U 是加法计数时钟信号输入端,CP_D 是减法计数时钟信号输入端,CR 为异步清零端,高电平有效,$\overline{LD}$ 是异步置数端,低电平有效,$\overline{CO}$ 是加法进位输出端,$\overline{BO}$ 是减法借位输出端。

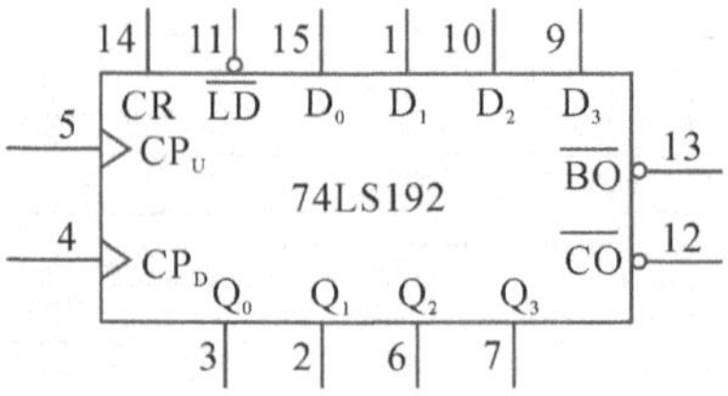

图 5 - 5 - 7　74LS192 的符号图

表 5 - 5 - 6 　 74LS192 的功能表

CP_U	CP_D	CR	$\overline{LD}$	D_3	D_2	D_1	D_0	$Q_3 Q_2 Q_1 Q_0$
×	×	1	×	×	×	×	×	0000(异步清 0)
×	×	0	0	d_3	d_2	d_1	d_0	$d_3 d_2 d_1 d_0$(异步置数)
1	1	0	1	×	×	×	×	保持($\overline{CO}=\overline{BO}=1$)
↑	1	0	1	×	×	×	×	加法计数
1	↑	0	1	×	×	×	×	减法计数

74LS192 的具体功能说明如下：

(1)异步清零：当 $CR=1$ 时，74LS192 立即清零，与其它输入状态(包括时钟 CP)无关。

(2)异步置数：当 $CR=0$，$\overline{LD}=0$ 时，立即将 $D_3 D_2 D_1 D_0$ 端口数据 $d_3 d_2 d_1 d_0$ 置入计数器中，使 $Q_3 Q_2 Q_1 Q_0 = d_3 d_2 d_1 d_0$。

(3)保持：当 $CR=0$，$\overline{LD}=CP_U=CP_D=1$ 时，计数器 Q_i 端的状态保持不变，$\overline{CO}=\overline{BO}=1$。

(4)加法计数：当 $CR=0$，$\overline{LD}=1$，$CP_D=1$ 时，时钟信号由 CP_U 引入，74LS192 做加法计数，加法计数进位输出 $\overline{CO}=\overline{Q_3 Q_0 \overline{CP_U}}$。计数器输出 1001，且 CP_U 为低电平时，$\overline{CO}$ 输出一个负脉冲。

(5)减法计数：当 $CR=0$，$\overline{LD}=1$，$CP_U=1$ 时，时钟信号由 CP_D 引入，74LS192 做减法计数，减法计数借位输出 $\overline{BO}=\overline{\overline{Q_3} \overline{Q_2} \overline{Q_1} \overline{Q_0} \overline{CP_D}}$。计数器输出 0000，且 CP_D 为低电平时，$\overline{BO}$ 输出一个负脉冲。

5.异步二–八–十六进制计数器 74LS293

74LS293 由四个 T 触发器串接而成，内部逻辑电路结构如图 5 - 5 - 8(a)，其逻辑符号如图 5 - 5 - 8(b)所示。

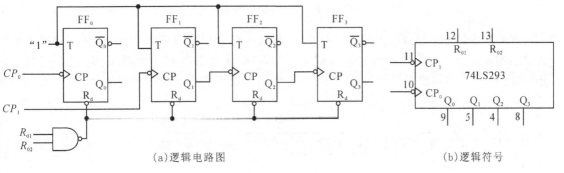

(a)逻辑电路图　　　　　　　　(b)逻辑符号

图 5 - 5 - 8 　 异步二进制计数器 74LS293

74LS293 是双时钟输入且在下降沿触发的异步计数器，其中 FF_0 与 $FF_1 \sim FF_3$ 的时钟是独立的。当 CP_0 为其时钟信号输入端时，74LS293 作为一位二进制计数器工作(仅 FF_0 工作)，Q_0 为输出端；当 CP_1 为其时钟信号输入端时，74LS293 作为三位二进制(模 8)计数器工作($FF_1 \sim FF_3$ 工作)，Q_3、Q_2、Q_1 为输出端；可以通过级联组成一个十六进制计数器。

(1)当时钟信号仅送入 CP_0，而 CP_1 无输入时，只有 FF_0 工作，电路输出端为 Q_0，构成一位二进制计数器；

（2）当时钟信号仅送入 CP_1，而 CP_0 无输入时，$FF_1 \sim FF_3$ 工作，电路输出端为 Q_3、Q_2、Q_1，构成八进制计数器；

（3）当时钟信号仅送入 CP_0 时，将 CP_1 与 Q_0 相连，$FF_0 \sim FF_3$ 工作，电路输出端为 Q_3、Q_2、Q_1、Q_0，构成十六进制计数器。

74LS293 的功能表如表 5－5－7 所示。

表 5－5－7　74LS293 的功能表

CP_0	CP_1	R_{01}	R_{02}	$Q_3\ Q_2\ Q_1\ Q_0$	功能
$\times$	$\times$	1	1	0　0　0　0	异步清零
$\downarrow$	0	$\times$	0	Q_0 输出	二进制计数
$\downarrow$	0	0	$\times$	Q_0 输出	二进制计数
0	$\downarrow$	$\times$	0	$Q_3Q_2Q_1$ 输出	八进制计数
0	$\downarrow$	0	$\times$	$Q_3Q_2Q_1$ 输出	八进制计数
$\downarrow$	Q_0	0	$\times$	$Q_3Q_2Q_1Q_0$ 输出	十六进制计数

由表 5－5－7 可以看出，R_{01}、R_{02} 是两个复位端，高电平有效，当两者同时为 1 时计数器异步清零；若要使计数器工作在计数状态，R_{01}、R_{02} 中必须至少有一个为 0，计数范围由 CP 输入的位置决定。

6.异步二-五-十进制计数器 74LS290

74LS290 的逻辑符号如图 5－5－9 所示。

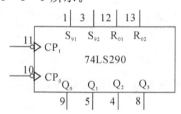

图 5－5－9　74LS290 的逻辑符号图

当 CP_0 为其时钟信号输入端时，74LS290 作为一位二进制计数器工作（仅 FF_0 工作），Q_0 为输出端；当 CP_1 为其时钟信号输入端时，74LS290 作为五进制计数器工作（$FF_1 \sim FF_3$ 工作），Q_3、Q_2、Q_1 为输出端。可以通过将 CP_1 与 Q_0 相连组成一个十进制计数器。74LS290 的功能表如表 5－5－8 所示。

表 5－5－8　74LS290 的功能表

CP_0	CP_1	S_{91}	S_{92}	R_{01}	R_{02}	$Q_3\ Q_2\ Q_1\ Q_0$	功能
$\times$	$\times$	$\times$	0	1	1	0　0　0　0	异步清零
$\times$	$\times$	1	1	$\times$	0	1　0　0　1	异步置9
$\downarrow$	0	$\times$	0	$\times$	0	Q_0 输出	二进制计数
$\downarrow$	0	0	$\times$	0	$\times$	Q_0 输出	二进制计数
0	$\downarrow$	$\times$	0	$\times$	0	$Q_3Q_2Q_1$ 输出	五进制计数
0	$\downarrow$	0	$\times$	0	$\times$	$Q_3Q_2Q_1$ 输出	五进制计数
$\downarrow$	Q_0	0	$\times$	0	$\times$	$Q_3Q_2Q_1Q_0$ 输出	十进制计数

由表 5 - 5 - 8 可以看出，74LS290 具有异步清零功能，同时，当 $S_{91} = S_{92} = 1$ 时，计数器输出被直接置 9，即输出 $Q_3Q_2Q_1Q_0 = 1001$，因其与 CP 无关，所以为异步置 9。只有当 $R_{01}R_{02} = S_{91}S_{92} = 0$，即 R_{01}、R_{02} 中至少有一个为 0，S_{91}、S_{92} 中也至少有一个为 0 时，74LS290 才工作在计数方式，计数范围由 CP 输入的位置决定。

5.5.3　任意进制集成计数器设计

目前集成计数器产品中应用较广的有十进制、十六进制、7 位二进制、12 位二进制、14 位二进制等。当需要其它任意进制计数器时，就需要在现有中规模集成计数器的基础上，通过设计不同的外电路连接来实现。

设 M 为已有集成计数器的模，N 为待实现计数器的模：

（1）当 $M > N$ 时，只需要一片集成计数器；

（2）当 $M < N$ 时，需要多片集成计数器才能实现。

下面介绍利用集成计数器构成 N 进制计数器的方法及设计步骤。

1.反馈清零法

1）基本思想

要求计数器从全 0 状态 S_0 开始计数，计满 N 个状态产生清零反馈信号，将计数器恢复到初态 S_0，然后再重复前面过程。根据清零信号的不同，反馈信号设计也不尽相同，具体如下。

（1）异步清零。计数器在 $S_0 \sim S_{N-1}$ 共 N 个状态中工作，当计数器进入 S_N 状态时，利用 S_N 状态进行译码，产生清零信号并反馈到异步清零端，使计数器立即返回到 S_0 状态。由于是异步清零，只要状态 S_N 一出现便立即被置成 S_0 状态，因此 S_N 只在极短的瞬间出现，不计算在主循环内，是"过渡态"。

（2）同步清零。计数器在 $S_0 \sim S_{N-1}$ 共 N 个状态中工作，当计数器进入 S_{N-1} 状态时，利用 S_{N-1} 状态进行译码，产生清零信号并反馈到同步清零端，要等下一个 CP 来到时，才完成清零动作，使计数器返回 S_0 状态。同步清零没有过渡状态。

2）反馈清零法设计 N 进制计数器的步骤

（1）判断所用计数器的清零端是同步还是异步。

（2）写出 N 进制计数器的状态编码。

注意：异步清零的计数器应写出 S_N 状态编码，同步清零的计数器应写出 S_{N-1} 状态编码；对满足 $N = 2^i$ 的 N 进制的集成计数器，S_N 状态应取二进制编码；对十进制集成计数器，S_N 状态应取 8421BCD 码。

（3）求反馈逻辑。

控制端高电平有效时　　　　　　　$F = \prod Q^1$

控制端低电平有效时　　　　　　　$F = \overline{\prod Q^1}$

其中，$\prod Q^1$ 是指 S_N 或 S_{N-1} 状态编码中值为 1 的各输出之"与"。

（4）画逻辑电路图。首先考虑 CP 信号的连接，然后将反馈信号接到清零端，并注意其它控制端要按计数功能的要求接规定电平。

3)应用举例

例 5-5-1　用 74LS163 构成七进制计数器。

解　(1)写出七进制计数器的二进制状态编码,有

$$N=7,\ S_6=0110$$

即计数器在 $S_0 \sim S_6$ 共 7 个状态中循环工作,其状态编码为 0000~0110。

(2)求反馈逻辑。因为 74LS163 是同步清零,低电平有效,所以构成七进制计数器时应在 $S_6=0110$ 时清零,即

$$F=\overline{CR}=\overline{Q_2Q_1}$$

(3)画出逻辑电路图和波形图。

将 Q_2、Q_1 通过与非门后与清零输入端 $\overline{CR}$ 相连,$\overline{LD}$、CT_P、CT_T 端接高电平,画出逻辑电路图和工作波形如图 5-5-10 所示。

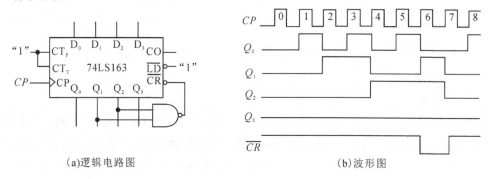

　　(a)逻辑电路图　　　　　　　　　　　　(b)波形图

图 5-5-10　74LS163 构成的七进制计数器

例 5-5-2　用 74LS161 构成七进制计数器。

解　(1)写出七进制计数器的二进制状态编码

$$N=7,\ S_6=0110$$

即计数器在 $S_0 \sim S_6$ 共 7 个状态中循环工作,其状态编码为 0000~0110。

(2)求反馈逻辑。因为 74LS161 是异步清零,低电平有效,所以构成七进制计数器时应在过渡态 $S_7=0111$ 时清零,即

$$F=\overline{CR}=\overline{Q_2Q_1Q_0}$$

(3)画出逻辑电路图和波形图。将 Q_2、Q_1、Q_0 通过与非门后与清零输入端 $\overline{CR}$ 相连,$\overline{LD}$、CT_P、CT_T 端接高电平,画出逻辑电路图和工作波形如图 5-5-11 所示。

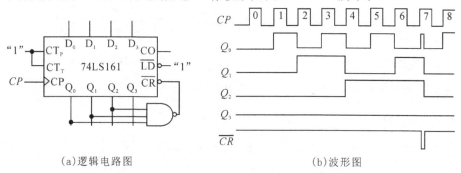

　　(a)逻辑电路图　　　　　　　　　　　　(b)波形图

图 5-5-11　74LS161 构成的七进制计数器

由图 5-5-11(b)可知,74LS161 构成七进制计数器的循环状态为 0000~0110,其中 0111 是过渡状态,持续时间仅有几十纳秒,故不将其作为计数循环的有效状态。

例 5-5-3　用 74LS293 构成十一进制计数器。

解　(1)写出十一进制计数器的二进制状态编码

$$N=11, \quad S_{10}=1010$$

即计数器在 $S_0 \sim S_{10}$ 共 11 个状态中循环工作,其状态编码为 0000~1010。

(2)求反馈逻辑。因为 74LS293 是异步清零,高电平有效,所以构成十一进制计数器时应在过渡态 $S_{11}=1011$ 时清零,即

$$F=Q_3 Q_1 Q_0$$

(3)画出逻辑电路图和波形图。由于要设计十一进制计数器,首先把 74LS293 的 CP_1 与 Q_0 相连,构成十六进制计数器;然后将 Q_3、Q_1、Q_0 与清零输入端相连,如图 5-5-12(a)所示。时钟信号 CP 为下降沿触发,画出波形图如图 5.5.12(b)所示。

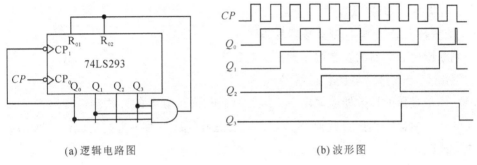

(a)逻辑电路图　　　　　　　　　　　　　　　(b)波形图

图 5-5-12　74LS293 构成的十一进制计数器

例 5-5-4　用 74LS290 构成六进制计数器。

解　(1)写出六进制计数器的二进制状态编码

$$N=6, \quad S_5=0101$$

即计数器在 $S_0 \sim S_5$ 共 6 个状态中循环工作,其状态编码为 0000~0101。

(2)求反馈逻辑。由于 74LS290 是异步清零,高电平有效,所以构成六进制计数器时应在过渡态 $S_6=0110$ 时清零,即

$$F=Q_2 Q_1$$

(3)画出逻辑电路图和波形图。首先把 74LS290 的 CP_1 与 Q_0 相连,形成十进制计数器;然后将 Q_2、Q_1 与清零输入端相连,将 S_{91}、S_{92} 接低电平,画出的逻辑电路图和工作波形如图 5-5-13 所示。

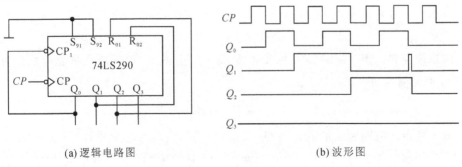

(a)逻辑电路图　　　　　　　　　　　　　　　(b)波形图

图 5-5-13　74LS290 构成的六进制计数器

2.反馈置数法

1)基本思想

要求计数器从状态 S_i 开始计数,计满 N 个状态产生置数反馈信号,使计数器恢复到初态 S_i,然后再重复前面的过程。根据置数有同步和异步的不同,反馈信号设计也不尽相同,具体如下。

(1)异步置数。计数器在 $S_i \sim S_{i+N-1}$ 共 N 个状态中工作,当计数器进入 S_{i+N} 状态时,利用 S_{i+N} 状态进行译码,产生置数信号并反馈到异步置数端,使计数器立即返回 S_i 状态,S_i 即为预置数。置数信号 S_{i+N} 不计算在主循环内,是过渡态。

(2)同步置数。计数器在 $S_i \sim S_{i+N-1}$ 共 N 个状态中工作,当计数器进入 S_{i+N-1} 状态时,利用 S_{i+N-1} 状态进行译码,产生置数信号并反馈到同步置数端,当下一个 CP 到来,使计数器立即返回 S_i 状态,S_i 即为预置数。

2)反馈置数法设计 N 进制计数器的步骤

(1)判断所用计数器的置数端是同步还是异步;

(2)写出 N 进制计数器的状态编码。

注意:异步置数的计数器应写出 S_{i+N} 状态编码,同步置数的计数器应写出 S_{i+N-1} 状态编码;对满足 2^i 进制的集成计数器,S_N 状态应取二进制编码;对十进制集成计数器,S_N 状态应取 8421BCD 码。

(3)求反馈逻辑。

控制端高电平有效时　　　　　　　　$F = \prod Q^1$

控制端低电平有效时　　　　　　　　$F = \overline{\prod Q^1}$

其中,$\prod Q^1$ 是指 S_{i+N} 或 S_{i+N-1} 状态编码中值为 1 的各输出之"与"。

(4)画逻辑电路图。将反馈信号接到置数端,并注意其它控制端要按计数功能的要求接到规定电平。

3)应用举例

例 5-5-5 用反馈置数法将 74LS163 设计为九进制计数器,设初始状态为 0100。

解 (1)实现九进制计数,初始状态为 0100,相当于计数器在 $S_4 \sim S_{12}$ 共 9 个状态中循环,则

$$N=9, S_{12}=1100$$

(2)求反馈逻辑。因 74LS163 是同步置数,低电平有效,所以构成九进制计数器时应在状态 $S_{12}=1100$ 时置数,即

$$F=\overline{LD}=\overline{Q_3 Q_2}$$

(3)画出逻辑电路图和波形图。将 Q_3、Q_2 通过与非门后与置数端 $\overline{LD}$ 相连,$\overline{CR}$、CT_P、CT_T 端接高电平,数据输入 $D_3 D_2 D_1 D_0=0100$,在下一个时钟脉冲 CP 上升沿到来时,完成置数操作。逻辑电路图和工作波形如图 5-5-14 所示。

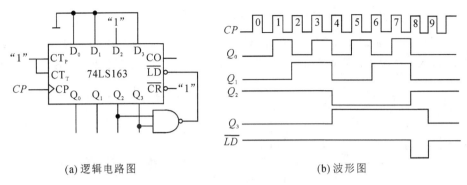

(a) 逻辑电路图　　　　　　　　　　(b) 波形图

图 5-5-14　74LS163 构成的九进制计数器

例 5-5-6　用反馈置数法将 74LS161 构成 8421BCD 码转换为余 3 码的逻辑电路。

解　(1)根据 8421BCD 码和余 3 码的对应关系可知,该电路相当于计数器在 0011~1100 共 10 个状态中循环,即

$$N=10, \quad S_{12}=1100$$

(2)求反馈逻辑。因 74LS161 是同步置数,低电平有效,所以构成该电路时应在状态 $S_{12}=1100$ 时置数,即

$$F=\overline{LD}=\overline{Q_3 Q_2}$$

(3)画出逻辑电路图。将 Q_3、Q_2 通过与非门后与置数端 $\overline{LD}$ 相连,$\overline{CR}$、CT_P、CT_T 端接高电平,数据输入 $D_3 D_2 D_1 D_0=0011$,在下一个时钟脉冲 CP 上升沿到来时,完成置数操作。逻辑电路图如图 5-5-15 所示。

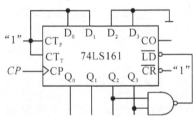

图 5-5-15　74LS161 构成 8421BCD 码转换为余 3 码的逻辑电路图

3. 多片集成计数器的级联

当计数器最大计数值 $M<N$ 时,需要多片计数器级联才能实现 N 进制计数器的设计,片间级联有两种方法。

(1)大模分解法:先将各个计数器用反馈清零法或反馈置数法构成需要的进制,然后级联。其中,需要实现的进制 N 与各计数器能够实现的进制($M_1,\cdots,M_i$)之间的关系为

$$N=\prod (M_1 \cdots M_i)$$

(2)整体设计法:先按各个计数器的最大计数状态级联,再用反馈清零法或反馈置数法构成所需的进制。

例 5-5-7　用两片 74LS160 构成一百进制计数器。

方法 1(同步级联)　由于 74LS160 本身就是十进制计数器,所以若要构成同步一百进制的计数器只需两片 74LS160,具体步骤如下。

(1)将芯片（Ⅰ）的 $\overline{CR}$、$\overline{LD}$、CT_P、CT_T 端接高电平，构成十进制计数器。

(2)将芯片（Ⅱ）的 $\overline{CR}$、$\overline{LD}$ 端接高电平，CT_P 和 CT_T 连接并与芯片（Ⅰ）的 CO 端相连。

(3)将输入 CP 端并接到两个芯片的 CP 端，构成一百进制的计数器，如图 5-5-16 所示。

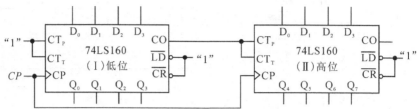

图 5-5-16　构成一百进制计数器方法 1 的逻辑电路图

本设计中，外加时钟信号同时接到各片的时钟输入端，用前一片的进位（或借位）输出信号作为下一片的工作状态控制信号，只有当进位（或借位）信号有效时，时钟输入才能对后级计数器起作用，这种级联方式称为同步级联。

方法 2（异步级联）　先按 74LS160 的最大计数状态十进制级联，与解法 1 类似，令两芯片的 $CT_P=CT_T=\overline{LD}=\overline{CR}=1$，并将输入 CP 接到芯片（Ⅰ）的 CP 端，而将芯片（Ⅰ）的 CO 接到芯片（Ⅱ）的 CP 端，同样构成了一百进制的计数器，只不过两芯片构成的十进制计数器都是同步计数，而两级之间用了不同的 CP，称此种级联方式为异步级联。逻辑电路图如图 5-5-17 所示。

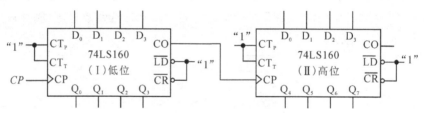

图 5-5-17　构成一百进制计数器方法 2 的逻辑电路图

本方法中，用前一级计数器的输出作为后一级计数器的时钟信号，实际设计时，后级计数器的时钟信号可取自前一级的进位（或借位）输出，也可取自前一级计数器的高位输出。此时若后级计数器有计数控制端，则应使其处于允许计数状态。

例 5-5-8　用 74LS290 构成八十进制计数器。

方法 1（大模分解法）　先将两片 74LS290 用反馈清零法分别构成十进制和八进制计数器，然后再级联，具体步骤如下。

(1)将 74LS290（Ⅰ）构成十进制计数器。时钟信号 CP 仅送入 CP_0 时，因为第一级是二进制，它的时钟输入是 CP_0，第二级是八进制，它的时钟输入 CP_1 与 Q_0 相连后才能构成十进制计数器。电路输出端为 Q_3、Q_2、Q_1、Q_0。

(2)将 74LS290（Ⅱ）构成八进制计数器：

①写出八进制计数器的二进制状态编码

$$N=8,\ S_7=0111$$

②求反馈逻辑。因为 74LS290 是异步清零，高电平有效，所以构成该电路时应在过渡状态 $S_8=1000$ 时清零，即

$$F = R_{01} = R_{02} = Q_7$$

③将 74LS290 的 CP_1 与 Q_0 相连,形成十进制计数器;然后将 Q_7 与清零输入端相连,将 S_{91}、S_{92} 接低电平,构成八进制计数器。

(3)将 74LS290(Ⅰ)的 Q_3 端与 74LS290(Ⅱ)的 CP_0 端连接,构成八十进制计数器,如图 5 - 5 - 18 所示。

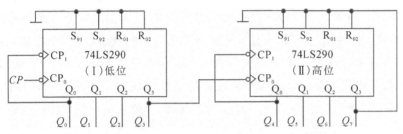

图 5 - 5 - 18　级联构成八十进制计数器方法 1 的逻辑电路图

方法 2(整体设计法)　先将两片 74LS290 都按最大计数状态(模十)级联,再用反馈清零法设计成八十进制计数器,具体步骤如下。

(1)首先分别将两片 74LS290 构成十进制计数器,然后将低位片 74LS290(Ⅰ)的 Q_3 端与高位片 74LS290(Ⅱ)的 CP_0 端连接,构成一百进制计数器。

(2)将两片 74LS290 构成八十进制计数器。

①写出八十进制计数器的 8421BCD 编码

$$N = 80, \ S_{79} = (0111 \ 1001)_{8421BCD}$$

②求反馈逻辑。因为 74LS290 是异步清零,高电平有效,所以构成该电路时应在过渡状态 $S_{80} = (1000 \ 0000)_{8421BCD}$ 时清零,即 $F = R_{01} = R_{02} = Q_7$。

(3)将 Q_7 与清零输入端相连,将 S_{91}、S_{92} 接低电平,构成的八十进制计数器如图 5 - 5 - 19 所示。

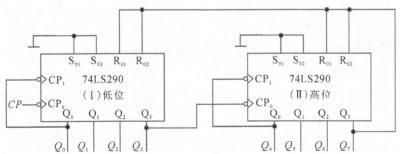

图 5 - 5 - 19　级联构成八十进制计数器方法 2 的逻辑电路图

5.5.4　集成寄存器及集成移位寄存器

1.集成寄存器

在数字系统中,往往需要将过程数据或代码暂时存储起来,这种操作称为寄存,实现寄存功能的电路称为寄存器,是一种最基本的时序逻辑电路,应用非常广泛。

常用的集成寄存器一般按照寄存数据的位数来命名,如 4 位寄存器、8 位寄存器、16 位寄存器等。

按照寄存器具备的功能,可将其分为数码寄存器和移位寄存器两类。

由于一个触发器能够存储 1 位二进制代码,因此将 N 个触发器组合能够存储 N 位二进制代码。寄存器一般由时钟信号控制,属于边沿触发型。它的输出端通常不随输入端的变化而变化,只有在时钟有效时才将输入端的数据存入寄存器,通常由边沿 D 触发器构成。

根据 D 触发器的性质,当 CP 的有效触发沿到来时,才会接收和存储数值,其余时刻触发器的状态均保持原状态不变。由 D 触发器构成的 4 位寄存器如图 5-5-20 所示。若要存储二进制数 1010,可将它们分别加到 4 个触发器的 D 输入端 D_3、D_2、D_1、D_0,当时钟脉冲 CP 上升沿到来时,D 触发器的输出 $Q_3Q_2Q_1Q_0$ 被置为 1010,只要不出现清零脉冲或新的 CP 上升沿和新数值,寄存器将一直保持这个状态不变,即输入的二进制码 1010 被存储在该寄存器中。如果想从寄存器中取出 1010 数码,则只要从寄存器的相应的 Q_i 端输出即可。实现这种功能的寄存器称为数码寄存器。

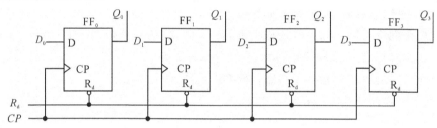

图 5-5-20　D 触发器构成的 4 位寄存器

2.集成移位寄存器

若将 N 个触发器串联起来就构成了移位寄存器,在移位脉冲作用下 N 个输出依次逐位移动,其设计灵活,应用广泛。按照移位方向不同,分为左移寄存器、右移寄存器和双向移位寄存器三种。

按照移位数据的输入/输出方式不同,分为串行输入/串行输出、串行输入/并行输出、并行输入/串行输出和并行输入/并行输出四种。

由四个 D 触发器串联构成的串行输入、并行/串行输出的移位寄存器如图 5-5-21 所示。

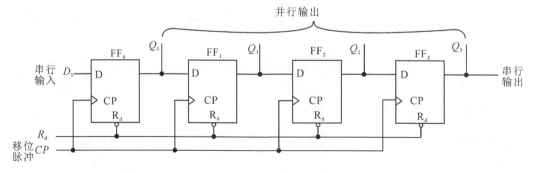

图 5-5-21　串行输入、并行/串行输出的移位寄存器

(1)数据从 D_0 端输入,在同步时钟 CP 的上升沿作用下进行移位。每来一个 CP,数据向右移动一位,即 $Q_{i+1}=Q_i$。例如数据输入为 1011,$Q_0Q_1Q_2Q_3$ 的初值为 0000,那么第 1 个 CP 作用后 $Q_0Q_1Q_2Q_3=1000$,其中 Q_3 的初值 0 被移出;同理,第 2 个 CP 作用后 $Q_0Q_1Q_2Q_3=1100$,第 3 个 CP 作用后 $Q_0Q_1Q_2Q_3=0110$,第 4 个 CP 作用后 $Q_0Q_1Q_2Q_3=1011$,其工作波形如图 5 - 5 - 22 所示。

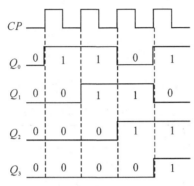

图 5 - 5 - 22　移位寄存器工作波形图

移入的数据可以从 Q_0、Q_1、Q_2、Q_3 端并行输出(通常并行输出应加三态门选通控制),也可以从 Q_3 端串行输出。如果通过 $\overline{R}$ 或 $\overline{S}$ 端对触发器预置数,由于预置数本身就意味着并行输入,所以通过电路设计就可以构成一个可实现串行输入/串行输出、并行输入/串行输出、并行输入/并行输出、串行输入/并行输出的电路。

(2)由分析可知,图 5 - 5 - 22 所对应电路为一个 4 位右移寄存器。要设计一个由 D 触发器构成的移位寄存器,应按照次态方程 $Q_{i+1}=Q_i$(i 为 0,1,2,…)和 D 触发器的特征方程 $Q_{i+1}=D_{i+1}$,得到驱动方程 $D_{i+1}=Q_i$,$CP=CP_i$,即将所有的 CP 连在一起,使 $CP_0=CP_1=CP_2=CP_3=CP$;驱动方程 $D_0=D_{SR}$(右移输入),$D_1=Q_0$,$D_2=Q_1$,$D_3=Q_2$。

(3)要设计一个 D 触发器组成的 4 位左移寄存器,应按照次态方程 $Q_i=Q_{i+1}$(i 为 0,1,2,…),D 触发器的特征方程 $Q_{i+1}=D_{i+1}$,得到驱动方程 $D_i=Q_{i+1}$,$CP=CP_i$,即将所有的 CP 连在一起,$CP_0=CP_1=CP_2=CP_3=CP$;驱动方程 $D_0=Q_1$,$D_1=Q_2$,$D_2=Q_3$,$D_3=D_{SL}$(左移输入)。

(4)如果要设计一个 D 触发器组成的 4 位双向移位寄存器,就必须引入另一个变量 S,控制是左移还是右移;设变量 $S=0$ 时左移,$S=1$ 时右移,则驱动方程为 $D_i=SQ_{i-1}+\overline{S}Q_{i+1}$,有 $D_0=SQ_{SR}+\overline{S}Q_1$,$D_1=SQ_0+\overline{S}Q_2$,$D_2=SQ_1+\overline{S}Q_3$,$D_3=SQ_2+\overline{S}Q_{SL}$;而 $CP_0=CP_1=CP_2=CP_3=CP$。按驱动方程连线就可得到相应的逻辑电路图(略)。

有些移位寄存器还具有预置数功能,可以把数据并行地置入寄存器中。

下面介绍几种常用的集成移位寄存器芯片。

1)8 位单向移位寄存器 74LS164

74LS164 是一个串行输入、并行输出的 8 位单向移位寄存器,逻辑符号如图 5 - 5 - 23 所示,逻辑功能如表 5 - 5 - 9 所示。

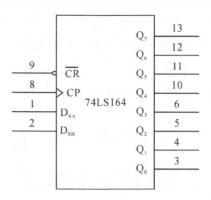

图 5 - 5 - 23　74LS164 逻辑符号

表 5 - 5 - 9　74LS164 的功能表

$\overline{CR}$	CP	$D_0 = D_{SA} D_{SB}$	Q_0 Q_1 $\cdots$ Q_7	工作状态
0	×	×	0　0　$\cdots$　0	异步清零
1	0	×	Q_0　Q_1　$\cdots$　Q_7	保持
1	↑	0	0　Q_0　$\cdots$　Q_6	输入一个 0
1	↑	1	1　Q_0　$\cdots$　Q_6	输入一个 1

从图 5 - 5 - 23 中可以看出，$\overline{CR}$ 为低电平有效的异步清 0 端。$D_0 = D_{SA} D_{SB}$ 表示两个端口并接作为数据输入端，将 $D_0 = D_{SA} D_{SB}$ 串行输入；在 $\overline{CR} = 1$ 时，CP 上升沿使 D_0 端的数据移入 Q_0，同时原 Q_0 的数据移入 Q_1，依此类推，各位数据依次向（高位）右移一位，8 个 CP 过后，串行输入的 8 个数据全部移入移位寄存器中，由 $Q_0 \sim Q_7$ 并行输出数据。

2）4 位双向移位寄存器 74LS194

74LS194 是一个具有并行输入的 4 位双向移位寄存器，其逻辑符号如图 5 - 5 - 24 所示。

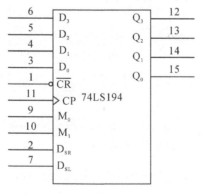

图 5 - 5 - 24　74LS194 逻辑符号

其中，D_{SR} 为右移数据输入端，D_{SL} 为左移数据输入端，$D_3 \sim D_0$ 为并行输入端，$\overline{CR}$ 为低电平有效的异步清 0 端，CP 时钟上升沿有效，$Q_3 \sim Q_0$ 为并行输出端，M_1 和 M_0 为工作方式选择控制端。74LS194 的逻辑功能如表 5 - 5 - 10。

表 5 - 5 - 10　74LS194 的功能表

$\overline{CR}$	CP	M_1	M_0	D_{SR}	D_{SL}	D_0	D_1	D_2	D_3	Q_0	Q_1	Q_2	Q_3	工作状态
0	$\times$	$\times$	$\times$	$\times$	$\times$	$\times$	$\times$	$\times$	$\times$	0	0	0	0	清 0
1	0	$\times$	$\times$	$\times$	$\times$	$\times$	$\times$	$\times$	$\times$	Q_0	Q_1	Q_2	Q_3	保持
1	$\times$	0	0	$\times$	$\times$	$\times$	$\times$	$\times$	$\times$	Q_0	Q_1	Q_2	Q_3	保持
1	↑	0	1	D_{SR}	$\times$	$\times$	$\times$	$\times$	$\times$	D_{SR}	Q_0	Q_1	Q_2	右移
1	↑	1	0	$\times$	D_{SL}	$\times$	$\times$	$\times$	$\times$	Q_1	Q_2	Q_3	D_{SL}	左移
1	↑	1	1	$\times$	$\times$	a	b	c	d	a	b	c	d	并行输入

表 5 - 5 - 10 中，当 $M_1M_0 = 00$ 时寄存器处于保持状态，当 $M_1M_0 = 01$ 时寄存器工作在右移状态，当 $M_1M_0 = 10$ 时寄存器工作在左移状态，当 $M_1M_0 = 11$ 时寄存器工作在并行输入状态，将 $D_3 \sim D_0$ 的值输出到 $Q_3 \sim Q_0$ 端。

3.环形计数器

利用移位寄存器可以进行数据运算、处理，实现数据的串行/并行转换，还可以连接成各种移位寄存器式计数器，如环形计数器、扭环形计数器，也可用来作为序列信号发生器。

将串行移位寄存器的输出端与串行输入端相连接，就构成了一个环形移位计数器，可以设计为左环形移位计数器、右环形移位计数器和扭环形移位计数器。

例如，将集成芯片 74LS194 的 Q_3 和 D_{SR} 相连接，就构成了一个 4 位右环形计数器，其初始状态为 1000 时的逻辑电路和工作波形如图 5 - 5 - 25 所示。

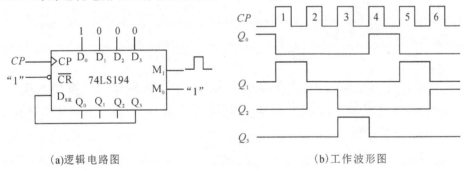

(a)逻辑电路图　　　　　　　　　　(b)工作波形图

图 5 - 5 - 25　4 位右环形计数器

图 5 - 5 - 25(a)中，$M_0 = 1$，而 M_1 为一个很窄的正脉冲，表明该移位计数器首先并行写入，使 $Q_0Q_1Q_2Q_3 = 1000$，然后在每一个 CP 上升沿右移一位，该右环形计数器的状态转移图如图 5 - 5 - 26(a)所示。

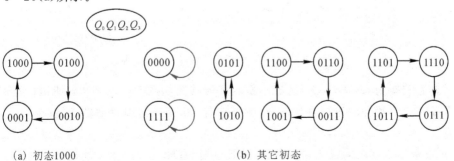

(a) 初态1000　　　　　　　　　　(b) 其它初态

图 5 - 5 - 26　4 位右环形计数器的状态转移图

　　由上图可知,除了初始状态为 0000、1111、0101、1010 这 4 个状态不能构成四进制计数器,初始状态为其余的 12 种状态中任意的一个,该右环形移位计数器均可在 4 个状态间进行循环,所以它实现的是四进制计数器功能。

　　注意:

　　(1)n 位寄存器可以构成 n 进制环形计数器,有 $(2^n - n)$ 个无效状态。

　　(2)本例中如果没有给 $Q_0 Q_1 Q_2 Q_3$ 预置初始状态,移位计数器的初始状态将是随机的,其它初始状态下移位计数器的状态转移如图 5-5-26(b)所示。可见,移位计数器对其初始状态是有要求的,必须保证能够在 4 个状态间进行有效循环,才能实现计数功能。

　　(3)环形计数器必须进行自启动能力检查。

4.扭环形计数器

　　若将串行移位寄存器的输出端通过反相器与串行输入端 D_{SR} 相连接,就可构成扭环形计数器。例如,将集成芯片 74LS194 的 Q_3 通过反相器和 D_{SR} 相连接,就构成了一个 4 位扭环形计数器,其初始状态为 0000 时的逻辑电路和工作波形如图 5-5-27 所示。

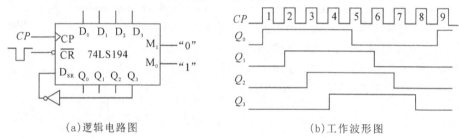

(a)逻辑电路图　　　　　　　　　　　　(b)工作波形图

图 5-5-27　4 位扭环形计数器

　　图 5-5-27(a)中,$\overline{CR}$ 为一个很窄的负脉冲,表明该移位计数器首先进行清 0,使 $Q_0 Q_1 Q_2 Q_3 = 0000$,然后在每一个 CP 上升沿向右移动一位,此时该扭环形计数器的状态转移图如图 5-5-28(a)所示。

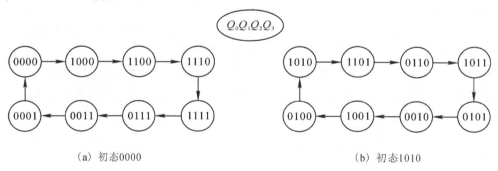

(a) 初态0000　　　　　　　　　　　　(b) 初态1010

图 5-5-28　4 位扭环形计数器的状态转移图

　　若其初始状态为 $Q_0 Q_1 Q_2 Q_3 = 1010$,则状态转移图如图 5-5-28(b)所示。显然,4 位扭环形计数器在 8 个状态间进行有效循环,所以它实现的是八进制计数器功能。

　　注意:

　　(1)n 位寄存器可以构成 $2n$ 进制扭环形计数器,有 $(2^n - 2n)$ 个无效状态。

　　(2)如果没有预置初始状态,扭环形计数器的状态将是随机的,有可能进入无效循环状态,因此必须进行自启动能力检查。

5.5.5　序列信号发生器

序列信号发生器是能够循环产生一组或多组序列信号的时序逻辑电路,通常由两部分组成:一部分是由组合逻辑电路产生需要的序列信号,可以用集成数据选择器,也可以用集成译码器组成;另一部分是由时序电路组成的与序列信号码长一致的计数器。

1.顺序脉冲发生器

在数字系统中,当需要按照事先规定的顺序进行运算或操作时,就要求控制信号在时间上有一定的先后顺序,这种信号就称为顺序脉冲信号,产生该信号的电路称为顺序脉冲发生器,它能将输入脉冲按一定顺序分配到各个输出端,因此又称节拍脉冲发生器或脉冲分配器。

采用移位计数器、计数器与译码器、接口电路与译码器等均可构成顺序脉冲发生器,其中以计数器和译码器组成的计数型顺序脉冲发生器应用最广。其结构框图如图 5-5-29 所示。

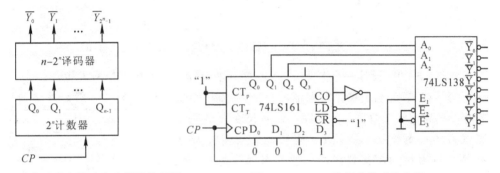

图 5-5-29　计数型顺序脉冲发生器结构框图　　　　　图 5-5-30　8 路顺序脉冲发生器

由 74LS161 和 74LS138 构成的 8 路顺序脉冲发生器电路如图 5-5-30 所示。首先将 74LS161 通过置数法设计为八进制计数器,其输出状态 $Q_3Q_2Q_1Q_0$ 在 1000~1111 内循环。 74LS138 的地址输入端与 Q_2、Q_1、Q_0 相连,当 CP 脉冲到来时,74LS138 使能端满足工作条件, 输出相应的顺序脉冲,其工作波形如图 5-5-31 所示。

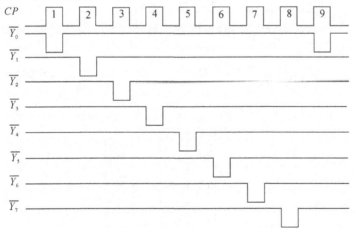

图 5-5-31　8 路顺序脉冲发生器的工作波形

2.序列信号发生器

序列信号是指在同步脉冲作用下循环地产生的一串周期性的二进制信号,产生该信号的电路称为序列信号发生器,它在数字通信、雷达、遥控与遥测以及电子仪表等领域有着广泛的应用。

根据结构的不同,序列信号发生器可分为反馈移位型和计数型两种。

1)反馈移位型序列信号发生器

反馈移位型序列信号发生器由移位计数器和组合反馈电路两部分构成,其结构框图如图 5-5-32 所示。其中,组合反馈电路的输出 F 作为移位寄存器的串行输入,移位寄存器的某一位输出端作为序列信号的输出 Z。

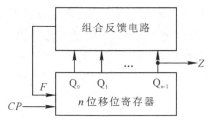

图 5-5-32　反馈移位型序列信号发生器结构框图

例 5-5-9　设计一个产生 111100 序列的反馈移位型序列信号发生器。

解　(1)首先确定移位寄存器的位数,并确定移位寄存器的独立状态数目。因为序列信号长度为6,采用尝试的方法,假设 $n=3$。设序列码从 Q_0 左移输出,将序列码 111100 按照左移规律每三位一组划分为 6 个状态,分别为 111、111、110、100、001、011。由于出现了重复的 111 状态,故尝试取 $n=4$,重新按 4 位一组划分 6 个状态为 1111、1110、1100、1001、0011、0111。经分析知,取 $n=4$ 正确,选用一片 74LS194 即可。

表 5-5-11　例 5-5-9 的反馈函数表

Q_0	Q_1	Q_2	Q_3	F
1	1	1	1	0
1	1	1	0	0
1	1	0	0	1
1	0	0	1	1
0	0	1	1	1
0	1	1	1	1

(2)列出状态转移与反馈激励函数 F 的对应关系表,求反馈函数 F 的表达式。状态转移与反馈激励函数表如表 5-5-11 所示。从表中可知,移位寄存器经过 6 个节拍的左移操作便可在 Q_0 端产生需要的序列信号。

根据表 5-5-11 画出 F 与 $Q_0Q_1Q_2Q_3$ 的卡诺图及状态转移图分别如图 5-5-33 和图 5-5-34 所示。

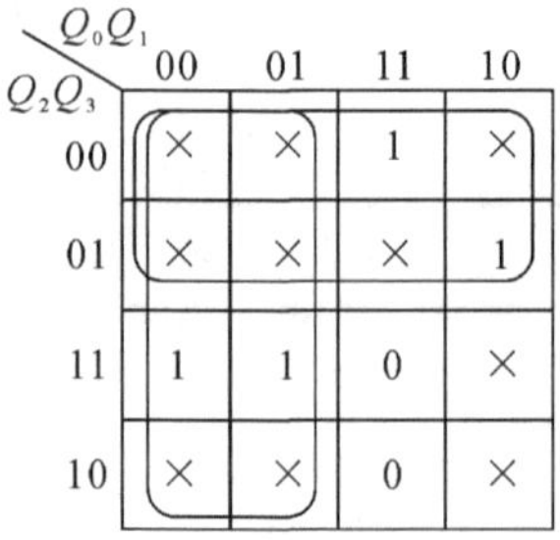

<table>
<tr><td rowspan="2">Q_2Q_3</td><td colspan="4">Q_0Q_1</td></tr>
<tr><td>00</td><td>01</td><td>11</td><td>10</td></tr>
<tr><td>00</td><td>×</td><td>×</td><td>1</td><td>×</td></tr>
<tr><td>01</td><td>×</td><td>×</td><td>×</td><td>1</td></tr>
<tr><td>11</td><td>1</td><td>1</td><td>0</td><td>×</td></tr>
<tr><td>10</td><td>×</td><td>×</td><td>0</td><td>×</td></tr>
</table>

图 5-5-33　例 5-5-9 的卡诺图

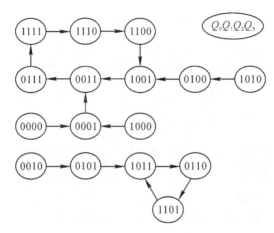

图 5-5-34　例 5-5-9 移位寄存器的状态转移图

化简图 5-5-33 的卡诺图可得 F 的表达式为 $F = \overline{Q_0} + \overline{Q_2} = \overline{Q_0 Q_2}$。

（3）检查自启动。由图 5-5-34 可知,该电路有一个无效循环,无法自启动,因此必须通过重新化简卡诺图对以上设计进行修改,修改后的卡诺图及状态转移图分别如图 5-5-35 和 5-5-36 所示。由图可知该电路具有自启动性能。

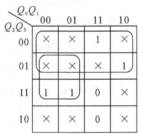

图 5-5-35　例 5-5-12 修改后的卡诺图

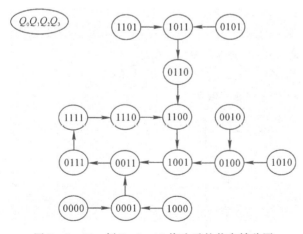

图 5-5-36　例 5-5-12 修改后的状态转移图

修改后的 F 表达式为

$$F(D_{SL}) = \overline{Q_2} + \overline{Q_0} Q_3 = \overline{Q_2 \, \overline{\overline{Q_0} Q_3}}$$

（4）画出逻辑电路图。实现 111100 序列信号发生器的逻辑电路如图 5-5-37 所示。

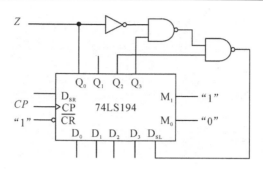

图 5-5-37　111100 序列信号发生器的逻辑电路图

2)计数型序列信号发生器

计数型序列信号发生器能产生多组序列信号,它是由计数器和组合电路构成的,其结构框图如图 5-5-38 所示。其中,组合电路的输出作为序列信号发生器的输出。

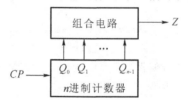

图 5-5-38　计数型序列信号发生器结构框图

例 5-5-10　设计一个产生 1011001101 序列的计数型序列信号发生器。

解　(1)因为序列信号长度为 10,因此选用一片 74LS161 即可。将 74LS161 通过置数法设计为一个十进制计数器,使其输出状态 $Q_3 Q_2 Q_1 Q_0$ 在 0110~1111 中循环。

(2)列出计数状态和输出序列的对应关系真值表,求组合输出 Z。计数状态和输出序列的对应关系如表 5-5-12 所示。

根据表 5-5-12 画出 Z 与 $Q_0 Q_1 Q_2 Q_3$ 的卡诺图如图 5-5-39 所示,化简后的 Z 的逻辑函数表达式为

$$Z = Q_3 \overline{Q_1 \, Q_0} + Q_3 \overline{Q_1} Q_0 + Q_3 Q_2 Q_1 Q_0 + \overline{Q_3} Q_1 \overline{Q_0}$$

若采用 8 选 1 数据选择器,则又可将 Z 写成

$$Z = (Q_3 Q_1 Q_0)_m \, (0,\, 0,\, 1, 0\, , 1,\, 1,\, 0,\, Q_2)^{\mathrm{T}}$$

表 5-5-12　例 5-5-10 的真值表

Q_3	Q_2	Q_1	Q_0	Z
0	1	1	0	1
0	1	1	1	0
1	0	0	0	1
1	0	0	1	1
1	0	1	0	0
1	0	1	1	0
1	1	0	0	1
1	1	0	1	1
1	1	1	0	0
1	1	1	1	1

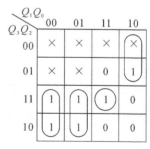

图 5-5-39　例 5-5-10 Z 的卡诺图

（3）画出逻辑电路图。画出本例 1011001101 序列信号发生器的逻辑电路如图 5 - 5 - 40 所示。

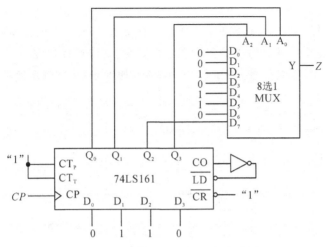

图 5 - 5 - 40　例 5 - 5 - 10 逻辑电路图

本章小结

（1）触发器具有记忆功能，是构成时序电路的基本器件。它具有两个稳定状态，逻辑 0 和逻辑 1。在输入信号的作用下，触发器可以发生状态的转移。

（2）按照逻辑功能的不同可将触发器分为：RS 触发器、D 触发器、JK 触发器和 T 触发器四种。按照电路结构、触发方式不同可将触发器分为电平触发方式和边沿触发方式等类型。

（3）触发器的逻辑功能可以用状态表、状态图、特征方程、波形图等方法描述。

（4）时序逻辑电路是指，在任何时刻逻辑电路的输出状态不仅取决于该时刻电路的输入状态，而且与电路原来（历史）的状态有关。描述时序逻辑电路功能的方法有：激励方程、状态转移方程、输出方程、状态转移表、状态图、时序波形图等方式，它们都是分析和设计时序逻辑电路的重要工具。

（5）时序逻辑电路分析是根据给定的时序逻辑电路图，找寻电路的状态和输出在时钟和输入信号作用下变化的规律，依此确定电路完成的逻辑功能。

（6）同步时序逻辑电路设计是根据给定的逻辑功能要求，选择合适的触发器和门电路，设计出合理的电路。首先建立原始状态图和状态表，再经过状态化简和二进制状态编码，最后确定驱动方程、输出方程，检查电路自启动后，画出逻辑电路图。

（7）利用集成计数器构成 N 进制计数器的设计方法主要有反馈清零法和反馈置数法两种。主要通过考虑置数端和清零端与 CP 有无关系来确定反馈逻辑。

（8）当计数器最大计数值 $M < N$ 时，需要多片计数器级联才能实现 N 进制计数器的设计。主要有同步级联和异步级联两种实现方法，对状态的编码应区分所用芯片是二进制还是十进制。

（9）移位寄存器具有左移、右移、并行置数和保持等多种功能。利用移位寄存器可以构成环形计数器、扭环形计数器和序列信号发生器。

习题 5

5-1 画出由两个或非门构成的基本 RS 触发器的电路图,并写出状态转移表。

5-2 画出由 JK 触发器构成 D 触发器的电路图,写出设计过程。

5-3 主从 JK 触发器的输入 CP、J、K 的波形如下所示,试画出输出 Q 的波形。设触发器的初始状态为 $Q=0$。

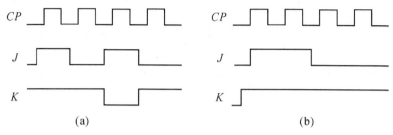

(a)   (b)

习题 5-3 图

5-4 维持-阻塞 D 触发器的电路输入波形如下所示,画出输出 Q 端的波形,初始状态 $Q=0$。

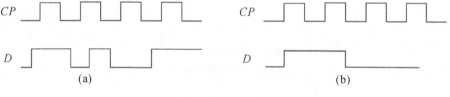

(a)   (b)

习题 5-4 图

5-5 画出如下所示的维持-阻塞 D 触发器的 Q 的波形,初始状态 $Q=0$。

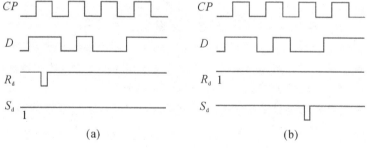

(a)   (b)

习题 5-5 图

5-6 已知下图中各触发器的初始状态 $Q=0$,试画出在 CP 脉冲作用下各触发器 Q 端的电压波形。

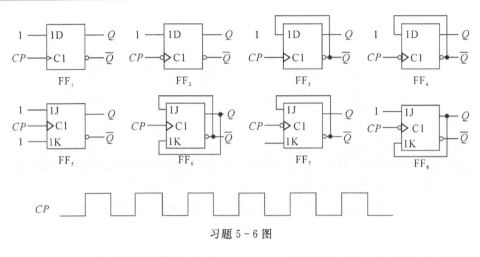

习题 5 - 6 图

5 - 7　根据下图所示的触发器电路、输入 CP 和 A 的波形,画出 Q_2 的波形。设触发器的初始状态为 $Q=0$。

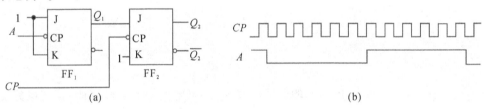

习题 5 - 7 图

5 - 8　试画出下图所示电路输出端 Y、Z 的时序波形。输入信号 A 和 CP 的时序波形如图(b)所示。设触发器的初始状态均为 $Q=0$。

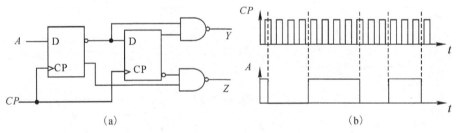

习题 5 - 8 图

5 - 9　试画出习题 5 - 9 图所示电路输出端 Q_2 的时序波形。输入信号 A 和 CP 的波形与 5 - 8 题相同。假设触发器为主从结构,初始状态均为 $Q=0$。

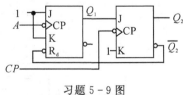

习题 5 - 9 图

5 - 10　试用边沿 D 触发器构成 JK 触发器,画出逻辑电路,写出设计过程。

5 - 11　计数器电路如习题 5 - 11 图所示。设各触发器的初始状态均为"0",分析该电路的逻辑功能。

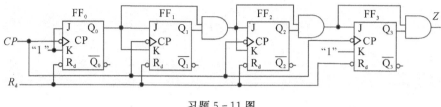

习题 5-11 图

5-12 计数器电路如习题 5-12 图所示。设各触发器的初始状态均为"0",要求：

(1)写出各触发器的驱动方程和次态方程；

(2)画出次态卡诺图,画出状态转移图并说明该计数器电路的逻辑功能；

(3)检查能否自启动。

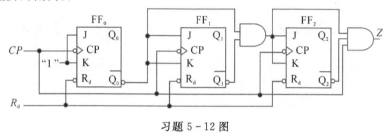

习题 5-12 图

5-13 分析习题 5-13 图给出的逻辑电路图,画出电路的状态转移图,检查电路能否自启动,并说明电路实现的功能。(X 为输入变量)

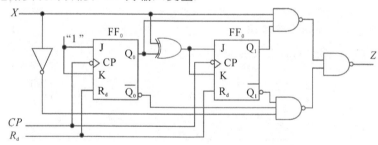

习题 5-13 图

5-14 试用下降沿触发的 JK 触发器设计一个同步五进制可逆计数器。

5-15 试用 JK 触发器设计一个十二进制加法计数器(采用反馈清零法)。

5-16 试分析习题 5-16 图所示的计数器电路,说明这是多少进制的计数器。

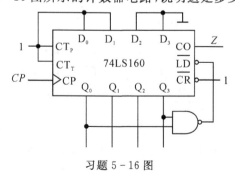

习题 5-16 图

5-17　分析习题 5-17 图所示电路,画出它们的状态图和时序图,指出各是几进制计数器。

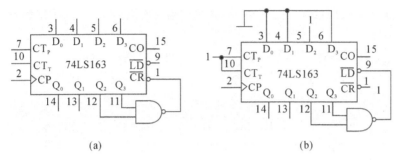

习题 5-17 图

5-18　用集成计数器芯片 74LS161 分别构成模 10 加法计数器和模 12 减法计数器。

5-19　试用两片 74LS192 构成一百进制可逆计数器。

5-20　分别画出利用下列方法构成的十进制计数器的电路图。

(1)利用 74LS161 的异步清零功能。

(2)利用 74LS163 的同步清零功能。

(3)利用 74LS161 或 74LS163 的同步置数功能。

(4)利用 74LS290 的异步清零功能。

5-21　用 2 片 74LS161 分别采用反馈置数法和反馈清零法构成六十进制加法计数器。

5-22　用 2 片 74LS290 构成 8421BCD 码的二十四进制计数器。

5-23　集成二-五-十进制计数器 74LS290 构成的应用电路如习题 5-23 图所示,要求:

(1)画出电路的状态转移图(设初态为 0000);

(2)说明是几进制计数器。

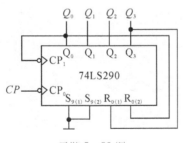

习题 5-23 图

5-24　集成 4 位双向移位寄存器 74LS194 的应用电路如习题 5-24 图所示,试画出电路的状态转移图(设初态为 0000),并说明是几进制计数器。

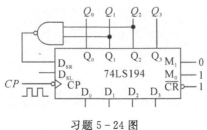

习题 5-24 图

5-25　试用两片 74LS194 构成 8 位双向移位寄存器。

5-26　在习题 5-26 图所示电路中，若两个移位寄存器中的原始数据分别为 $A_3A_2A_1A_0=1001$，$B_3B_2B_1B_0=0011$，试问经过 4 个 CP 信号以后，两个寄存器中的数据如何？这个电路完成什么功能？

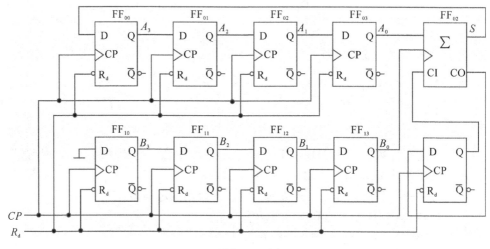

习题 5-26 图

5-27　试用 74LS194 设计一个 0100111 序列信号发生器。

5-28　试分析习题 5-29 图电路的逻辑功能。

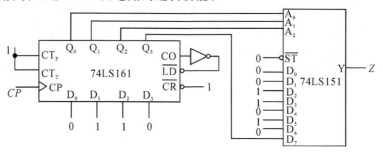

习题 5-29 图

第 6 章　半导体存储器与可编程逻辑器件

半导体存储器是数字系统中不可缺少的组成部分,它是能够存放二进制信息的集成电路。可编程逻辑器件的功能可以通过用户编程来实现。

本章首先介绍各种半导体存储器的基本结构、工作原理和应用,然后简单介绍几种常用的可编程逻辑器件及其结构特点。

6.1　半导体存储器概述

用半导体集成电路工艺制成的存储数据信息的固态电子器件称为半导体存储器。它由大量相同的存储单元和输入、输出电路构成,主要用于存储大量的二进制信息,是构成计算机的重要部件。

按照存取信息方式划分,半导体存储器可分为只读存储器(Read-Only Memory,ROM)和随机存取存储器(Random Access Memory,RAM)两大类。

只读存储器(ROM)用来存储长期固定的信息,如各种函数表、字符和固定程序等,具有只能读取已存入的数据或信息,而不能再改写数据或信息的特点。断电后其中的信息不会消失,故也被称为非易失性存储器。ROM 可分为掩膜式 ROM(Mask ROM,MROM)、可编程 ROM(Programmable ROM,PROM)、可擦除可编程 ROM(Erasable PROM,EPROM)和电擦除 PROM(Electrically Erasable PROM,EEPROM 或 E^2PROM)。

随机存取存储器(RAM)是可以高速、随机地读出和写入信息的存储器,断电后其中的信息也随之消失。RAM 按工作方式不同,可分为静态随机存取存储器(Static RAM,SRAM)和动态随机存取存储器(Dynamic RAM,DRAM)。SRAM 的存储速度快,使用方便;DRAM 的结构简单,集成度高。随机存取存储器主要用于组成计算机主存储器等要求快速存储的系统。

按照采用元件划分,半导体存储器可分成双极型存储器和金属氧化物半导体(Metal Oxide Semiconductor,MOS)型存储器两类。双极型存储器以双极型触发器为基本存储单元,MOS 型存储器以 MOS 型触发器或电荷存储结构为存储单元。双极型 RAM 工作速度快,一般用作高速缓存;MOS 型 RAM 功耗小、工艺简单、集成度高,主要用于大容量存储器。

存储器的主要性能指标是存储容量和存取时间。

存储容量是指存储器可以存储的二进制数值信息量。随着半导体集成电路工艺技术的发展,半导体存储器容量增长迅速,单片存储容量已进入吉位级水平。存储器的存储容量越大,计算机系统的"记忆"能力就越强。

存储时间是指完成一次读或写操作所需要的时间,即从存储器接收到一个新的地址输入开始,到取出或存入数据为止所需要的时间。存储器的存储时间越短,计算机系统的运算速度就越快。

6.2　只读存储器(ROM)

　　只读存储器(ROM)在整个工作过程中只能读出事先存储的数据,而不能改写。它所存的数据一般是在制造时写入或用专门装置写入的,可长期保存,即使断电也不会消失,因此也称为非易失性存储器。

6.2.1　ROM 的结构

　　ROM 主要由地址译码器、存储矩阵和输出缓冲器三部分组成,其一般结构框图如图 6-2-1 所示。它有 n 条地址输入线($A_0 \sim A_{n-1}$)、2^n 条译码输出线($W_0 \sim W_{2^n-1}$)和 m 条数据输出线($D_0 \sim D_{m-1}$),数据线上输出的是被选中的存储单元的数据。

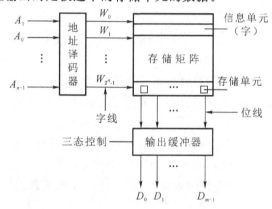

图 6-2-1　ROM 的结构框图

1.存储矩阵

　　存储矩阵是存放信息的主体,它由许多存储单元排列组成。每个存储单元存放 1 位二进制代码(0 或 1),若干个存储单元组成一个信息单元,称为字。字的位数称为字长。在存储器中,为了写入(存入)和读出(取出)信息的方便,必须给每个信息单元(字单元)确定标号,这个标号称为地址,用 W_{2^n-1} 表示。不同的字单元具有不同的地址,在写入或读出信息时,便可以按照地址来选择欲读写的存储单元内容。

2.地址译码器

　　图 6-2-1 中,$A_0 \sim A_{n-1}$ 中每一组给定地址输入线对应输出线 $W_0 \sim W_{2^n-1}$ 中的一条 W_i,由于每一条输出线对应一个字单元,因此称为"字线"。地址译码器的作用是根据输入的地址代码从 2^n 条输出线中选择一条"字线",该字线可以在存储矩阵中找到一个相应的"字",并将字中的 m 位数据信息 $D_{m-1} \sim D_0$ 送至输出缓冲器。数据输出线 D_i 称为"位线",m 为"位数"。

　　存储矩阵共有 2^n 个字,每个字为 m 位,则 ROM 的存储容量为 $2^n \times m$。习惯上,存储容量用 Kb(1 Kb=1024 b)为单位表示。

3.输出缓冲器

　　输出缓冲器用来读出 ROM 中的数据,通常由三态门构成,这样可以控制只有被选中的输出数据与总线连接,提高了 ROM 带负载的能力。

6.2.2　ROM 的存储单元

ROM 中的存储单元通常由二极管或者双极型三极管、MOS 管组成,它位于字线和位线的交叉点处。由二极管、双极型三极管和 MOS 管所构成的 ROM 存储单元如图 6-2-2 所示。

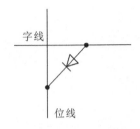

(a) 二极管ROM存储单元结构

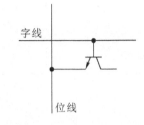

(b) 双极型三极管ROM存储单元结构

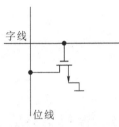

(c) MOS管ROM存储单元结构

图 6-2-2　ROM 的存储单元结构示意图

二极管 ROM 存储矩阵电路结构如图 6-2-3 所示。存储矩阵有 4 条字线 $W_0 \sim W_3$ 和 4 条位线 $D_0 \sim D_3$,共有 16 个交叉点,每个交叉点都可看作是一个存储单元。交叉点处接有二极管时相当于存"1",没有接二极管时相当于存"0"。例如,字线 W_0 与位线有 4 个交叉点,其中只有两处接有二极管,当 W_0 为高电平、其余字线为低电平时,位线 D_3 和 D_1 为"1",位线 D_2 和 D_0 为"0"。因此存储单元是以字线和位线交叉点是否连有二极管来决定该存储单元存储的数据是"1"还是"0"。

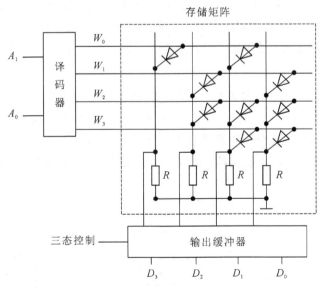

图 6-2-3　二极管 ROM 存储矩阵电路

读数据时,首先输入地址码,选中相应的字线 W_i,并对输出缓冲器实现三态控制,从输出端输出该字所对应的 4 位数据。表 6-2-1 中给出了该 ROM 全部地址所对应的信息单元的数据。

表 6 - 2 - 1　图 6 - 2 - 3 中 ROM 的信息单元数据表

地址		字线输入				位线输出			
A_0	A_1	W_0	W_1	W_2	W_3	D_3	D_2	D_1	D_0
0	0	1	0	0	0	1	0	1	0
0	1	0	1	0	0	0	1	0	1
1	0	0	0	1	0	0	1	1	1
1	1	0	0	0	1	0	0	1	1

6.2.3　ROM 的类型

ROM 有多种类型,且每种 ROM 都有各自的特性和适用范围。根据编程和擦除的方式不同,ROM 可分为掩膜 ROM、可编程 ROM 和可擦除可编程 ROM。其中,根据擦除的方法不同,可擦除可编程 ROM 又分为:紫外线可擦除可编程 ROM(Ultra-Violet Erasable Programmable ROM,UVEPROM)、电可擦除可编程 ROM(Electrically Erasable Programmable ROM,E^2PROM)和快闪存储器(Flash Memory)。

1.掩膜 ROM(MROM)

MROM 中存储的信息由生产厂家在生产过程中采用掩膜工艺专门为用户"写入"。在制造过程中,将资料通过一特制光罩(Mask)烧录于线路中,这种存储器一旦制造完成,内容就被固化,用户无法修改。由于其存储内容掉电后仍然存在,所以可靠性较高,但修改不灵活,导致用户与生产厂家之间的依赖性较大。通常用于存放固定数据、程序和函数表等。

2.可编程 ROM(PROM)

PROM 的结构与掩膜 ROM 相似,不同的是 PROM 存储矩阵由带金属熔丝的存储元件组成。熔断型 PROM 存储单元如图 6 - 2 - 4 所示。出厂时各个存储单元均有存储元件,皆为 1 或皆为 0,用户使用时利用专用的编程工具(编程器),将某些单元的熔丝烧断来改写存储的内容。由于熔丝烧断后不能再恢复,因此 PROM 只能编程一次,完成后信息就被永久性地保存起来。

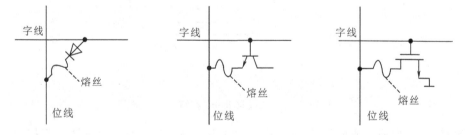

(a) 二极管PROM存储单元　　　(b) 双极型三极管PROM存储单元　　　(c) MOS管PROM存储单元

图 6 - 2 - 4　PROM 的存储单元结构示意图

PROM 具有一定的灵活性,适合小批量生产,常用于工业控制机或电器中。

3.可擦除可编程 ROM(EPROM)

EPROM 可多次编程,即 ROM 中存储器的数据可以进行多次擦除和改写。它的存储单元采用特殊结构的浮栅 MOS 管进行编程。EPROM 比 MROM 和 PROM 更方便、灵活、经济实用。

1)紫外线可擦除可编程 ROM(UVEPROM)

将线路曝光于紫外线下,即可完成 UVEPROM 中内容的擦除,并且可重复擦除。通常在封装外壳上会预留一个石英透明窗以便曝光。

UVEPROM 的存储单元采用叠栅注入 MOS 管(Stacked-gate Injection MOS tube,SIMOS)的结构。SIMOS 的结构和符号如图 6-2-5 所示。它是一个 N 沟道增强型的 MOS 管,有 G_f 和 G_c 两个栅极。G_f 栅没有引出线,被二氧化硅(SiO$_2$)包围,称为浮栅,G_c 栅有引出线,称为控制栅。若给漏极 D 端加上几十伏的脉冲电压,使得沟道中的电场足够强,则会造成雪崩,产生很多高能电子。此时若在 G_c 上加高压正脉冲,形成方向与沟道垂直的电场,使得沟道中的电子穿过氧化层注入到 G_f,则 G_f 栅上将积累负电荷。由于 G_f 栅周围均是绝缘的二氧化硅,泄漏电流很小,因此一旦电子注入到浮栅之后,就能储存相当长的时间(通常浮栅上的电荷 10 年才损失 30%)。

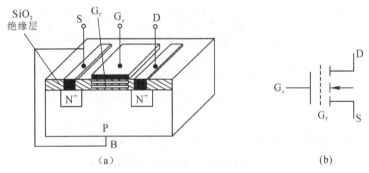

图 6-2-5 SIMOS 管的结构示意图和符号

当浮栅 G_f 没有积累电子时,MOS 管的开启电压较低,加到控制栅 G_c 上的正常逻辑高电平(通常为 5 V)能使 MOS 管导通,相当于存储"1";当浮栅上积累了电子,MOS 管的开启电压变得很高,若在控制栅上加正常的逻辑高电平(通常为 5 V),MOS 管不导通,相当于没有接入这个存储元件,即认为存储了"0"。可见 SIMOS 管利用了浮栅是否积累电荷来表示信息。通常 UVEPROM 出厂时浮栅上没有积累电子,相当于全部为"1",用户可根据需要写入"0"。

需要擦除时可将 UVEPROM 表面的透明窗口置于一定强度的紫外线灯下照射,经 15~20 min 后,浮栅上的电荷获得足够的能量,穿过氧化层回到衬底中,即可使电子泄漏,MOS 管便回到未编程时的状态,从而将编程信息全部擦去,相当于存储了全"1"。平时应将透明窗口密闭遮光,以保证浮栅上的电荷长期储存。

2)电可擦除可编程 ROM(E^2PROM)

E^2PROM 是一种随时可写入而无须擦除原先内容的存储器。它是通过电信号来擦除 ROM 中的内容。它的存储单元也采用了叠栅注入 MOS 管,在强电场作用下,通过隧道效应将电子注入到浮栅上去,或反过来将电子从浮栅上拉走来进行擦除和写入。由于其使用电场来完成擦除,因此不需要透明窗。

3）快闪存储器

Flash Memory 是一种全新的存储结构，它也是使用电信号来进行数据擦除的，但与 E^2PROM 相比，速度却有了大幅度的提高，可以在一秒至几秒内完成擦除。

Flash Memory 是典型的非易失性存储器，它吸取了 EPROM 结构简单、编程可靠的优点，而且具有可读可写、存取速度快、集成度高、容量大、成本低和使用方便的特点，目前已被广泛应用。

6.2.4　ROM 的应用

由于 ROM 本身是一种组合逻辑电路，且多数 ROM 都可以重新编程，所以它不仅用于存储各种固定程序和数据，还可以用来实现组合逻辑函数。下面通过举例说明 ROM 的应用。

ROM 用来实现组合逻辑函数的基本原理可以从"存储器"和"与或逻辑网络"两个角度来理解。

从存储器的角度看，只要将逻辑函数的真值表事先存入 ROM，便可以用 ROM 实现该函数。例如，对于表 6-2-1 所示的 ROM 数据表，如果将输入地址 A_1、A_0 看成两个输入逻辑变量，而将数据输出 D_3、D_2、D_1、D_0 看成一组输出逻辑变量，则 D_3、D_2、D_1、D_0 就是 A_1、A_0 的一组逻辑函数，根据表 6-2-1 可以写出：

$$W_0 = \overline{A_1}\,\overline{A_0}, W_1 = \overline{A_1}A_0, W_2 = A_1\,\overline{A_0}, W_3 = A_1A_0$$

$$D_3 = \overline{A_1}\,\overline{A_0} = W_0$$

$$D_2 = = \overline{A_1}A_0 + A_1\,\overline{A_0} = W_1 + W_2$$

$$D_1 = \overline{A_1}\,\overline{A_0} + A_1\,\overline{A_0} + A_1A_0 = W_0 + W_2 + W_3$$

$$D_0 = \overline{A_1}A_0 + A_1\,\overline{A_0} + A_1A_0 = W_1 + W_2 + W_3$$

从逻辑结构的角度看，ROM 中的地址译码器形成了输入变量的所有最小项，存储矩阵形成了某些最小项的"或"运算，所以 ROM 可以实现组合逻辑函数。

由于地址译码器实现了地址输入变量的"与"运算，存储矩阵实现了某些字线的"或"运算，因此从"与或逻辑网络"角度来看，ROM 实际上是由与阵列和或阵列构成的组合逻辑电路。ROM 的结构可以用图 6-2-6 所示的阵列框图来表示。

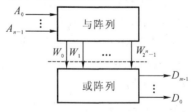

图 6-2-6　ROM 的阵列结构

为了便于描述，ROM 的与、或阵列通常用符号阵列图来表示。图 6-2-7 是与图 6-2-3 以及上述表达式对应的阵列图，图中与阵列中的 W_i 代表与逻辑输出，或阵列中的 D_i 代表或逻辑输出；与阵列的输入线和字线 W_i 垂直，或逻辑的输入线和位线 D_i 垂直；输入线和输出线的交叉处若有圆点"•"，则表示有一个耦合元件固定连接，若有"×"则表示是编程连接。图 6-2-7 所表示的是掩膜 ROM 的阵列图，若要表示 PROM 的阵列图，则图 6-2-7 或阵列中的圆点"•"应换成"×"。

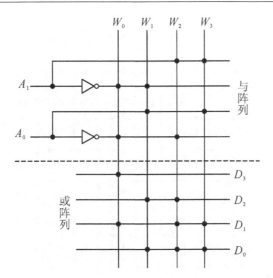

图 6-2-7 掩膜 ROM 的阵列结构

用 ROM 实现逻辑函数的步骤为

(1)根据逻辑函数表达式中输入变量、输出变量的个数确定所需 ROM 的容量;

(2)写成逻辑函数表达式对应的最小项形式,画出 ROM 的阵列图;

(3)根据阵列图对 ROM 进行编程。

例 6-2-1 试用 ROM 实现下列多输出函数:

$$Y_0 = \overline{A}\,\overline{B}\,\overline{C} + \overline{A}B\overline{C} + \overline{A}BC + ABC$$

$$Y_1 = BC + AC$$

$$Y_2 = \overline{A}\,\overline{B}\,\overline{C}D + \overline{A}BCD + \overline{A}\,\overline{B}CD + ABC\,\overline{D} + ABCD$$

$$Y_3 = AB + \overline{A}C\overline{D} + ABD + AC$$

解 由于要实现的 4 个函数中包含了 4 个输入变量 A、B、C、D,4 个输出变量 Y_0、Y_1、Y_2、Y_3,因此 ROM 的容量至少需要 $2^4 \times 4$ 位,即 4 根地址线,16 根字线,4 根位线。将 A、B、C、D 接至 ROM 的 4 个地址输入端 $A_0 \sim A_3$,然后按逻辑关系存入相应的数据便可实现上述 4 个组合逻辑函数。

(1)将各函数写成最小项之和的标准形式。

$$Y_0 = \sum m(0,1,4,5,6,7,14,15)$$

$$Y_1 = \sum m(6,7,10,11,14,15)$$

$$Y_2 = \sum m(1,3,5,12,15)$$

$$Y_3 = \sum m(2,6,10,11,12,13,14,15)$$

(2)画出存储矩阵阵列图。

用 ROM 实现本例 4 个函数的阵列图如图 6-2-8 所示。

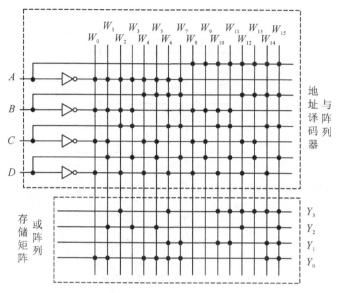

图 6-2-8　用 ROM 实现例 6-2-1 多输出函数的阵列图

例 6-2-2　用 ROM 设计正弦信号发生器。

由 ROM 构成的正弦信号发生器电路如图 6-2-9 所示。其中 ROM 的 256 个信息单元中依次存有构成正弦波的全部 256 个 8 位数据,8 位计数器每经过一个 CP 脉冲向 ROM 提供一个信息单元地址,ROM 再将该信息单元的 8 位数据送给 DAC 后滤波输出,256 个脉冲为一个周期,正好产生一个周期的正弦波。

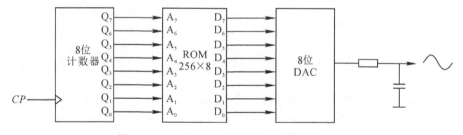

图 6-2-9　由 ROM 构成的正弦信号发生器

可见,如果将构成所需波形的全部数据按顺序依次存入 ROM,然后通过地址计数器向存储器提供每个信息单元的地址,依次读出信息单元的数据,并通过 D/A 转换器转换成模拟量后再进行滤波输出,就可以得到较光滑的任意波形。

6.3　随机存取存储器(RAM)

在计算机系统中,随机存取存储器(RAM)也称主存,是指能够在存储器中写入(存入)或者读出(取出)信息的存储器,也称读/写存储器,是与 CPU 直接交换数据的内部存储器。RAM 工作时可以随时读写,而且速度很快。它与 ROM 的最大区别是数据的易失性,即一旦断电,所存储的数据将随之丢失,不利于信息的长期保存,所以 RAM 又称为易失性存储器,主要用于暂时存储程序、数据和中间结果。RAM 分为静态 RAM 和动态 RAM。

6.3.1　RAM 的结构

RAM 主要由地址译码器、存储矩阵和读/写控制电路三部分组成。其结构框图如图 6-3-1 所示。由图可知,存储器有三类信号线,即地址线、数据线和控制线。

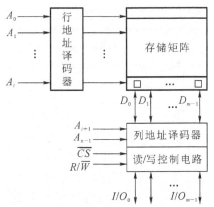

图 6-3-1　RAM 的结构框图

1.存储矩阵

存储矩阵是 RAM 的核心部分,用来存储信息,它由若干存储单元构成,每个存储单元存放 1 位二进制数码,在译码器和读/写电路的控制下进行读/写操作。与 ROM 存储单元不同的是,RAM 存储单元的数据不是预先固定的,而是取决于外部输入的信息。

2.地址译码器

地址译码器由行地址译码器和列地址译码器两部分组成。与 ROM 地址译码器类似,行地址译码器将输入地址代码的若干位($A_0 \sim A_i$)译成某一条字线有效,从存储矩阵中选中一行存储单元;列地址译码器将输入地址代码的其余若干位($A_{i+1} \sim A_{n-1}$)译成某一条位线(输出线)有效,从字线选中的一行存储单元中再选 1 位(或 n 位),使这些被选中的单元与读/写电路和 I/O 端接通,从而实现读数或写数。

3.读/写控制电路

读/写控制电路是对电路的工作状态进行控制。当地址码选中存储矩阵中相应的存储单元时,要通过片选信号 $\overline{CS}$ 和读/写控制信号 $R/\overline{W}$ 来完成读写。当 $\overline{CS}=0$ 时,RAM 工作,当 $\overline{CS}=1$ 时,RAM 被禁止,所有的 I/O 端均为高阻状态。当 $R/\overline{W}=1$ 时,执行读操作,将存储单元中的信息送到 I/O 端;当 $R/\overline{W}=0$ 时,执行写操作,将 I/O 端口的数据写入到存储单元。

6.3.2　RAM 的存储单元

根据 RAM 采用的存储单元的工作原理不同,可将 RAM 分为静态 RAM(SRAM)和动态 RAM(DRAM)两类。

1.SRAM 的存储单元

静态存储单元是在静态触发器的基础上附加门控管而构成的。图 6-3-2 是由 6 个 NMOS 管构成的 SRAM 存储单元。T_1、T_2 组成的反相器与 T_3、T_4 组成的反相器交叉耦合,组成了一个 RS 触发器,可存储 1 位二进制信息。Q 和 $\overline{Q}$ 为触发器的互补输出。T_5、T_6 是行选通管,受行选线 X(字线)控制,当 X 为高电平时,Q 和 $\overline{Q}$ 的存储信息分别送至位线 D 和 $\overline{D}$。T_7、T_8 是列选通管,受列选线 Y 控制,当 Y 为高电平时,位线上的信息同外部数据线相通,即 D 和 $\overline{D}$ 上的信息被分别送至输入/输出线 I/O 和 $\overline{I/O}$。

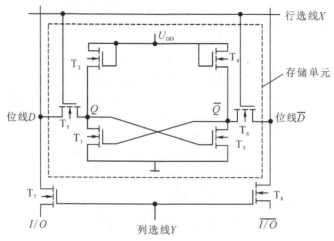

图 6-3-2　SRAM 的存储单元结构

读出操作时,行选线 X 和列选线 Y 同时为高电平,则存储信息 Q 和 $\overline{Q}$ 被读到 I/O 线和 $\overline{I/O}$ 线上。写入信息时,X、Y 线也必须全为高电平,同时要将写入的信息加在 I/O 线上,将反相后的信息加在 $\overline{I/O}$ 线上,信息经 T_7、T_8 和 T_5、T_6 加到触发器的 Q 和 $\overline{Q}$ 端,也就是加在了 T_3 和 T_1 的栅极,使得触发器触发,即信息被写入。

由图 6-3-2 可知,SRAM 存储单元是靠触发器的保持功能存储数据的。它存放的信息在不停电的情况下能长时间保留,且状态稳定,因此不需外加刷新电路,简化了外部电路的设计,但 SRAM 仍然存在集成度较低、功耗较大的问题。

2.DRAM 的存储单元

动态 RAM 是利用电容器能存放电荷的效应来存储信息的。由一个 MOS 管和一个电容器组成的 DRAM 存储单元如图 6-3-3 所示。其中,T 为门控管,C_s 为存储电容,C_o 是位线上的分布电容,$C_o \gg C_s$。当字线 $X_i = 1$ 时,T 导通,数据通过位线经 T 存入电容 C_s,执行写操作,或经 T 把数据从 C_s 上取出,传送到位线,执行读操作。读出时,C_o 与 C_s 为并联状态。若并联前 C_s 上存有电荷,C_o 无电荷,则并联后 C_s 内的电荷向 C_o 转移。又因转移前后电荷的总量相等,所以有 $U_s C_s = U_o(C_s + C_o)$。由于 $C_o \gg C_s$,故 $U_o \ll U_s$,则读出的电压 U_o 很小,需要通过放大电路对电压 U_o 进行放大。又因读出数据后 C_s 上的电荷减少,因此每次读出后应立即对该单元进行充电操作(称为刷新),以保留原存储信息。

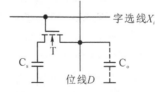

图 6-3-3　DRAM 的存储单元结构

与 SRAM 相比,DRAM 电路简单,容量大,集成度高,功耗低,但读/写速度相对较慢且需要专门的刷新及读出放大器等外围电路。

6.4　存储器容量的扩展

存储器容量定义为字数×位数,市场上的存储器芯片容量有限,当一片 ROM 或 RAM 的存储容量不能满足需求时,必须将若干片 ROM 或 RAM 连在一起,以扩展存储容量。扩展的方式有位数的扩展和字数的扩展两种。

1.位数的扩展

如果某一片 ROM 或 RAM 的字数够用而位数不够用时,可采用位数扩展的方式,将多片 ROM 或 RAM 组合成位数更多的存储器。

位数扩展可以利用芯片并联的方式实现,连接方式较简单,只需要把 n 片存储器的地址线、读/写控制线和片选线分别并联起来,每一片的 I/O 端串起来作为扩展后总存储器的 I/O 端就可以了。扩展后的总存储容量为每一片存储器容量的 n 倍。

将两片 1 K×4 的 RAM 扩展为 1 K×8 RAM 的电路如图 6-4-1 所示。将两片 1 K×4 RAM 的地址线 $A_9 \sim A_0$、读/写控制线 $R/\overline{W}$ 和片选线 $\overline{CS}$ 对应地接起来,扩展后存储器总的输出为 $D_7 \sim D_0$。当地址码 $A_9 \sim A_0$、$\overline{CS}$ 和 $R/\overline{W}$ 均有效时,两片 RAM 中相同地址的信息单元同时被访问并进行读/写操作,RAM(1)可读/写每个字的低 4 位,RAM(2)可读/写每个字的高 4 位。

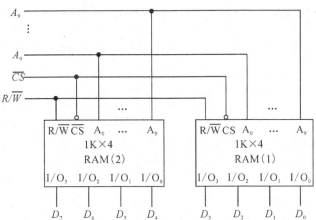

图 6-4-1　两片 1K×4 RAM 扩展为 1K×8 RAM 的电路

2.字数的扩展

如果某一片 ROM 或 RAM 的位数够用而字数不够用时,可采用字数扩展的方式,将多片 ROM 或 RAM 组合成字数更多的存储器。

字数扩展需要外加译码器,用译码器的输出分别控制各存储器芯片的片选端。具体的连线方式为:把 n 片存储器的地址线、读/写控制线分别并联起来,将译码器的输出端分别与各存储器的片选端相连,各片 I/O 端并联作为扩展后总存储器的 I/O 端。扩展后的总存储容量为每一片存储器容量的 n 倍。

将 4 片 1 K×8 RAM 扩展为 4 K×8 RAM 的电路如图 6-4-2 所示。图中,4 片 RAM 的地址线 $A_0 \sim A_9$、读/写控制线 $R/\overline{W}$ 分别并联起来;同时增加了两根地址线 A_{10} 和 A_{11},分别接到 2-4 译码器的地址输入端,译码器的 4 个输出端 $\overline{Y_0} \sim \overline{Y_3}$ 分别接到 4 片 RAM 的片选端 $\overline{CS}$。这样,当 $A_{11}A_{10}$ 分别取 00、01、10、11 时,被选中的相应存储器工作,整个系统的存储容量扩展了 4 倍。

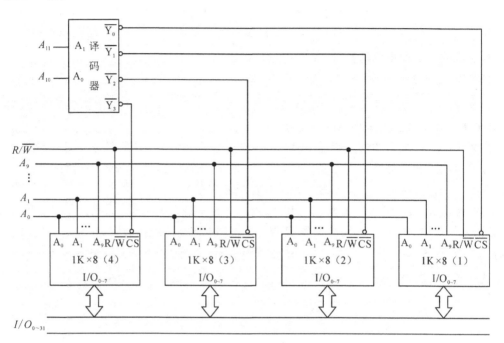

图 6-4-2　4 片 1K×8 RAM 扩展为 4K×8 RAM 的电路

图 6-4-2 中各片 RAM 的地址范围如表 6-4-1 所示。

表 6-4-1　图 6-4-1 中各片 RAM 的地址范围

地址范围		译码器输出	有效芯片($\overline{CS}=0$)
$A_{11}A_{10}$	$A_9\,A_8\,A_7\,A_6\,A_5\,A_4\,A_3\,A_2\,A_1\,A_0$	$\overline{Y_0}\,\overline{Y_1}\,\overline{Y_2}\,\overline{Y_3}$	
0　0	0　0　0　0　0　0　0　0　0　0 ⋮ 1　1　1　1　1　1　1　1　1　1	0　1　1　1	RAM(1)
0　1	0　0　0　0　0　0　0　0　0　0 ⋮ 1　1　1　1　1　1　1　1　1　1	1　0　1　1	RAM(2)
1　0	0　0　0　0　0　0　0　0　0　0 ⋮ 1　1　1　1　1　1　1　1　1　1	1　1　0　1	RAM(3)
1　1	0　0　0　0　0　0　0　0　0　0 ⋮ 1　1　1　1　1　1　1　1　1　1	1　1　1　0	RAM(4)

在字数或位数都不满足需求时,需要在字数与位数两方面同时进行扩充。

6.5　可编程逻辑器件简介

6.5.1　概述

数字集成电路按照集成度(所包含器件的数量)的不同可分为小规模集成电路(SSI)、中规模集成电路(MSI)、大规模集成电路(LSI)和超大规模集成电路(VLSI)。按照逻辑功能的特点可分为通用型和专用型两大类。

通用型器件具有很强的通用性,但其逻辑功能都比较简单,而且出厂前就已经确定了内部电路,无法在出厂后更改。理论上可以用这些通用型的中、小规模集成电路组成任意复杂的系统,但是这类系统由于包含大量的芯片及芯片连线,不仅功耗大、体积大,而且可靠性差。专用型器件是专门为某种特定用途而设计的大规模集成电路,也称为专用集成电路(Application Specific Integrated Circuit,ASIC)。然而,这种器件在用量不大的情况下,设计和制造成本较高、周期较长。

可编程逻辑器件(Programmable Logic Device,PLD)是 ASIC 的一个重要分支,它的逻辑功能不是由芯片制造厂商设计的,而是由设计人员按自己的需求利用软、硬件开发工具自行编程确定的,是一种通用的集成电路。由于它是用户配置的逻辑器件,使用灵活、设计周期短、费用低,而且可靠性好、承担风险小,特别适合于系统样机的研制,因而很快得到了普遍应用,发展非常迅速。

可编程逻辑器件按照集成度不同可分为低密度 PLD(LDPLD)和高密度 PLD(HDPLD)两种类型。

LDPLD 是可编程逻辑器件发展初期的产品,分为可编程只读存储器(PROM)、现场可编程逻辑阵列(Field Programmable Logic Array,FPLA)、可编程阵列逻辑(Programmable Array Logic,PAL)和通用阵列逻辑(Generic Array Logic,GAL)四种类型。

HDPLD 是可编程逻辑器件发展中期的产品,分为可擦除可编程逻辑器件(Erasable Programmable Logic Device,EPLD)、复杂可编程逻辑器件(Complex Programmable Logic Device,CPLD)和现场可编程门阵列(Field Programmable Gate Array,FPGA)。EPLD 和 CPLD 是在 PAL 和 GAL 的基础上发展起来的,其基本结构由与、或阵列组成,因此通常称为阵列型 PLD,而 FPGA 具有门阵列的结构形式,通常称为单元型 PLD。

可编程逻辑器件可通过软件编程完成数字系统的功能设计,因而比纯硬件的数字电路具有更强的灵活性,且具有易于修改、可靠性高和保密性强等特点,目前已在计算机硬件、工业控制、智能仪表、家用电器等各个领域得到了广泛应用,并已成为电子产品设计变革的主流器件。

6.5.2　PLD 电路的表示方法

由于 PLD 的内部电路非常复杂,用逻辑电路的一般表示方法很难对其进行描述,为了在芯片的内部配置和逻辑图之间建立一一对应关系,对描述 PLD 基本结构的方法做了简化,即对有关逻辑符号和规则做了某些约定,具体如图 6-5-1 所示。

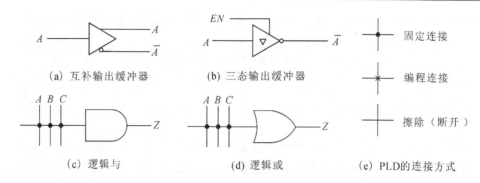

图 6-5-1　PLD结构的简化描述

　　逻辑门的输入线通常画成行线,其所有输入变量都称为输入项,并画成与行线垂直的列线,以表示逻辑门的输入。列线与行线相交的交叉处若有"·",则表示有一个耦合元件固定连接;若为"×",则表示编程连接;交叉处若无标记则表示不连接(被擦除)。

　　与门的输出称为乘积项,或门的输出称为或项。图6-5-2给出了与门和或门的传统表示法与PLD对应的简化表示法。

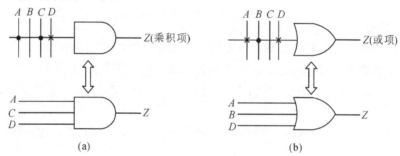

图 6-5-2　PLD逻辑门的传统表示与简化表示

6.5.3　低密度可编程逻辑器件(LDPLD)

1.基本结构

　　典型的LDPLD主要是由与阵列和或阵列组成。由于任意一个组合逻辑电路都可以用与或表达式来描述,所以LDPLD能实现组合逻辑函数功能,其结构框图如图6-5-3所示。

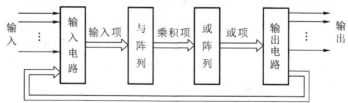

图 6-5-3　LDPLD的结构框图

　　输入电路由缓冲器组成,可以提高输入信号的驱动能力并产生互补输入信号;输出电路可以满足不同的输出形式,比如直接输出或通过寄存器输出;输出端口通过三态门控制数据直接输出或反馈到输入端。通常LDPLD只有部分电路可以编程,由于其包含的PROM、FPLA、PAL和GAL四种类型输出结构和编程情况不同,所以其电路结构也不同。四种LDPLD的结构特点如表 6 - 5 - 1 所示。

表 6 - 5 - 1　四种 LDPLD 的结构特点

类型	阵列		输出方式
	与阵列	或阵列	
PROM	固定	可编程	TS、OC
FPLA	可编程	可编程	TS、OC、H、L
PAL	可编程	固定	TS、I/O、寄存器
GAL	可编程	固定	用户定义

LDPLD 结构简单、成本低、速度高、设计简便,但其集成规模较小,通常每片只有数百个等效门,难以实现复杂的逻辑。

2.可编程只读存储器(PROM)

PROM 在出厂时,存储的内容全为 1 或全为 0,用户可以通过修改某些单元的内容,即写入 0 或 1 来实现对其写入的目的,但其内容只允许写入一次,因此被称为“一次可编程只读存储器”(One Time Programmable ROM,OTP-ROM)。PROM 的阵列结构如图 6 - 5 - 4 所示,其中与阵列固定,或阵列可编程。

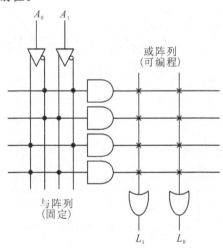

图 6 - 5 - 4　PROM 的阵列结构

PROM 可分为“双极型熔丝结构”和“肖特基二极管结构”。前者通过给某些单元通以足够大的电流并维持一定的时间熔断熔丝来改写内容,后者通过给肖特基二极管加反相电压使其永久性击穿来改写内容。

3.现场可编辑逻辑阵列(FPLA)

FPLA 是在 PROM 基础是上发展起来的 PLD,与 PROM 的结构类似,不同的是 FPLA 的与阵列和或阵列均可编程,其阵列结构如图 6 - 5 - 5 所示。FPLA 的设计比较简单,但由于其阵列规模大、速度低,所以主要用作存储器,如软件固化、显示查询等。

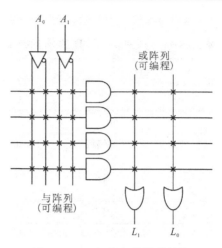

图 6-5-5　FPLA 的阵列结构

采用 FPLA 实现逻辑函数时,只需要运用化简后的与或式,由与阵列产生与项,再由或阵列完成与项相或的运算后便得到输出函数。

例 6-5-1　试用 FPLA 实现例 6-2-1 中的 4 个逻辑函数。

解　根据例 6-2-1 中 4 个函数的最小项表示式画出对应的卡诺图如图 6-5-6 所示,化简卡诺图得出最简输出表达式为

$$Y_0 = \overline{A}\,\overline{C} + BC$$

$$Y_1 = BC + AC$$

$$Y_2 = \overline{A}\,\overline{C}D + \overline{A}\,\overline{B}D + AB\overline{C}\,\overline{D} + ABCD$$

$$Y_3 = AB + C\overline{D} + AC$$

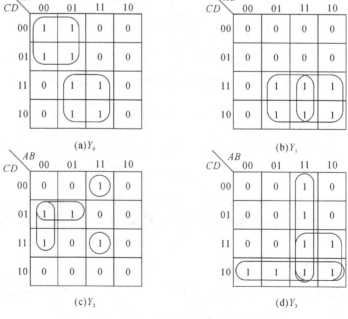

图 6-5-6　例 6-2-1 中 4 个函数的卡诺图

化简后的多输出函数有 9 个不同的与项和 4 个输出变量,因此编程后的阵列图如图 6-5-7 所示。

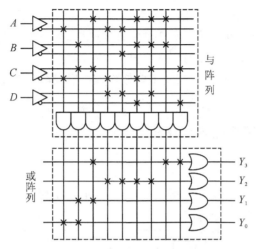

图 6-5-7　例 6-2-1 中 4 个函数的 FPLA 阵列图

4.可编程阵列逻辑 PAL

PAL 由可编程的与阵列、固定的或阵列和输出电路三部分组成,其阵列结构如图 6-5-8 所示。PAL 的与阵列可编程,而且输出结构种类很多,常见的输出结构有四种:专用输出、可编程 I/O、寄存器输出和异或型输出,设计比较灵活。可以通过对与阵列编程获得不同形式的组合逻辑函数。另外,在有些型号的 PAL 器件中,输出电路中设置有触发器和从触发器输出到与逻辑阵列的反馈线,可以很方便地构成各种时序逻辑电路。

PAL 编程采用熔丝工艺和双极型工艺,只能一次编程,设计和使用都不太方便,目前几乎不再生产。

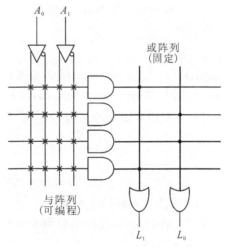

图 6-5-8　PAL 的阵列结构

5.通用阵列逻辑 GAL

与 PAL 器件相比,GAL 在结构和工艺上都做了很大改进。其输出结构是可编程的逻辑宏单元,通过编程可将输出逻辑宏单元(Output Logic Macro Cell,OLMC)设置成不同的工作状态,从而增加了器件的通用性,又称为通用可编程逻辑器件。

GAL 按门阵列的可编程结构不同可分为两大类:一类是与 PAL 基本结构相类似的普通型 GAL 器件,其与门阵列是可编程,或门阵列固定连接;另一类是与 FPLA 基本结构相类似的新型 GAL,其与门阵列和或门阵列均可编程。

GAL 采用 E^2PROM 工艺制作,实现了电擦除、电可编程,具有低功耗、可反复编程和速度快等特点。

6.5.4　高密度可编程逻辑器件(HDPLD)

1.基本结构

HDPLD 器件的基本结构框图如图 6-5-9 所示。主要由 I/O 单元、基本逻辑单元块(BLB)和可编程互连资源三部分构成。

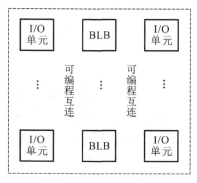

图 6-5-9　HDPLD 的结构框图

1)I/O 单元

I/O 单元除了包含基本的输入、输出寄存器以外,还增加了三态门、多路选择器、输出摆率控制电路和边界扫描电路等,功能更加丰富。

2)基本逻辑单元块

基本逻辑单元块(Basic Logical Unit Block,BLB)是实现逻辑功能的最小单位,也称为通用逻辑块(Generic Logic Block,GLB)、逻辑单元(Logic Eel,LE)或可配置逻辑块(Configurable Logic Block,CLB)。BLB 的规模因系统大小差异而不同,但是规模大的 BLB 更有利于设计。

3)可编程互连资源

可编程互连资源(Programmable Interconnect,PI)将各单元描述的功能连接起来,构成一个完整的数字系统,并将输入/输出连接到具体的 I/O 单元。这部分的设计不仅与工艺有关,还与经验有密切关系,PI 设计的好坏将关系到 PLD 的使用效率及器件工作的稳定性。

HDPLD 分为 EPLD、CPLD 和 FPGA 三种。

2.可擦除可编程逻辑器件(EPLD)

EPLD 是 Altera 公司 20 世纪 80 年代中期推出的一种大规模可编程逻辑器件,是从 GAL 演变而来的。其结构与 GAL 基本相同,增加了大量的输出宏单元结构和与阵列,因此其集成度比 GAL 高得多,在一块芯片内能够实现更多的逻辑功能。

EPLD 采用了 CMOS(低功耗、高噪声容限)和 UVEPROM(可靠性高、可以改写、集成度高、造价低)的工艺制作,但其内部互连功能较弱。

3.复杂可编程逻辑器件(CPLD)

CPLD 是从 EPLD 演变而来的。但与 EPLD 相比,增加了内部连线,对逻辑宏单元和 I/O 单元都做了重大改进。CPLD 大多采用了 E² PROM 工艺制作。部分 CPLD 器件集成了 RAM、FIFO 或双口 RAM 等存储器,以适应 DSP 应用设计的要求;有的还具备了在系统编程能力,因此 CPLD 比 EPLD 功能更加强大,使用更加灵活,得到了广泛应用。

4.现场可编程门阵列(FPGA)

与上述 PLD 器件相比,FPGA 采用了完全不同的电路结构形式,它由三种可编程单元和一个用于存放编程数据的静态存储器组成,这三种可编程单元分别是输入/输出模块(Input Output Block,IOB)、可配置逻辑模块(Configurable Logic Block,CLB)和互连资源(Interconnect Resource,IR)。其功能由逻辑结构的配置数据决定,而配置数据放在片内 SRAM 上,因此断电后数据便随之消失,在工作前需要从芯片外的 EPROM 中加载配置数据。

FPGA 提供了更高的集成密度、更丰富的特性和更高的性能,其集成度可达千万门级,采用了 CMOS-SRAM 工艺制作。最新的 FPGA 器件还提供了内建的硬连线处理器(如 IBM Power PC)、大容量存储器、时钟管理系统等,并支持多种最新的超快速器件至器件(DEVICE-TO-DEVICE)信号技术。

FPGA 和 CPLD 是目前广泛应用的两种 PLD 器件。

6.5.5　可编程逻辑器件的开发

PLD 的开发主要包括软件和硬件两部分。开发系统软件是为数字系统提供 EDA 开发的综合环境,支持设计输入、逻辑优化、编译、综合、布局、布线、时序分析、仿真、编程下载等设计过程。它包含多种可编程配置的功能模块,如 ROM、RAM、FIFO、移位寄存器、硬件乘法器、嵌入式逻辑分析仪等,用于构建复杂、高级的逻辑系统。开发系统硬件主要包括开发高性能计算机和编程器。编程器是对 PLD 进行写入和擦除的专用装置。能提供写入或擦除操作所需要的电源电压和控制信号,并通过并行接口从计算机接收编程数据最终写入 PLD 中。

可编程逻辑器件的设计流程如图 6-5-10 所示,它主要包括设计准备、设计输入、设计处理和器件编程四个步骤,同时包含相应的功能仿真、时序仿真和器件测试三个设计验证过程。

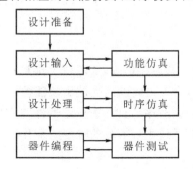

图 6-5-10　可编程逻辑器件的设计流程

1.设计准备

根据功能要求选择合适的设计方案是 PLD 设计的关键,主要包括系统方案的设计和逻辑器件的选取。

目前系统方案的设计和器件的选择都可以在计算机上完成,可以采用硬件描述语言对系统进行功能描述,并选用各种不同的芯片进行平衡、比较,直至得到最佳结果,该工作是一个反复改进的过程。

2.设计输入

对系统要实现的逻辑功能以某种方式进行描述并送入计算机的过程称为设计输入。常用的有原理图输入、硬件描述语言输入和网表输入等多种表达方式。

1)原理图输入

原理图设计输入方式是利用软件提供的各种图库,采用绘制原理图的方式进行设计输入。这是一种最为简单和直观的输入方式。但该方法效率比较低,一般只用于小规模系统设计,或用于在顶层拼接各个已设计完成的电路子模块。

2)硬件描述语言输入

硬件描述语言输入方式是通过文本编辑器,用 VHDL、Verilog HDL 或 AHDL 等硬件描述语言进行设计输入。采用硬件语言描述的优点是效率较高,结果容易仿真,信号观察方便,在不同的设计输入库之间转换方便,适用于大规模数字系统的设计。

3)网表输入

网表是数字系统设计工具和第三方 EDA 相连接的接口。可以通过标准的网表文件把已经实现了的设计直接移植到第三方 EDA 上,而不必重新输入。一般开发软件可以接受的网表文件格式有 EDIF 格式、VHDL 格式及 Verilog 格式等。在用网表输入时,必须注意在两个系统中采用库的对应关系,所有的库单元必须一一对应才可以成功读入网表。

3.设计处理

从设计输入完成以后到编程文件产生的整个编译、适配过程通常称为设计处理或设计实现,它是设计的核心环节,由计算机自动完成,设计者只能通过设置参数来控制其处理过程。在编译过程中,编译软件对设计输入文件进行逻辑化简、综合和优化,并适当地选用一个或多个器件自动进行适配和布局、布线,最后产生编程用的编程文件。

编程文件是可供器件编程使用的数据文件。对于阵列型 PLD 来说,是产生的熔丝图文件(JED 文件),该文件由电子器件工程联合会制定标准格式;对于 FPGA 来说,是生成位流数据文件(BG 文件)。

4.设计校验

设计校验过程包括功能仿真和时序仿真,这两项工作是在设计输入和设计处理过程中同时进行的。功能仿真是在设计输入完成以后的逻辑功能验证,称为前仿真,它不考虑延时信息,对于初步功能检测非常方便。时序仿真在选择好器件并完成布局、布线之后进行,称为后仿真或定时仿真,可以用来分析系统中各部分的时序关系及仿真设计性能。

5.器件编程

器件编程是指将编程数据放到具体的 PLD 中去。对阵列型 PLD 来说,是将 JED 文件

"下载"到 PLD 中去；对 FPGA 来说，是将位流数据文件"配置"到器件中去。

器件编程需要满足一定的条件，如编程电压、编程时序和编程算法等。普通的 PLD 和一次性编程的 FPGA 需要专用的编程器完成器件的编程工作；基于 SRAM 的 FPGA 可以由 EPROM 或微处理器进行配置。

本 章 小 结

(1)半导体存储器是一种能够存放二值数据的集成电路，是构成计算机的重要部件。它具有集成度高、功耗小、存取速度快等优点。半导体存储器的分类如下：

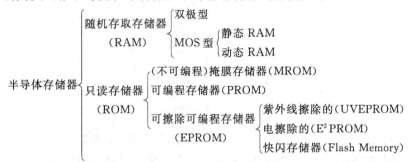

ROM 主要用于存储固定不变的信息，具有只能读不能写的特点，可以实现组合逻辑函数。

RAM 存储的数据随着电源的消失而消失，具有可读可写的特点。

(2)存储器的存储容量为字数×位数，存储容量的扩展可以采用字扩展和位扩展两种方式。

(3)可编程逻辑器件是 ASIC 的一个重要分支，它的逻辑功能是由设计人员按自己的需求利用软、硬件开发工具自行编程确定的，其分类如下：

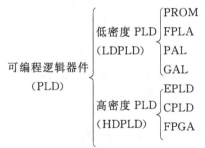

目前 CPLD 和 FPGA 应用最为广泛。

(4)可编程逻辑器件的设计主要包括设计准备、设计输入、设计处理和器件编程四个步骤。设计输入通常采用原理图输入、硬件描述语言输入和网表输入等多种形式。

习 题 6

6-1　试写出习题 6-1 图中各数据输出端的逻辑函数表达式。

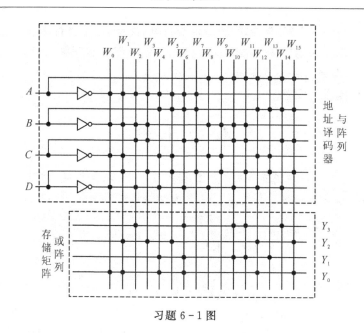

习题 6-1 图

6-2 试问一个 512×4 位的 ROM 应有地址线、数据线、字线和位线各多少根？

6-3 试用 ROM 设计一个判别电路，判别一个 4 位二进制数的状态。

　　(1)若能被 3 整除，则输出 Y_1 为 1；

　　(2)若为奇数，则输出 Y_2 为 1；

　　(3)若大于 10，则输出 Y_3 为 1；

　　(4)若有偶数个 1，则输出 Y_4 为 1。

6-4 试用 ROM 实现下列多输出函数。

$$W_0 = BC + AB + AC$$

$$W_1 = BC + \overline{A}\,\overline{B} + A\overline{C}$$

$$W_2 = (A+B)\overline{AB + B\overline{C}}$$

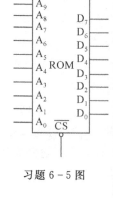

习题 6-5 图

6-5 若用容量为 1024×8 的 ROM(逻辑符号如习题 6-5 图所示)一般构成一个容量为 4096×8 的 ROM，需要几片 1024×8 的 ROM？试加入适当的译码器画出接线图。

6-6 已知 256×4 的 RAM 逻辑符号如习题 6-6 图所示，试用位扩展的方法构成 256×8 的 RAM，画出接线图。

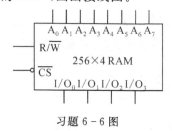

习题 6-6 图

6-7 已知 4×4 RAM 的逻辑符号如习题 6-7 图所示，如果将其扩展成 8×8 的 RAM，

需要几片 4×4 RAM? 画出接线图。

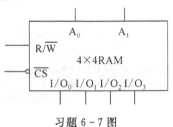

习题 6 - 7 图

6-8　可编程逻辑器件有哪些种类? 它们的共同点是什么?

6-9　比较 GAL 和 PAL 器件在电路结构形式上有何异同点。

6-10　比较 FPGA 和 CPLD 可编程逻辑器件的异同。

6-11　可编程逻辑器件的设计步骤有哪些?

第7章 硬件描述语言 VHDL 简介

硬件描述语言（Hardware Description Language，HDL）是对电子系统进行硬件行为描述、结构描述、数据流描述的语言。利用这种语言，可以将逻辑函数表达式、逻辑电路图、真值表、状态图及复杂数字系统所完成的功能用文本的形式描述出来。采用 EDA 技术和 HDL 语言是目前进行数字系统设计的主要方式。

本章主要介绍 VHDL 的基本结构、基本语法和主要描述语句，通过设计实例介绍用 VHDL 描述数字系统的方法。

7.1 概　　述

数字电子技术的飞速发展，推动和促进了社会生产力和社会信息化的提高。从消费电子产品、工业自动化设备到航空航天都能看到数字电子技术的身影。同时，在电子设计领域中，速度快、性能高、容量大、体积小和微功耗成为集成电路设计的主要发展方向，而这种发展必将导致集成电路的设计规模日益增大、复杂程度日益增高和精度要求更加严格。传统的硬件电路设计方法已经不能满足需要，因此，采用电子设计自动化（Electronic Design Automation，EDA）技术成为现代数字系统设计的主要方式。

EDA 技术以大规模可编程逻辑器件为设计载体，以计算机为工具，在 EDA 软件开发平台上，用硬件描述语言完成设计文件的输入，然后由计算机自动完成逻辑编译、化简、分割、综合、优化、布局、布线和仿真，直至对于特定目标芯片的适配编译、逻辑映射和编程下载等工作，最后形成集成电子系统或专用集成芯片。EDA 技术的出现，极大地提高了电路设计的效率和可操作性，减轻了设计者的劳动强度。

VHDL 的英文全称为 Very High Speed Integrated Circuits Hardware Description Language，是符合美国电气和电子工程师协会标准（IEEE-1076）的"超高速集成电路硬件描述语言"，可以用一种形式化的方法来描述数字系统的结构、行为、功能和接口。它在 20 世纪 80 年代后期出现，最初是由美国国防部开发供美军提高设计的可靠性和缩减开发周期的一种使用范围较小的设计语言。1987 年底，VHDL 被 IEEE 和美国国防部确认为标准硬件描述语言，即 IEEE 1076 版本。1993 年，IEEE 对 VHDL 进行了修订，从更高的抽象层次和系统描述能力上扩展了 VHDL 的内容，公布了新版本的 VHDL，即 IEEE 标准的 1076－1993 版本，简称 93 版。VHDL 作为 IEEE 的工业标准硬件描述语言，得到众多 EDA 公司的支持，在电子工程领域，已成为事实上的通用硬件描述语言。

VHDL 具有丰富的表达能力，主要有以下优点：

（1）功能强大、设计灵活；

（2）具有强大的硬件系统描述能力；

(3)移植能力强；

(4)VHDL 语言的设计描述与器件无关；

(5)支持广泛，易于修改、易于共享和复用。

7.2　VHDL 程序的基本结构

一个完整的 VHDL 程序通常包括设计实体、结构体、配置、库和程序包 5 个部分。

VHDL 把一个电路模块看作一个单元，对任何一个单元的描述都包括接口和内部特性两部分。例如，一个全加器的 VHDL 描述如下：

```
library ieee;
use ieee.std_logic_1164.all;          >库和程序包调用
use ieee.std_logic_unsigned.all;

entity qjq is                      ——实体名为 qjq
    port(a,b,ci:in std_logic;      ——a,b,ci 是输入端口
         s,co:out std_logic);      ——s、co 是输出端口        >实体部分
end qjq;                           ——实体描述结束

architecture behavior of qiq is    ——结构体名为 behavior
begin
    process(a,b,ci)                ——a,b,ci 为敏感量
    begin
        s<=a xor b xor ci;             ——s 等于 a 异或 b 异或 ci
        co<=((a xor b)and ci)or(a and b);  ——co 等于(a 异或 b 与 ci)或(a 与 b)
    end process;
end behavior;                      ——全加器结构体描述结束
```

上面这段描述中黑体字为关键字，1～3 行为库和程序包的调用。实体以 entity 开头、end 结束，跟在 entity 后面的为实体名，实体描述输入、输出端口信号。结构体以 architecture 开头、end 结束，跟在 architecture 后面的为结构体名，结构体描述该单元的操作行为。VHDL 中，一个单元只有一个设计实体，而结构体的个数可以不限，一个设计实体和某一特定的结构体合起来共同定义一个单元。

7.2.1　实体

实体用来描述一个设计单元的名称和端口信息（连接信号的类型和方向），其一般的语句格式为：

```
entity 实体名 is
    generic(    )
    port(端口名称 1:端口方式 1 端口类型 1;
         端口名称 2:端口方式 2 端口类型 2;
         …);
end 实体名;
```

注意：

（1）实体名由设计者自行定义，但是应注意，实体名不能以数字开头，也不能使用 EDA 工具库中已定义好的元件名。

（2）类属参数（generic）说明必须放在端口说明之前，用于指定参数的大小、实体中子元件的数目及实体的定时特性等。例如，一个四选一数据选择器的端口描述如下：

```
entity mux 4 - 1 is
    generic( m: time: =1 ns);
    port(d0,d1, d2,d3:in std_logic;
         s0,s1:in std_logic;
           q:out std_logic);
end mux 4 - 1;
```

其中，generic 引导的是类属参数说明语句，它定义了延迟时间为 1 ns。

（3）端口（port）名称是赋予每个外部引脚名称，一般用一个或几个英文字母或英文字母加数字命名。

（4）端口方式用来定义外部引脚的信号方向是输入还是输出。端口模式共有四种：in（输入模式）、out（输出模式，不能用于内部反馈）、inout（双向模式，输入、输出）、buffer（缓冲模式，允许用于内部反馈）。

实体的语句格式相对固定，书写起来比较简单。例如，二输入的与门和二输入的或门程序中除了实体名不一样外，其它实体描述部分完全一样，它们的描述如下。

二输入与门的实体说明程序：

```
entity and_gate is           //实体名为 and_gate 的二输入与门
port(a:in std_logic;
    b:in std_logic;
    c:out std_logic);        //a,b 为输入端,c 为输出端
end and_gate;                //实体说明结束
```

二输入或门的实体说明程序：

```
entity or_gate is            //实体名为 or_gate 的二输入或门
port(a:in std_logic;
    b:in std_logic;
    c:out std_logic);        //a,b 为输入端,c 为输出端
end or_gate;                 //实体说明结束
```

7.2.2 结构体

结构体是对设计实体的具体描述，包括实体硬件的结构、硬件的类型和功能、元件的连接关系、信号的传输和变换及动态行为，它一定要跟在实体的后面。

结构体一般语句的格式为：

```
architecture 结构体名 of 实体名 is
   定义语句
begin
并行处理语句;
```

　　　end 结构体名；

注意：

　　(1)每个实体可以有多个结构体，每个结构体代表该硬件结构的某一方面特性，例如行为特性或结构特性；

　　(2)结构体语句中的实体名是对本结构体所属实体的说明，必须与前面实体说明里给出的名称相同；

　　结构体的定义语句用于对结构体内部使用的信号、常数、数据类型、函数等进行定义。信号定义和端口说明一样，应有信号名和数据类型，因此为内部使用，不需要方向说明。

　　并行处理语句具体描述了结构体的行为及其连接关系。结构体中的语句都是可以并行执行的，语句不以书写的先后为执行顺序。

　　(3)结构体名一般采用三种描述方法：behavior（行为）描述、dataflow（数据流）描述和structure（结构）描述。

　　• 行为描述使用函数、过程和进程语句，以算法形式描述数据的交换和传送，其反映的是设计的功能行为和算法。

　　• 数据流描述使用并行的信号赋值语句，不但描述了设计单元的行为，也描述了设计单元的结构，其反映的是设计中数据从输入到输出的流向。

　　• 结构描述使用元件例化语句和配置指定语句描述元件类型及其互联关系，其反映的是设计方案的硬件结构特点。

　　例如，前面描述一位全加器使用了行为描述，也可以直接使用数据流描述其逻辑关系，如下所示：

```
architecture dataflow of qjq is
begin
        if(a='0' and b='0' and ci='0')then      //输入 a=b=ci=0 时,s=0,co=0
                s<='0';
                co<='0';
        elsif(a='0' and b='0' and ci='1')then  //输入 a=b=0,ci=1 时,s=1,co=0
                s<='1';
                co<='0';
        elsif(a='0' and b='1' and ci='0')then  //输入 a=0,b=1,ci=0 时,s=1,co=0
                s<='1';
                co<='0';
        elsif(a='0' and b='1' and ci='1')then  //输入 a=0,b=ci=1 时,s=0,co=1
                s<='0';
                co<='1';
        elsif(a='1' and b='0' and ci='0')then  //输入 a=1,b=ci=0 时,s=1,co=0
                s<='1';
                co<='0';
        elsif(a='1' and b='0' and ci='1')then  //输入 a=1,b=0,ci=1 时,s=0,co=1
                s<='0';
```

```
            co<='1';
    elsif(a='1' and b='1' and ci='0')then  //输入 a=b=1,ci=0 时,s=0,co=1
            s<='0';
            co<='1';
    elsif(a='1' and b='1' and ci='1')then  //输入 a=b=ci=1 时,s=1,co=1
            s<='1';
            co<='1';
    end if;
    end dataflow ;
```

由此可以看出,VHDL 的一般结构框架比较固定,需要设计者编写的主要部分在结构体。

7.2.3　库和程序包

1.库

库(library)是经编译后的数据集合,它存放实体、结构体、程序包和配置说明等,包括用于分析、仿真和综合的中间文件。使用 VHDL 设计硬件电路时可以引用相关的库,共享已经编译过的信息。VHDL 的库大致可分为 5 种:ieee 库、std 库、面向 ASIC 的库、work 库和用户自定义库。

1)ieee 库

ieee 库是按国际 IEEE 组织制定的工业标准进行编写的标准资源库,也是最常用的资源库,其中常用的程序包有以下 4 种。

(1)std_logic_1164 程序包:包含常用的数据类型和函数的定义、各种类型转换函数及逻辑运算;

(2)std_logic_arith 程序包:在 std_logic_1164 程序包的基础上定义了无符号数(unsigned)、有符号数(signed)数据类型并为其定义了相应的算术运算、比较操作函数,以及它们与整数(integer)之间的转换函数;

(3)std_logic_unsigned 程序包和 std_logic_signed 程序包:定义了不同数据类型混合运算的运算符。

一般基于 FPGA/CPLD 的开发,ieee 库中的这 4 个程序包已经足够使用。

2)std 库

std 库是标准库,主要包含以下两个程序包。

(1)standard 标准程序包:定义了基本数据类型、子类型和函数及各种类型的转换函数等。实际应用中已默认打开,不需要 use 语句另作说明。

(2)textio 文本程序包:定义了支持文本文件操作的许多类型和子类型。使用 textio 文本程序包时必须在程序的开始部分做程序包的说明,例如

```
library std;
use std. textio.all;
```

3)面向 ASIC 的库

为了门级时序仿真而设置的面向 ASIC 设计的逻辑门库,一般在 VHDL 程序进行时序仿真时使用,用面向 ASIC 的库可以提高仿真精度,它主要包含两个程序包。

(1)vital_timing 程序包:时序仿真程序包。

(2)vital_primitives 程序包:基本单元程序包。

4)work 库

在没有特别说明的情况下,设计人员设计的 VHDL 程序的编译结果都存放在 work 库中。如果需要引用以前编译的结果,设计人员可直接引用该库;如果需要引用该库中用户定义的例化元件和模块,则需要对 work 库进行说明。

5)自定义库

设计人员可以将设计开发所需的公用程序包、设计实体等汇集在一起定义成一个库,这就是用户自定义库。由于用户自定义的库是一种资源库,因此使用时需要在程序开始部分对库进行说明。由此可以看出 VHDL 具有较好的灵活性,设计人员可根据实际情况自己定义一些单元,方便利用。

2.程序包

程序包是多个设计体可共享的设计单元,包内主要用来存放信号说明、常量定义、数据类型、子程序说明、属性说明和元件说明等。

程序包由程序包说明和包体组成。

程序包说明的一般形式如下:

package 程序包名 **is**

　　　［说明部分］;

end 程序包名;

包体的一般形式如下:

package body 程序包名 **is**

　　　［说明部分］;

end 程序包名;

包体和程序包使用相同的名字。包体中的子程序体及相应的说明为专用的,不能被其它 VHDL 单元调用,而程序包中的说明是公共的,可以被调用。

常用的预定义程序包有三种:std_logic_1164 程序包(为 ieee 的标准程序包,该包用得最多的是两个工业标准的数据类型 std_logic 和 std_logic_vector)、std_logic_arith 程序包,以及 std_logic_unsigned 和 std_logic_signed 程序包。

3.库和程序包的调用

库的说明语句通常放在实体前面,一般必须与 use 语句一起使用。库语言关键词 library 后跟使用的库名,use 语句后跟使用的程序包。例如,使用指令 library 调用 ieee 库中 std_logic_1164.all 程序包,调用库的语句格式为

library ieee;

use ieee.std_logic_1164.all

上述第一条语句表示打开 ieee 库,第二条语句表示允许使用 std_logic_1164.all 程序包中的所有内容。

7.2.4　配置

当一个实体具有多个结构体时,可以使用配置语句为实体选定某个结构体,以得到性能最

佳的设计。需要说明的是,配置语句主要用于为顶层设计实体指定结构体。当实体只有一个结构体时,程序中不需要配置语句。

配置语句的一般格式如下:

  configuration conf1 **of** qjq **is**

  for behavior

  end for;

  end conf1;

它选择设计实体 qjq 的结构体 behavior 与其相对应。

7.3　VHDL 的基本语法

7.3.1　VHDL 的数据对象

VHDL 中承载数据的载体称为 VHDL 的数据对象,主要有常量(constant)、变量(variable)和信号(signal)三类。

1.常量

常量的值固定不变,对其赋值后在整个程序运行中保持该值不变。常量可以在电路中代表电源、地线等。其定义的格式为

  constant 常量名:数据类型[:=取值];

例如:

  constant length:integer:=6;　　//常量名为 length,数据类型是 integer(整数),
             赋初值为 6

  constant Vcc:real:=5.0;　　　　//常量名为 Vcc,数据类型是 real(实数),赋初值
             为 5.0

2.变量

变量用来暂时存放局部数据,只能在进程语句和子程序中定义和使用。变量一旦赋值立即生效。其定义的格式为

  variable 变量名:数据类型[:=初始值];

例如:

  variable x: std_logic:='0';　　　//变量名为 x,数据类型是 std_logic(标准逻辑位)

  variable a、b:bit_vector(0 to 7);　//变量名为 a、b,数据类型是 bit_vector(0 to 7)
             (位矢量)

变量赋值语句的格式为

  变量名:=表达式;

":="为变量赋值符号。使用变量赋值语句时,赋值符号两边的数据类型要保持一致。

3.信号

信号代表电路内部各元件间的连接线。信号通常在实体、结构体和程序包中说明,但不能在进程中说明,只能在进程中使用,是一个全局量。信号值不像变量赋值立即生效,允许产生

延时,即信号相当于元件间的连线,仿真时必须经过一段时间延迟后才能生效,这和实际元件的传输延时特征吻合。

信号定义的格式为

　　　signal 信号名:信号类型[:=初始值];

例如:

　　　signal b:std_logic:=´1´;　　　　　//信号名为 b,数据类型是 std_logic(标准逻辑信号),赋初值为 1

　　　signal c: integer ranger 0 to 15;　　//信号名为 c,数据类型是 integer(整数),整数范围 0~15

　　　signal y,x: integer;　　　　　　　//信号名为 y、x,数据类型是整数

　　　y<=x;　　　　　　　　　　　　//经过 δ 延时后将 x 值赋给 y

赋值语句的格式为

　　　信号名<=表达式;

注意:变量与信号在定义和使用上的不同:①定义的位置不同;②赋值符号不同;③变量赋值立即生效,无延时,信号赋值有延时,经过一段时间后才能生效。

7.3.2　VHDL 的数据类型

VHDL 中的每一个数据对象都必须具有确定的数据类型定义,相同数据类型的数据对象之间可以进行数据交换。VHDL 提供了多种标准的数据类型,还可以由用户自定义数据类型。

1.标准的数据类型

(1)整数数据类型(integer)。与 C 语言中的整型(int)类似,整数类型的数可取正整数、负整数和零,其取值范围是 $-(2^{31}-1)\sim(2^{31}-1)$。

(2)实数数据类型(real)。VHDL 的实数与数学中的实数或浮点数相似,范围被限定为 $-10^{38}\sim10^{38}$。

(3)位数据类型(bit)。信号经常用位数据类型表示,位数据类型属于枚举类型,其值用带单引号的'1'和'0'表示。

(4)位矢量数据类型(bit_vector)。位矢量是用双引号括起来的一组位数据,通常用来表示数据总线,例如"010101"。

(5)布尔量数据类型(boolean)。布尔量数据类型也属于枚举类型,通常用来表示关系运算和关系运算结果,其值只有"true"和"false"两种状态。

(6)字符数据类型(character)。VHDL 的字符数据类型表示 ASCII 码的 128 个字符,书写时用单引号括起来,区分大小写。例如'A'和'a'等。

(7)字符串数据类型(string)。字符串是双引号括起来的一串字符。例如"HERE"。

(8)时间型数据类型(time)。时间型数据由整数和单位组成,使用时数值和单位之间应有空格,如 10 ns。

(9)错误等级数据类型(severity level)。错误等级数据类型共有四种等级:note(注意)、warning(警告)、error(出错)和 failure(失败)。可以据此了解仿真状态。

(10)自然数据类型(natural)和正整数数据类型(positive)。VHDL 的数据类型定义相当

严格,不同类型之间的数据不能直接代入,而且即使数据类型相同,但位长不同也不能直接代入,必须经过转换函数将其转换为相同类型。有 3 种 VHDL 程序包提供数据类型转换函数,分别是 std_logic_1164、std_logic_arith 和 std_logic_unsigned。

2.用户自定义的数据类型

除了使用标准数据类型外,用户可以自己建立新的数据类型及子类型。新构建的数据类型通常在程序包中说明,其一般形式如下:

type 数据类型名 **is** [数据类型定义];

例如:

type digit **is** integer range 0 to 7;   //定义 digit 的数据类型是 integer(整数),范围 0~7

常用的几种用户自定义的数据类型有:枚举(enumerated)类型、整数(integer)类型、实数(real)类型、数组(array)类型、物理类型、记录(record)类型等。

(1)枚举类型。枚举类型的定义格式如下:

type 数据类型名 **is** (元素 1,元素 2,…,元素 n);

例如:

type WEEK **is** (SUN,MON,TUE,WED ,THU ,FRI ,SAT);

std_logic 数据类型也属于枚举类型,例如:

typestd_logic is (′U′,′X′,′0′,′1′,′Z′ ,′W′ ,′L′,′H′,′-′);

其中:"U"表示初始值;"X"表示不定;"0"表示逻辑 0;"1" 表示逻辑 1;"Z"表示高阻;"W"表示弱信号不定;"L"表示弱信号 0;"H"表示弱信号 1;"-"表示不可能情况。

(2)整数类型、实数类型。整数类型和实数类型在 VHDL 的标准数据类型中已经存在,所谓的用户自定义整数、实数数据类型实际上是整数或者实数的一个子集,例如:

type a **is** integer range 0 to 9;

(3)数组类型。数组是将相同类型的数据集合在一起形成的一个新的复合数据类型。它可以是一维、二维或多维的。数组定义的格式如下:

type 数据类型名 **is array** 范围 **of** 原数据类型名;

例如:

type word **is array** (1 to 8) **of** std_logic;

数组常在总线定义及 ROM、RAM 等的系统模型中使用。

在函数和过程语句中,若使用无限制范围的数组,则其范围一般由调用者所传递的参数来确定。

多维数组需要用两个以上的范围来描述,并且多维数组不能生成逻辑电路,因此只能用于生成仿真图形及硬件的抽象模型。

(4)物理类型。物理类型的格式如下:

type 数据类型名 **is** 范围

　　units 基本单位;

　单位条目;

　end units;

物理类型可以对时间、容量、阻抗等进行定义。

(5)记录类型。数组是同一类型数据集合起来形成的,而记录则是将不同类型的数据和数据名组织在一起形成的新类型,其定义格式如下:

type 数据类型名 **is record**
　　　元素名:数据类型名;
　　　...
　　　元素名:数据类型名;
　　end record;

在从记录数据类型中提取元素数据类型时应用"·"。记录数据类型比较适合于系统仿真,在生成逻辑电路时应将其分解开来。

7.3.3　VHDL 的运算操作符

VHDL 的运算操作符有四种类型:逻辑运算符、算术运算符、关系运算符和并置运算符。操作数的类型必须与运算符要求的数据类型保持一致,否则编译会出错。运算符有优先级,各种运算操作符如表 7 - 3 - 1 所示。

表 7 - 3 - 1　VHDL 的运算操作符

逻辑运算符		算术运算符		关系运算符		并置运算符	
and	与	+	加	=	等于	&	位连接
or	或	-	减	/=	不等于		
nand	与非	*	乘	<	小于		
nor	或非	/	除	<=	小于等于		
xor	异或	**	乘方	>	大于		
xnor	同或	mod	求模	>=	大于等于		
not	非	rem	求余				
		abs	绝对值				

1.逻辑运算符

逻辑运算符可对 std_logic、bit、std_logic_vector、bit_vector、boolean 等类型数据进行逻辑运算,逻辑运算符的左右两边和代入信号的数据类型必须相同。

7 种逻辑运算符中,not 的优先级最高,其它 6 个逻辑运算符优先级相同。在一个 VHDL 语句中存在两个或两个以上逻辑表达时,前后没有优先级差别。一个逻辑式中,应先做括号里的运算,后做括号外的运算。例如:

q<=a and b or(not c and d);　　　　//将 ab+c̄d 赋值给 q

2.算术运算符

算术运算符中只有加、减、乘运算符在 VHDL 综合时生成逻辑电路。对数据位较长的数据应慎重使用乘法运算,以防止综合时电路规模太过庞大。

3.关系运算符

关系运算符用于相同数据类型数据对象间的比较,关系表达式的结果是布尔类型。运算时,左右两边操作数的数据类型必须一致,位长可以不同。对位矢量数据进行比较时,应自左向右按位进行。

4.并置运算符

并置运算符主要用于位连接,即用来将普通操作数或数组组合起来,形成新的操作数。例如"HE"&"LLO"的结果为"HELLO";'0'&'1'&"010110"的结果为"01010110"。

7.4　VHDL 的基本描述语句

7.4.1　顺序描述语句

VHDL 提供的顺序语句只能出现在进程、过程和函数中,对在进程、过程和函数中所执行的算法进行定义。所谓"顺序"是指完全按照程序语句中语句出现的顺序来执行各条语句,而且在语言结构层次中,前面语句的执行结果可能直接影响后面语句的结果。

VHDL 中常用的顺序描述语句有:信号和变量赋值语句、if 语句、case 语句、loop 语句、wait 语句、next 语句、exit 语句和 null 语句等。

1.信号和变量赋值语句

VHDL 提供了两种类型的赋值语句:信号赋值语句和变量赋值语句。这两种语句的格式如下所示。

信号赋值语句:

　　　目的信号<=表达式;

变量赋值语句:

　　　目的变量:=表达式;

例如:

```
variable x,y:bit;                //定义变量 x、y 为位数据类型
signal z:bit_vector(0 to 3);     //定义信号 z 为位矢量数据类型
x:='0';
y:='1';                          //给变量 x、y 赋值,立即赋值
z<="1100";                       //给信号 z 赋值,经过 δ(纳秒级)延时后被赋值,
                                 //  在此之前保持原值
```

需要注意的是:

(1)VHDL 是强类型语言,信号量与信号量表达式的类型和长度都必须一致,否则就会出错;

(2)在 VHDL 语言中,信号的说明只能在 VHDL 语言程序的并行部分进行说明(如在结构体的说明部分),但可以在 VHDL 语言程序的并行部分和顺序部分同时使用。而变量的说明和赋值语句就不同,只能在 VHDL 程序的顺序部分进行说明和使用,即只能出现在进程、过程和函数中。这说明信号是全局量,变量是局部量。

2.if 语句

VHDL 语言中的 if 语句和 C 语言中的 if 语句类似,用来判定所给出的条件是否满足。该语句的语法格式为

```
if(条件) then
    顺序语句;
elsif(条件) then
    顺序语句;
          ⋮
else
    顺序语句;
end if;
```

例如:

```
if(r='0' and s='1') then
    q_temp<='0';
    qb_temp<='1';              // R=0,S=1 时,Q^{n+1}=0,\overline{Q^{n+1}}=1
elsif(r='1' and s='0') then
    q_temp<='1';
    qb_temp<='0';              //R=1,S=0 时,Q^{n+1}=1,\overline{Q^{n+1}}=0
end if
```

需要注意的是:

(1)在 VHDL 程序中 if 语句结束时,要有结束语句 end if;

(2)当设置有多个条件,满足其中一个条件时,执行该条件后的顺序语句,如果都不满足,则执行 else 后的顺序语句。因此,实际上一条 if 语句只需要一个 end if,可以用来描述比较复杂的条件控制。

3.case 语句

VHDL 中的 case 语句用来对多个条件分支进行判定,并根据判定结果确定执行分支,其与 C 语言中的 swith 语句编程思路是一致的,该语句的书写格式为

```
case 条件表达式 is
when 条件表达式的值=>一组顺序语句;
          ⋮
when 条件表达式的值=>一组顺序语句;
end case;
```

例如:用 casc 语句描述的四输入与非门电路程序为

```
library ieee;
use ieee.std_logic_1164.all;        //库和程序包调用

entity nand4 is                      //实体说明
port(a,b,c,d:in std_logic;
     y:out std_logic);
end nand4;

architecture behavior of nand4 is   //开始结构体说明
```

```
begin
  process(a,b,c,d)                        //当输入 a、b、c、d 有变化时,程序开始执行
    variable tmp:std_logic_vector(3 down to 0);
                                          //定义一个 std_logic_vector 数据类型的
                                          变量 tmp
  begin
    tmp:=a&b&c&d;                         //将 a、b、c、d 这 4 个输入量并置后赋给
                                          变量 tmp

    case tmp is                           //用 case 语句说明不同的输入状态下,得到
                                          不同的输出

      when "0000"=>y<= '1';
      when "0001"=>y<= '1';
      when "0010"=>y<= '1';
      when "0011"=>y<= '1';
      when "0100"=>y<= '1';
      when "0101"=>y<= '1';
      when "0110"=>y<= '1';
      when "0111"=>y<= '1';
      when "1000"=>y<= '1';
      when "1001"=>y<= '1';
      when "1010"=>y<= '1';
      when "1011"=>y<= '1';
      when "1100"=>y<= '1';
      when "1101"=>y<= '1';
      when "1110"=>y<= '1';
      when "1111"=>y<= '0';
      when others=>y<= 'x';               //除以上 16 种状态以外的其它状态均为无效状态
    end case;                             //结束 case 语句
  end process;
end behavior;                             //结束结构体说明
```

需要注意的是:

(1)case 语句是根据条件表达式的值执行由符号"=>"所指的一组顺序语句;

(2)if 语句是有序的,先处理起始的、最优先的条件,后处理次优先的条件,而 case 语句是无序的,所有条件表达式的值都并行处理;

(3)case 语句中条件表达式的值必须穷尽且不能重复,不能穷尽的条件表达式的值用 others 表示。

4.loop 语句

VHDL 语言中,loop 语句是用来进行循环控制的语句,可使程序进行有规则的循环,循环次数由迭代算法或其它语句控制。它和 C 语言中的 for、while 语句类似,分为 for loop 循环语句和 while loop 循环语句。

for loop 循环语句的语法格式为

　　　　循环标号:**for** 循环变量 **in** 范围 **loop**

　　　　　　　　　　顺序处理语句;

　　　　end loop 循环标号;

例如:

```
tmp:='0';                    //给 tmp 赋初值
for j in 0 to 7 loop         //j 从 0 到 7 循环
    tmp:=tmp xor d(j);       //将 tmp 与 d(j)异或的值赋于 tmp,j 加 1,再执行 tmp
                              与 d(j)异或,直到 j 大于 7
end loop;                    //结束 loop 循环
```

需要注意的是:

(1)循环标号是 for loop 循环语句的标识符,可以省略;

(2)循环变量是整数变量,无需另加说明;

(3)for loop 循环语句执行时,该循环变量从指定范围的起始值至终止值进行一次循环,取完范围内全部指定值,结束循环。

while loop 循环语句的语法格式为

　　　　循环标号:**while** 条件表达式 **loop**

　　　　　　　　　　顺序处理语句;

　　　　end loop 循环标号;

例如:

```
tmp:='0';
i:='0';                      //给 tmp、i 赋初值
loop1:while i<8 loop         //i 从 0 到 7 循环
    tmp:=tmp xor d(i);       //将 tmp 与 d(i)异或的值赋于 tmp,i 加 1,再执行 tmp
                              与 d(i)异或,直到 i 等于 8,退出循环
    i=i+1;
end loop loop1;              //结束 loop 循环
```

需要注意的是:

(1)while 后面的条件表达式是布尔表达式;

(2)while loop 循环语句在每次执行前要先检查条件表达式的值,当其值为 true 时,执行循环体中的顺序处理语句,执行完毕后返回到该循环开始,然后再次检查条件表达式的值,如果此时值为 false,就结束循环转而执行 while loop 循环后面的其它语句。

5.wait 语句

wait 语句可以用来控制程序进程的状态。当进程执行到 wait 语句时将被挂起,并设置好再次执行的条件,可以是无条件等待或有条件等待。有条件的等待有 3 种:wait on、wait until 和 wait for。且这几个条件还可以组合成复合条件。

(1)wait on。当等待某些信号发生变化时用 wait on 语句,该语句的书写格式为

　　　　wait on 信号列表;

信号列表可以包括一个或多个信号。当其中任何一个信号的值变化时,进程将结束挂起状态,进入执行状态,执行 wait on 语句后面的语句,例如:

wait on a、b、c；

该语句等待信号 a、b、c 中的任何一个发生变化时执行 wait on 语句后面的语句。

（2）wait until。当等待某个条件满足时用 wait until 语句，该语句的书写格式为

wait until 布尔表达式；

当布尔表达式的值为"真"时，进程将结束挂起状态，进入执行状态，执行 wait until 语句后面的语句，例如：

wait until a＝'1'；

该语句等待信号 a＝1 时执行 wait until 语句后面的语句。

（3）wait for。当需要等待一段时间时用 wait for 语句，该语句的书写格式为

wait for 时间表达式；

时间表达式可以是一个具体时间（如 20 ns），也可以是一个时间量的算术表达式（如 t1＋t2）。当执行到 wait for 语句时，进程将进入挂起状态，直到时间表达式指定的时间到了，才能结束挂起状态，进入执行状态，执行 wait for 语句后面的语句，例如：

wait for 20 ns；

wait for t1＋t2；

上面第一个语句中，20 ns 是一个时间常量。第二个语句中 t1＋t2 是一个时间表达式，在等待时要先对该式进行一次计算。当 t1＝10 ns，t2＝20 ns 时，相当于 wait for 30 ns。

需要注意的是：wait for 语句不是可综合语句，只能在仿真时使用。

（4）复合 wait 语句。可以同时使用多个等待条件，构成一条复合 wait 语句，例如：

wait on clk **until** clk＝'1'；

该语句等待 clk 信号的值发生变化，而且当它的值为 1 时，进程将结束挂起状态，进入执行状态，执行该语句后面的语句。

6.next 语句

next 语句用于从循环体内跳出本次循环，但还继续在本轮循环中，只是转入下一次循环并重新开始。主要用于 loop 循环内的执行控制，相当于 C 语句中的 continue 语句。该语句的语法格式为

next 循环标号 **when** 条件表达式；

例如：

for i **in** 7 **down to** 0 **loop**

　　　　if mask(i)＝'1' **then**

　　　　　　next；　　　　　　　　　　//当 mask 某一位为"1"时，跳出本次循环

　　　　else

　　　　　　q(i)＜＝a(i)and b(i)；　//若不为"1"，则 a、b 的对应位进行逻辑与

　　　　　　end if；

　　end loop；

其中：

（1）循环标号用来表明结束本次循环后下一次循环的起始位置；条件表达式的值为布尔量，是跳出本次循环的条件，其值为"真"时跳出本次循环；

（2）循环标号和条件表达式可以省略，若标号和条件表达式省略时，只要执行到该语句就

立即无条件跳出本次循环,从 loop 语句的起始位置进入下一次循环。

7.exit 语句

exit 语句用于从循环体内退出并结束循环,相当于 C 语言中的 break 语句。该语句的语法格式为

exit 循环标号 **when** 条件表达式;

例如:

L1:**loop**　　　　　　　//循环标号为 L1 的循环体
　if b<(a * a) **then**
　exit L1;　　　　　　　//退出 L1 循环体;

其中:

(1)循环标号和条件表达式是可选项,若省略这两项,则无条件退出循环语句;

(2)next 语句只结束本次循环,并开始下一次循环,而 exit 语句结束整个循环,跳出循环状态。

8.null 语句

null 语句表示一种空操作,不执行任何功能,常用在 case 语句中,利用 null 来表示剩余条件选择值下的操作,从而满足 case 语句对条件选择值全部列举的要求,例如:

case sel is
　　　　when"00"=>q<= d0;
　　　　when"01"=>q<= d1;
　　　　when"10"=>q<= d2;
　　　　when"11"=>q<= d3;
　　　　when others=>null;　　//列举 4 选 1 的条件,若 sel 为以上 4 值以
　　　　　　　　　　　　　　　　　　外的其它值,就执行 null 语句,执行一个
　　　　　　　　　　　　　　　　　　空操作,然后执行下一条语句。

end case;

7.4.2　进程描述语句

所有的顺序描述语句都只能在进程中使用,一个结构体可以有多个进程语句,多个进程间是并行的,可访问结构体或实体中定义的信号。进程语句结构内部所有语句都是顺序执行的。VHDL 中常用的进程描述语句有进程(process)语句、并行信号赋值语句、元件例化语句和生成语句。

1.process 语句

process 语句是 VHDL 中最常用的语句。该语句的语法格式为

进程名:**process**(敏感信号列表)
　　　　进程语句说明;
begin
　　　　顺序语句说明;
end process 进程名;

例如：使用 process 语句的二输入或非门电路的程序为：

```
library ieee;
use ieee.std_logic_1164.all;        //库和程序包调用

entity nor2 is                      //实体说明
port(a,b:in std_logic;
     y:out std_logic);
end nor2;

architecture behavior of nor2 is    //开始结构体说明
begin
  p1:process(a,b)                   //当输入 a、b 发生变化时,开始执行进程语句
    variable tmp:std_logic_vector(1 down to 0);
                                    //定义一个 std_logic_vec tor 数据类型的变量 tmp
  begin
    tmp:=a&b;                       //将 a、b 这两个输入量并置后赋给变量 tmp
    case tmp is                     //用 case 语句说明不同的输入状态下,得到不
                                    //  同的输出
      when"00"=>y<='1';
      when"01"=>y<='0';
      when"10"=>y<='0';
      when"11"=>y<='0';
      when others=>y<='x';         //除以上 4 种状态以外的其它状态均为无效状态
    end case;                       //结束 case 语句
  end process p1;                   //结束进程语句
end behavior;                       //结束结构体
```

其中：

(1)"敏感信号列表"中所标明的信号是用来启动进程的,无论其中哪一个信号发生变化都将启动进程；

(2)进程启动以后,begin 和 end process 之间的语句将从上到下顺序执行一次,当最后一个语句执行完后,就返回进程语句的开始,等待下一次敏感信号表中的信号变化；

(3)同一结构体中的几个进程通过共用同一个时钟信号来进行激励,以实现同步并启动进程。

2.并行信号赋值语句

并行信号赋值语句是相对于顺序信号赋值语句而言的,当信号赋值语句在结构体的进程内使用时,它作为一种顺序语句出现,称为顺序信号赋值语句；当信号赋值语句在结构体的进程之外使用时,它是一种并行语句,称为并行信号赋值语句。

并行信号赋值语句有三种形式：并发信号赋值语句、条件信号赋值语句和选择信号赋值语句。

　　(1)并发信号赋值语句。并发信号赋值语句的格式为

　　　　赋值目标＜＝表达式；

例如：

```
x<=a and b;                    //a、b 逻辑与后的值赋于 x
y<=a or b;                     //a、b 逻辑或后的值赋于 y
z<=a xor b;                    //a、b 异或后的值赋于 z
```

需要注意的是：

　　①以上 3 条赋值语句顺序可以任意颠倒，不会对执行结果造成任何影响；

　　②一般来说，一条并发信号赋值语句与一个含有信号赋值语句的进程是等价的，因此可以将一条并行信号赋值语句改写成等价的进程语句，如上例中的 3 条语句可以等价为如下进程：

```
p1:process(a,b)                //当 a、b 发生变化时，进程 p1、p2、p3 同时执行
begin
  x<=a and b;                  //a、b 逻辑与后的值赋于 x
end process p1;
p2:process(a,b)
begin
  y<=a or b;                   //a、b 逻辑或后的值赋于 y
end process p2;
p3:process(a,b)
begin
  z<=a xor b;                  //a、b 异或后的值赋于 z
end process p3;
```

　　(2)条件信号赋值语句。条件信号赋值语句是根据不同的条件将不同表达式的值赋给目标信号。该语句格式为

```
赋值目标<=表达式 1 when 赋值条件 1 else
         表达式 2 when 赋值条件 2 else
         表达式 3 when 赋值条件 3 else
              ...
         表达式 n-1 when 赋值条件 n-1 else
         表达式 n;
```

例如：

```
x<= a when sel="00" else
    b when sel="01" else
    c when sel="10" else
    d;
```

　　该语句执行时先进行条件判断，再进行信号赋值。若满足条件，就将该条件前面那个表达式的值赋给目标信号；如果不满足该条件，就判断下一个；若所有的条件都不满足，就将最后一个表达式的值赋予目标信号。

　　(3)选择信号赋值语句。选择信号赋值语句是根据不同的选择条件将不同表达式的值赋

给目标信号。该语句的语法格式为

    with 选择条件表达式 **select**

        赋值目标 <= 信号表达式 1 **when** 选择条件 1,

                信号表达式 2 **when** 选择条件 2,

                信号表达式 3 **when** 选择条件 3,

                    …

                信号表达式 n **when** 选择条件 n；

例如：

    with sel **select**

        x<=a **when** ″00″,　　　　　　　//选择值用","结束

             b **when** ″01″,

             c **when** ″10″,

             d **when** others；

执行该语句时,首先对选择条件表达式进行判断,当选择条件表达式的值符合某一选择条件时,就将该选择条件前面的信号表达式赋予目标信号。

3.元件例化语句

把已经设计好的设计实体描述为一个元件或一个模块,在设计过程中,可以通过调用该元件或者模块来完成高层次设计。这种描述主要通过元件说明语句(component)和元件例化语句(component instant)联合实现。

(1)元件说明语句:用来说明要描述的元件或模块。该语句的语法格式为

    component 引用的元件名

        generic 参数说明；

        port 端口说明；

    end component 引用的元件名；

其中:"引用的元件名"即为所描述的元件或模块的名称,元件说明语句在 architecture 和 begin 之间。

(2)元件例化语句:用来把被引用的元件端口信号与结构体中相应端口信号正确地连接起来。该语句的格式为

    标号名:元件名

        generic map(参数映射)

        port map(端口映射)；

例如：

    component dff　　　　　　　　　　//引用 D 触发器 dff

    port(d,clk:in std_logic;　　　　　//说明 dff 的输入输出端口情况

        q:out std_logic);

    end component dff；　　　　　　　//引用元件说明结束

    begin　　　　　　　　　　　　　　//开始描述引用元件之间的连线关系

    q(0)<=a；　　　　　　　　　　　//第一个 D 触发器的 q 端为输入端

      dff1:dff **port map**(q(0),clk,q(1))；//将元件说明中 D 触发器各端口与这里的

端口映射对应起来,可见第一个 D 触发器
的输入端 d 即为整个寄存器的输入端 q(0),
输出端 q 接到 q(1)端,时钟脉冲端不变

　　　　dff2:dff **port map**(q(1),clk,q(2));

4.生成语句

由同类元件组成的阵列构成的某部分电子电路称为规则结构。例如,随机存储器 RAM、
只读存储器 ROM、移位寄存器等。在 VHDL 中,一般用生成语句来描述这些规则结构。

生成语句有两种形式,for_generate 语句和 if_generate 语句。其中,for_generate 语句主
要进行规则结构的描述;if_generate 语句主要用来描述规则结构在其端部表现出的不规则性。

(1)for…generate 语句的语法格式为

　　　　标号:**for** 循环变量 **in** 范围 **generate**

　　　　　　　　并行处理语句;

　　　　end generate 标号;

(2)if…generate 语句的语法格式为:

　　　　标号:**if** 条件 **generate**

　　　　　　　　并行处理语句;

　　　　end generate 标号;

例如:

```
        component dff                    //引用 D 触发器 dff
        port(d,clk:in std_logic;         //说明 dff 的输入输出端口情况
            q: out std_logic);
        end component dff;               //结束引用元件说明
          signal q: std_logic_vector(3 down to 0);
        begin
            q(0)<=a;
          g1:for i in 0 to 3 generate    //4 个 dff 均以前级的输出为输入端,本级
                                            的输出为下一级的输入端,依次连接
            dffx:dff port map(q(i),clk,q(i+1));
        end generate g1;
```

7.4.3　时序电路的描述

时序电路中最主要的控制信号就是时钟信号和复位信号,时钟信号的触发方式有电平触发和
边沿触发两种。只有在触发信号的有效边沿或者有效电平到来时,电路状态才发生改变。因此,在
VHDL 语言中,描述时钟信号是时序电路程序设计的关键。

1.时钟信号的边沿描述

(1)时钟信号的上升沿描述。时钟信号上升沿波形和时钟信号属性描述关系如图 7-4-1 所
示。时钟上升沿的表达式为

　　　　clk='1' and clk' last_value='0' and clk 'event

可以省去 clk' last_value=′0′ 将其简写成:

   clk' event and clk=′1′

其中:clk' event 表示 clk 信号发生变化,clk=′1′表示变化后的结果。也可以通过 wait until 语句将上升沿描述为

   wait until clk' event and clk=′1′;

   (2)时钟信号下降沿的描述。时钟信号下降沿波形和时钟信号属性描述关系如图 7-4-2 所示。时钟下降沿的表达式为

   clk=′0′ and clk' last_value=′1′ and clk' event

可以省去 clk' last_value=′1′ 将其简写成:

   clk' event and clk=′0′

其中:clk' event 表示 clk 信号发生变化,clk=′0′ 表示变化后的结果。也可以通过 wait until 语句将下降沿描述为

   wait until clk' event and clk=′0′;

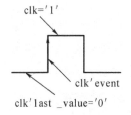

图 7-4-1 时钟信号上升沿波形和属性描述关系　　图 7-4-2 时钟信号下降沿波形和属性描述关系

2.复位信号的描述

时序电路中的复位信号分为同步复位信号和异步复位信号。同步复位信号是当复位信号有效且在给定的时钟边沿到来时,使触发器复位;而异步复位无须等待时钟边沿,一旦复位信号有效,触发器就被复位。

(1)同步复位信号描述。同步复位信号一定要在以时钟为敏感信号的进程中定义,可以通过 if 语句或者 wait until 语句来描述复位条件。

用 if 语句描述的格式为

   if(时钟边沿表达式)**then**

      if(复位条件表达式)**then**

         复位语句;

         else

            顺序语句;

      end if;

   end if;

例如:

   if(clk' event and clk=′0′)**then**

      if(clr=′1′)**then**　　　// 当 CP 下降沿来到且复位信号有效时,$Q^{n+1}=0$

      q_temp<=′0′;

```
    else
        q_temp<=d;          // 当 CP 下降沿来临但复位信号无效时,Q^{n+1}=D
    end if;
end if;
```

用 wait until 语句描述的格式为

```
wait until 时钟边沿表达式;
    if(复位条件表达式)then
        …
    else
        …
    end if;
```

(2)异步复位信号描述。异步复位信号描述按其工作特点与同步复位不同,语法格式为

```
if(复位条件表达式)then
        复位语句;
    elsif(时钟边沿表达式)then
    顺序语句;
end if;
```

例如:

```
if(clr=1)then
    q_temp<=0;              // 当复位信号有效时,Q^{n+1}=0
elsif(clk' event and clk=0)then
    q_temp<=d;              // 当 CP 下降沿来临且复位信号无效时,Q^{n+1}=D
end if;
```

7.5　VHDL 语言描述实例

本节综合利用前面介绍的语句和语法设计了一些常用的逻辑电路。

7.5.1　组合逻辑电路设计举例

例 7 - 5 - 1　编程实现 $f_1 = \overline{a\,\overline{b} + \overline{c}d}$, $f_2 = (\overline{a \oplus b})(c \oplus \overline{d})$ 的组合逻辑电路。

该逻辑电路的逻辑符号如图 7 - 5 - 1 所示。

```
library ieee;
use ieee.std_logic_1164.all;
use ieee.std_logic_unsigned.all;          //库和程序包调用;
entity log is                             //实体说明;
port(a,b,c,d:in std_logic;                //a、b、c、d 是输入端口
    f1,f2: out std_logic);                // f1、f2 是输出端口
end log;
```

```
architecture log_behavior of log is      //开始结构体说明
begin
   process(a,b,c,d)                       //a、b、c、d 为敏感量
   begin

       f1<=(a and(not b))nor((not c)and d);//f1=a b̄+cd
       f2<=((not a)xor b)and(c xor(not d)); //f2=(ā⊕b)(c⊕d̄)
    end process;
end log_behavior;                          //结束结构体说明
```

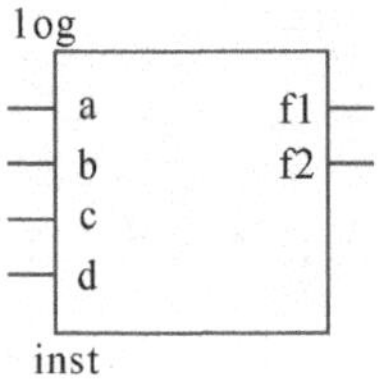

图 7-5-1　例 7-5-1 逻辑电路的符号

例 7-5-2　编写一段程序实现以下逻辑功能：对两个输入 a、b 的 8 位位矢量进行有选择的逻辑与操作。当 mask 的某一位的值为"1"时，两个输入 a、b 的 8 位位矢量的相应位不进行逻辑与。

```
library ieee;
use ieee.std_logic_1164.all;              //库和程序包调用
entity logic_and is                        //实体说明
port(a:in std_logic_vector(7 down to 0);
     b:in std_logic_vector(7 down to 0);
     mask:in std_logic_vector(7 down to 0);
     q:out std_logic_vector(7 down to 0));  //输入信号 a、b、mask 和输出信号 q 均为
                                            8 位 std_logic_vector 数据类型
end logic_and;
architecture rtl of logic_and is          //开始结构体说明
begin
   process(a,b,mask)          //当输入 a、b、mask 发生变化时，程序开始执行
   begin
     for i in 7 down to 0 loop
       if mask(i)=1 then
          next;                            //当 mask 某一位为"1"时，跳出本次循环
       else
          q(i)<=a(i)and b(i);   //若不为"1"，则 a、b 的对应位进行逻辑与
       end if;
     end loop;
   end process;
end rtl;
```

例 7 - 5 - 3　编程实现 8 位奇校验电路,当输入信号 d 中有奇数个 1 时,输出信号 q 为 1;输入信号 d 中有偶数个 1 时,输出信号 q 为 0。

```
library ieee;
use ieee.std_logic_1164.all;           //库和程序包调用;

entity jojy is                         //实体说明;
port(d:in std_logic_vector(7 down to 0));//输入信号 d 为 8 位位矢量数据类型
    q:out std_logic);
end jojy;

architecture rtl of jojy is            //开始结构体说明
begin
  process(d)                           //当输入 d 发生变化时,程序开始执行
    variable tmp:std_logic;            //定义一个 std_logic 数据类型的变量 tmp
    begin
    tmp:='0';                          //给 tmp 赋初值;
    for j in 0 to 7 loop               //j 从 0 到 7 循环;
        tmp:=tmp xor d(j);             //将 tmp 与 d(j)异或的值赋于 tmp,j 加 1,再
                                         执行 tmp 与 d(j)异或,直到 j 大于 7
    end loop;                          //结束 loop 循环
    q<=tmp;                            //将异或了 7 次的 tmp 值赋于 q,最后输出
  end process;
end rtl;                               //结束结构体说明
```

例 7 - 5 - 4　编程实现一个 8 位二进制加法器。

该逻辑电路的逻辑符号如图 7 - 5 - 2 所示。

```
library ieee;                          //库和程序包调用
use ieee.std_logic_1164.all;
use ieee.std_logic_unsigned.all;
entity add8 is                         //实体说明
port(a,b :in std_logic_vector(7 down to 0);  //两个 4 位二进制数
    ci :in std_logic;                  //低位来的进位
    sum :out std_logic_vector(7 down to 0);  //和输出
    co :out std_logic);                //进位输出
end add8;
architecture arc_add8 of add8 is       //结构体说明
signal s:std_logic_vector(8 down to 0);  //定义内部信号 s
begin
    s<=('0'&a)+('0'&b)+("00000000"&ci);  //首先做并置操作,然后进行加法运算
    sum<=s(7 downto 0);                // 产生 8 位和输出
```

```
        co<=s(8);                                    //产生进位输出
    end arc_add8;
```

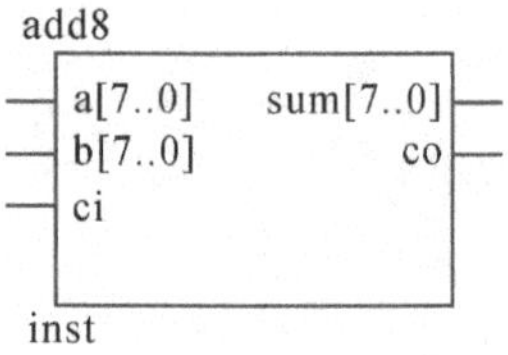

```
        add8
    ┌─────────────┐
  ──┤ a[7..0]  sum[7..0] ├──
  ──┤ b[7..0]       co ├──
  ──┤ ci              │
    └─────────────┘
        inst
```

图 7-5-2　8位二进制加法器的逻辑符号

例 7-5-5　编程实现八选一数据选择电路。

该逻辑电路的逻辑符号如图 7-5-3 所示。

```
    library ieee;
    use ieee.std_logic_1164.all;                     //库和程序包调用
    entity mux8 is                                   //实体说明
    port(d0,d1,d2,d3,d4,d5,d6,d7:in std_logic;
        s0,s1,s2:in std_logic;
        q:out std_logic);
    end mux8;
    architecture rtl of mux8 is                      //结构体说明
        signal comb:std_logic_vector(2 down to 0);
    begin
        comb<=s2&s1&s0;
        with comb select
            q<=d0 when ″000″,
                d1 when ″001″,
                d2 when ″010″,
                d3 when ″011″,
                d4 when ″100″,
                d5 when ″101″,
                d6 when ″110″,
                d7 when ″111″,
                ′NULL′ when others;
    end rtl;
```

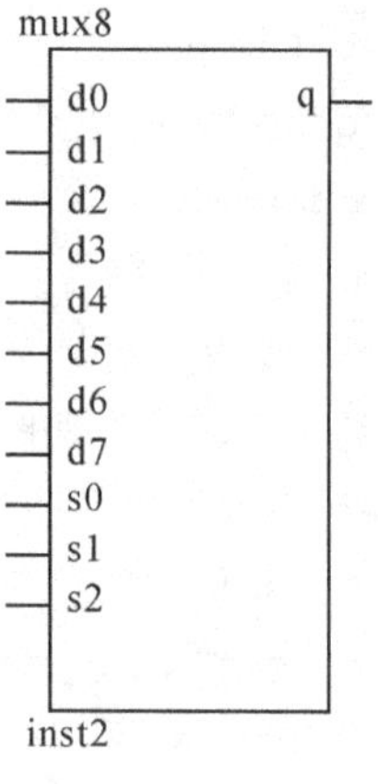

```
        mux8
    ┌─────────┐
  ──┤ d0     q ├──
  ──┤ d1       │
  ──┤ d2       │
  ──┤ d3       │
  ──┤ d4       │
  ──┤ d5       │
  ──┤ d6       │
  ──┤ d7       │
  ──┤ s0       │
  ──┤ s1       │
  ──┤ s2       │
    └─────────┘
        inst2
```

图 7-5-3　八选一数据选择器的逻辑符号

本例的最后一条语句：when others,将 q<=′NULL′,不能省略。由于 std_logic 是 9 值逻辑,而 when 只列出了 8 种组合状态,当 comb 处于其它状态时,电路的状态由这条语句定义。

7.5.2　时序逻辑电路设计举例

例 7-5-6　通过进程同步方式编写程序实现以下功能：当 clk 上升沿有效时,counter+1并赋值给 counter；同时 counter 计满 16 个周期,将 ret 置 0。

```
library ieee;
use ieee.std_logic_1164.all;
use ieee.std_logic_unsigned.all;          //库和程序包调用
entity time1 is
port(clk:in std_logic;
     ret:out std_logic);
end time1;                                 //实体说明
architecture rtl of time1 is              //开始结构体说明
    signal counter:std_logic_vector(3 down to 0);
begin
    p1:process(clk)                        //clk 发生变化时 p1 和 p2 同时开
                                           //  始执行进程

    begin
      if(clk'event and clk='1')then        //时钟脉冲上升沿有效时,counter
                                           //  加 1,再赋予 counter

            counter<=counter+1;
      end if;
    end process p1;
    p2:process(clk)                        //clk 发生变化时 p1 和 p2 同时开
                                           //  始执行进程

      begin
        if(clk'event and clk='1')then      //时钟脉冲上升沿有效时,counter
                                           //  计满 16 个周期,将 ret 置 0

          if counter="1111" then
                ret<='0';
          else
                ret<='1';
          end if;
        end if;
    end process p2;
end rtl;
```

例 7-5-7　编程实现 D 触发器(非同步复位)

```
library ieee;
use ieee.std_logic_1164.all;
entity dff3 is
   port(clk, d, clr, pset: in std_logic;
        q: out std_logic);
```

```
end entity dff3;
architecture rtl of dff3 is
  begin
    process(clk, pset, clr)is
    begin
      if(pset=´0´)and(clr=´1´)then
        q<=´1´;
      elsif(clr=´0´)and(pset=´1´)then
        q<=´0´;
      elsif(clk´event and clk=´1´)then
        q<=´d´;
      end if;
    end process;
end architecture rtl;
```

例 7 - 5 - 8　利用例 7 - 5 - 7 中的 D 触发器通过元件例化语句设计一个串行输入并行输出的移位寄存器。

```
library ieee;                              //库和程序包调用
use ieee.std_logic_1164.all;               //库和程序包调用
entity ywjcq is                            //实体说明
port(a,clk:in std_logic;
    b:out std_logic);
end ywjcq;
architecture behavior of ywjcq is          //开始结构体说明
component dff                              //引用 D 触发器 dff
port(d,clk:in std_logic;                   //说明 dff 的输入输出端口情况
    q:out std_logic);
end component;                             //引用元件说明结束

begin                                      //开始描述引用元件之间的连线关系
  q(0)<=a;                                 //第一个 D 触发器的 q 端为输入端
  dff1:dff port map(q(0),clk,q(1));        //将结构体说明中 D 触发器各端口与这
                                           //  里端口映射对应起来,可以看出第一
                                           //  个 D 触发器的输入端 d 即为整个寄存
                                           //  器的输入端,输出端 q 接到 q(1)端,时
                                           //  钟脉冲端不变
```

dff2:dff **port map**(q(1),clk,q(2));　　　//第二个 D 触发器的 d 端也接到 q(1)端,
　　　　　　　　　　　　　　　　　　　即第二个 D 触发器的 d 端与第一个 D
　　　　　　　　　　　　　　　　　　　触发器的输出端 q 连接在一起,同理,
　　　　　　　　　　　　　　　　　　　dff2 的输出端 q 与 dff3 的输入端 d
　　　　　　　　　　　　　　　　　　　相连

dff3:dff **port map**(q(2),clk,q(3));　　　// dff3 的输出端 q 与 dff4 的输入端 d
　　　　　　　　　　　　　　　　　　　相连

dff4:dff **port map**(q(3),clk,q(4));　　　// dff4 的输出端 q 与 q(4)端相连

b<= q(4);　　　　　　　　　　　　　// q(4)端的值赋给 b,即 q(4)端为寄存器的输出端

end behavior;　　　　　　　　　　　//结束结构体说明

例 7 - 5 - 9　编程实现主从 JK 触发器。

```
library ieee;
use ieee.std_logic_1164.all;
entity jkdff is
port(pset, clr, clk, j, k: in std_logic;
    q, qb: out std_logic);
end entity jkdff;
architecture rtl of jkdff is
  signal q_s, qb_s: std_logic;
  begin
  Process(pset, clr, clk, j, k)is
  begin
    if(pset='0')and(clr='1')then
      q_s<='1';
      qb_s<='0';
    elsif(pset='1')and(clr='0')then
      q_s<='0';
      qb_s<='1';
    elsif(clk 'event and clk='1')then
      if(j='0')and(k='1')then
        q_s<='0';
        qb_s<='1';
      elsif(j='1')and(k='0')then
        q_s<='1';
        qb_s<='0';
      elsif(j='1')and(k='1')then
      q_s<=not q_s;
```

```
            qb_s<=not qb_s;
        end if;
      end if;
    q<=q_s;
    qb<=qb_s;
   end process;
end architecture rtl;
```

例 7 - 5 - 10 编程异步复位、同步置数的 8 位二进制可逆计数器。

该逻辑电路的逻辑符号如图 7 - 5 - 4 所示。

```
library ieee;
use ieee.std_logic_1164. all;
use ieee. std_logic_unsigned. all;              //库和程序包调用

entity counter8 is                              //实体说明
port(cr:in std_logic;                           //清零端
     ld:in std_logic;                           //置数端
     cp: in std_logic;                          //时钟输入端
     updown:in std_logic;                       //加减控制端
     data:in std_logic_vector(7 down to 0);     //数据输入端
     q:out std_logic_vector(7 down to 0));      //计数器输出端
end counter8;
architecture arc of counter8 is                 //结构体说明
   signal num:std_logic_vector(7 down to 0);
begin
    process(cp,cr)
       begin
    if cr='0' then                              //异步清零
        num<=(others=>'0');
        elsif cp' event and cp='1' then
           if   ld='1'   then                   //同步置数
               num<=data;
           elsif updown='1' then
               num<=num+1;                      //加法计数
           else
               num<=num-1;                      //减法计数
           end if;
      end if;
```

end process；

　　q＜＝num；

　end arc；

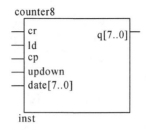

图 7-5-4　8 位二进制可逆计数器的逻辑符号

例 7-5-11　编程实现一个模值为 100 的二进制计数器。

模值为 100 的二进制计数器的逻辑符号如图 7-5-5 所示。

```
library ieee;
use ieee.std_logic_1164. all;
use ieee. std_logic_unsigned. all;              //库和程序包调用

entity counter100 is
port( CLK：in std_logic;                         //时钟输入端
      EN：in std_logic;                          //使能端
      CR：in std_logic;                          //清零端
      Q：out std_logic_vector(6 down to 0);      //7 位计数器输出端
      OC：out std_logic );                       //进位输出端
end counter100;

architecture arc_counter100 of counter100 is
    signal count：std_logic_vector(6 down to 0);
    begin
process(CR,CLK,EN)
    begin
        if CR＝′0′ then
          count＜＝(others＝＞′0′);
        elsif CLK′event and CLK＝′1′ then
            if EN＝′1′ and count＜99 then
              count＜＝count＋1;                   //计数值小于 99 时加 1
            elsif EN＝′1′ and count＝99 then
              count＜＝"0000000";                 //计数到 99 回 0
            end if;
```

```
            end if;
    end process;


    process(count)
    begin
        if count=99 then
        OC<='1';                                        //计数到99有进位
        else
        OC<='0';
        end if;
    end process;
    Q<=count;
    end architecture arc_counter100;
```

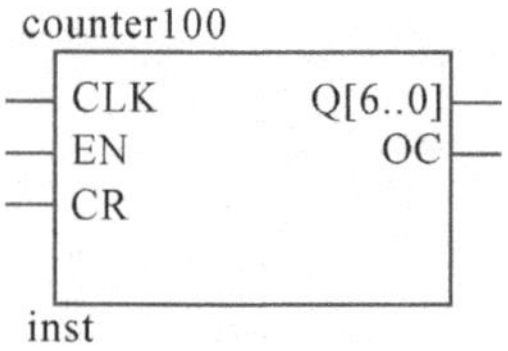

图 7 - 5 - 5   模 100 二进制计数器的逻辑符号

7.6   数字电路系统设计工程实例

7.6.1   数字系统的基本设计方法

1.自下而上的设计方法

传统的数字系统采用自下而上的设计方法,它是一种试探法,设计者首先将规模大、功能复杂的数字系统按逻辑功能划分成若干子模块,一直分到这些子模块可以用经典的方法和标准的逻辑功能部件进行设计为止,然后再将子模块按其连接关系分别连接,逐步进行调试,最后将子系统组合在一起,进行整体调试,直到达到要求为止。

这种方法的特点是:

(1)没有明显的规律可循,主要靠设计者的实践经验和熟练的设计技巧,用逐步试探的方法最后设计出一个完整的数字系统;

(2)系统的各项性能指标只有在系统构成后才能分析测试。如果系统设计存在比较大的问题,也有可能要重新设计,使得设计周期加长、资源浪费也较大。

2. 自上而下的设计方法

随着 PLD 器件的出现和计算机技术的发展,EDA 技术得到了广泛应用,设计方法也因此发生了根本性的变化。由传统的自下而上的设计方法转变为一种新的自上而下的设计方法,它将整个系统从逻辑上划分成控制器和处理器两大部分,采用硬件描述语言来描述控制器和处理器的工作过程,然后在 CPLD 或 FPGA 等专用集成芯片上实现其功能。

具体设计步骤为:

(1)确定系统顶层设计方案;

(2)明确所要设计系统的逻辑功能;

(3)确定系统方案与逻辑划分,画出系统方框图,设计算法;

(4)采用硬件描述语言描述系统;

(5)根据设计、生成的条件选择合适的器件来实现电路。

7.6.2　同步 4 位二进制加法电路设计

Quartus Ⅱ是 VHDL 的编译设计平台,是 Altera 公司推出的综合型 FPGA/CPLD 集成开发环境。Quartus Ⅱ支持原理图、VHDL、Verilog HDL 及 AHDL(Altera Hardware Description Language)等多种设计输入形式,内嵌自有的综合器及仿真器,可以完成从设计输入到硬件配置的完整设计流程。

使用 Quartus Ⅱ设计编译同步 4 位二进制加法电路的过程如下。

(1)双击 Quartus Ⅱ图标,打开如图 7 - 6 - 1 所示的工作窗口。

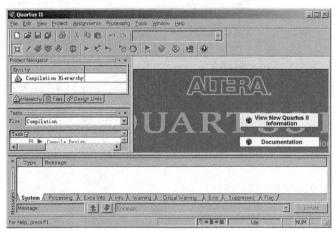

图 7 - 6 - 1　Quartus Ⅱ工作窗口

(2)首先建立一个新的工程,选择 File→New Project Wizard,如图 7 - 6 - 2 所示。

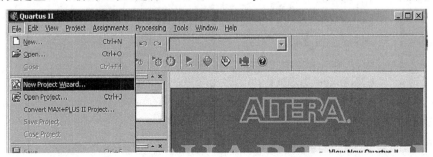

图 7 - 6 - 2　建立一个新工程

(3)在创建新工程向导第一页中输入工程保存的路径、工程名以及顶层实体名称(本例为plus4),如图 7 - 6 - 3 所示,单击"finish"。

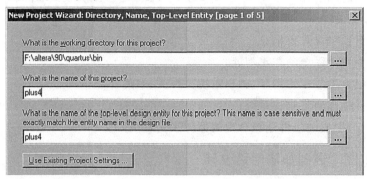

图 7 - 6 - 3　为新工程命名,选择存放地址

(4)建立一个新的 VHDL 文件,点击 File→New,就会出现如图 7 - 6 - 4 所示的窗口,选择 VHDL File。

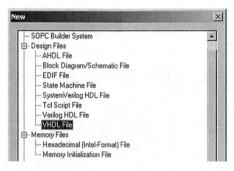

图 7 - 6 - 4　建立一个新的 VHDL 文件

(5)编写程序。

```
library ieee;
use ieee.std_logic_1164.all;
use ieee.std_logic_unsigned.all;
entity plus4 is
    port(clk:in std_logic;
        r:in std_logic;
        ld:in std_logic;
        ep:in std_logic;
        et:in std_logic;
        d:in std_logic_vector(3 down to 0);
        c:out std_logic;
        q:out std_logic_vector(3 down to 0));
end plus4;
architecture plus4_arc of plus4 is
begin
    process(clk,r,ld,ep,et)
```

```
    variable tmp:std_logic_vector(3 down to 0);
begin
  if r='0' then
        tmp:='0000';
  elsif clk' event and clk='1' then
      if ld='0' then
        tmp:=d;
      elsif ep='1' and et='1' then
        if tmp:="1111" then
              tmp:="0000";
              c<='1';
        else
          tmp:=tmp+1;
          c<='0';
        end if;
      end if;
    end if;
    q<=tmp;
  end process;
end plus4_arc;
```

　　(6)程序编写完成后选择芯片,在选择 Assignments→Device 后弹出的对话框中选择所用的 CPLD 或 FPGA 芯片。本例中,在 Device family 中选择 MAX7000S 系列,选择 EPM7128SLC84-15,如图 7-6-5 所示。因为所使用的管脚有限,为避免未使用的管脚对其它元器件造成影响,保证本系统可靠工作,需要将未使用的管脚设置成三态输入,方法为:点击 "Device and Pin Options…",打开 Unused Pins 属性页,将 Reserve all unused pins 设为 As input tri-stated。

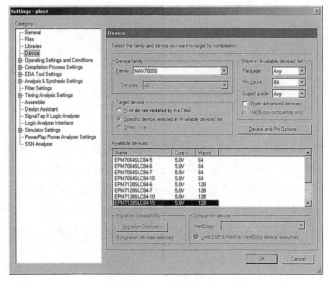

图 7-6-5　芯片选择

(7)如图 7-6-6 所示,选择 Processing→Start Compilation,对当前的 VHDL 文件进行编译。

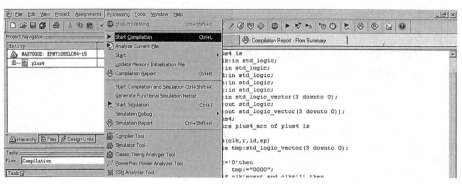

图 7-6-6　编译 VHDL 文件

(8)编译完成,弹出一个小窗口,显示"Full Compilation was successful",表示全面汇编通过,如图 7-6-7 所示。若出现编译失败则应根据提示信息进行修改,直到编译通过。

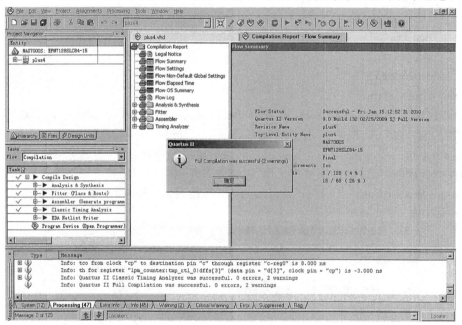

图 7-6-7　编译成功

(9)选择编译好的文件 plus4.vhd 将其变成框图文件。具体步骤是:首先选择 File→Creat/Update→Create Symbol Files for Current File,创建框图模块,如图 7-6-8 所示;然后选 File→New,在 Device Design Files 下选 Block Diagram/Schematic File,新建一个框图文件,打开后在空白处双击鼠标左键,选择刚刚建立的符号名 plus4,即可看到已生成的框图模块,如图 7-6-9 所示。生成的框图文件经过管脚分配之后就可以下载到 CPLD 中了。

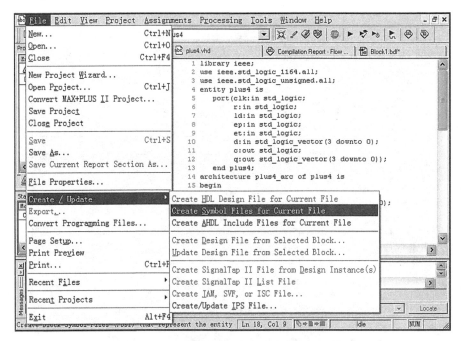

图 7 - 6 - 8　创建.vhd 文件对应的框图文件

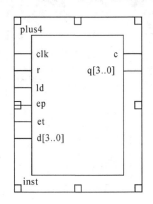

图 7 - 6 - 9　plus4.vhd 生成的框图模块

(10)将框图模块的输入输出管脚与实际器件的管脚相对应,即分配管脚。单击菜单 Assignments→Pins,弹出管脚分配工具,单击每个输入输出管脚对应行的 Location 位置弹出下拉菜单,可选择器件上对应的引脚,如图 7 - 6 - 10 所示。

(11)管脚分配完毕就可以把程序下载到 CPLD 中调试。用下载线连接 PC 机和目标板,然后单击工具条上的下载按钮 。在弹出的对话框中,先在 Hardware Setup 中选择下载线,如果使用的是并口下载线,则单击"Add Hardware"按钮,添加"ByteBlasterMV or ByteBlaster Ⅱ",单击"OK",如图 7 - 6 - 11 所示。在 Currently selected Hardware 下拉菜单中选中所用并口或 USB 下载线。

返回下载对话框,如图 7 - 6 - 12 所示,勾选 Program/Configure 下的方框,单击"Start"下载程序。当右上角的 Progress 进度条为 100% 时下载成功。

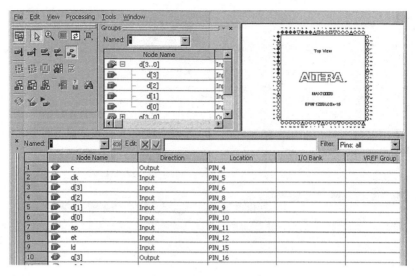

图 7 - 6 - 10　管脚分配工具

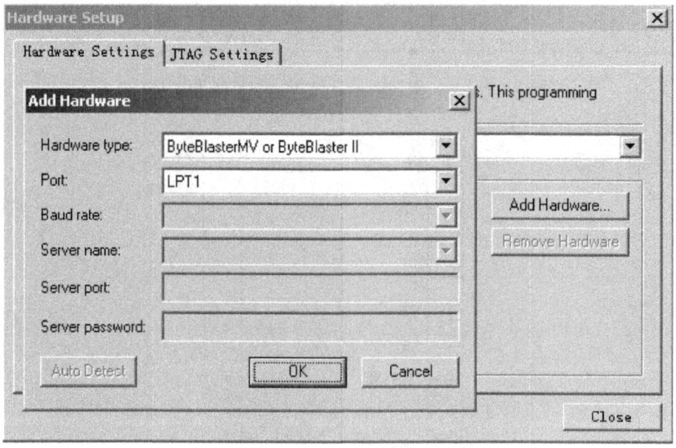

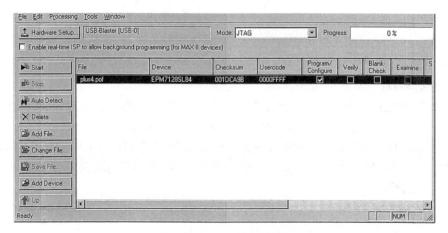

图 7 - 6 - 11　添加下载线

图 7 - 6 - 12　下载对话框

7.6.3　电子秒表设计

1.设计要求

(1)在 CPLD 上实现秒脉冲发生器的设计;

(2)准确计时,以数字形式显示分和秒,计数容量 1 h;

(3)具有启动、复位和停止功能。

2.设计方案

本系统主要由秒脉冲发生器模块、计数模块、控制模块和显示模块构成,系统框图如图 7-6-13 所示。

(1)秒脉冲发生器模块。利用外接晶体振荡器产生的 10 MHz 信号作为时钟脉冲信号,通过 10^7 分频,即 7 次十分频后获得秒脉冲信号。

(2)计数(计时)和显示模块。分别构成两个六十进制计数器作为秒计数和分计数;1 Hz 的时钟脉冲作为秒计数器的时钟输入,秒计数器产生向分计数器提供的时钟,秒、分计数器的输出分别接到各自的七段译码器的输入端,驱动数码管显示。

(3)控制模块。主要实现对电子秒表的启动、复位和停止,可以通过按键控制计数器的计数控制端和清零端来实现。

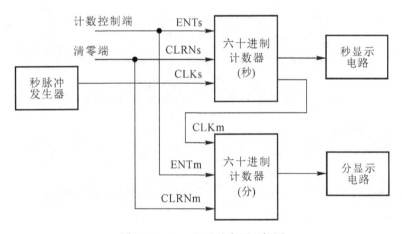

图 7-6-13　电子秒表原理框图

3.模块设计

(1)秒脉冲发生器设计。由其功能可知,将 7 个十进制计数器串联,以 10 MHz 信号作为时钟输入,即构成秒脉冲发生器,输出频率为 1 Hz 的信号。十进制计数器的 VHDL 描述较简单,此处从略。

(2)计时模块设计。由分析可知,该模块的核心就是设计两个六十进制计数器。六十进制计数器的 VHDL 描述为

```
library ieee;
use ieee.std_logic_1164.all;
```

```vhdl
use ieee. std_logic_unsigned. all;


entity counter 60 is
port(    CLK:in std_logic;
         EN: in std_logic;
         CR:in std_logic;
         Q: out std_logic_vector(5 down to 0);
         OC:out std_logic );
end counter 60;
architecture arc_counter 60 of counter 60 is
    signal count: std_logic_vector(5 down to 0);
begin
    process(CR,CLK,EN)
    begin
        if CR='0' then
            count<=(others=>'0');
        elsif CLK' event and CLK='1' then
            if EN='1' and count<59 then
                count<=count+1;
            elsif EN='1' and count=59 then
                count<="00000000";
            end if;
        end if;
    end process;


process(count)
begin
  if count=59 then
      OC<='1';
  else
      OC<='0';
  end if;
end process;
Q<=count;
end architecture arc_counter 60;
```

本章小结

（1）VHDL 用来描述数字系统的结构、行为、功能和接口。一个完整的 VHDL 程序通常包括设计实体、结构体、配置、库和程序包 5 个部分。

（2）VHDL 的数据对象主要有常量（constant）、变量（variable）和信号（signal）三类。

（3）VHDL 的数据类型有标准数据类型和自定义数据类型。运算操作符有逻辑运算符、关系运算符、算术运算符和连接运算符。在使用时需要注意运算符的优先级，必要时使用括号来保证正确的运算顺序。

（4）VHDL 的描述语句有顺序描述语句和进程描述语句。所有的顺序描述语句都在进程内使用。而多个进程之间是并发的，在使用进程进行电路功能描述时要注意正确描述进程敏感信号列表。

（5）在用 VHDL 语言对时序电路进行描述时，最主要的是对时钟信号和复位信号进行描述。时钟信号的触发方式有电平触发和边沿触发两种，复位信号有同步复位和异步复位两种。

（6）VHDL 的编译设计平台是 Quartus Ⅱ，是 Altera 公司推出的 FPGA/CPLD 集成开发环境。Quartus Ⅱ支持原理图、VHDL、Verilog HDL 及 AHDL 等多种设计输入形式，内嵌自有的综合器及仿真器，可以完成从设计输入到硬件配置的完整设计流程。

习题 7

7-1　试用 VHDL 描述一个半加器。

7-2　试编写两个 8 位二进制数相减的 VHDL 程序。

7-3　试用 VHDL 描述一个 3-8 译码器。

7-4　试用 VHDL 描述一个 8421BCD 优先编码器。

7-5　试用 if 语句描述一个 8 选 1 数据选择器。

7-6　用 VHDL 描述时序电路时，时钟和复位信号的描述有哪些方法？各有何特点？

7-7　分频器和计数器有何区别？用 VHDL 描述分频器时应注意什么问题？

7-8　试用 VHDL 描述一个六十进制加法计数器。

7-9　试用 VHDL 描述一个七十二进制减法计数器。

7-10　试用 VHDL 描述一个 8 位串行输入并行输出的移位寄存器。

7-11　试用 VHDL 描述一个 110100 的序列码发生器。

7-12　试用 VHDL 描述一个串行序列检测电路，当检测到连续 4 个和 4 个以上的 1 时，输出为 1，否则输出为 0。

附录

附录一　数字集成电路的型号命名法

1.TTT 器件型号组成的符号及意义

第 1 部分		第 2 部分		第 3 部分		第 4 部分		第 5 部分	
型号前缀		工作温度范围		器件系列		器件品种		封装形式	
符号	意义	符号	意义	符号	意义	符号	意义	符号	意义
CT	中国制造的 TTL 类	54	−55～+125 ℃		标准	阿拉伯数字	器件功能	W	陶瓷扁平
SN	美国 TI公司	74	0～+70 ℃	H	高速			B	塑封扁平
				S	肖特基			F	全密封扁平
				LS	低功能肖特基			D	陶瓷双列直插
				AS	先进肖特基			P	塑料双列直插
				ALS	先进低功耗肖特基			J	黑陶瓷双列直插
				FAS	快捷先进肖特基				

示例：

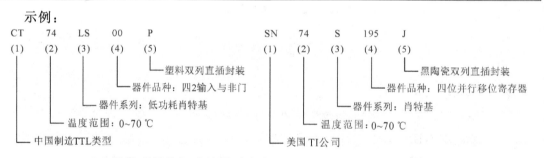

2.ECL、CMOS 器件型号的组成符号及意义

第 1 部分		第 2 部分		第 3 部分		第 4 部分	
器件前缀		器件系列		器件品种		工作温度范围	
符号	意义	符号	意义	符号	意义	符号	意义
CC	中国制造的 CMOS 类型	40	系列符号	阿拉伯数字	器件功能	C	0～70 ℃
CD	美国无线电公司产品	45				E	−40～85 ℃
TC	日本东芝公司产品	145				R	−55～85 ℃
CE	中国制造 ECL 类型					M	−55～125 ℃

示例：

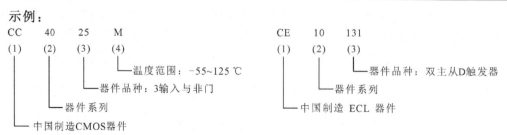

附录二 常用数字集成电路功能分类索引表

反相器

型号	功能
7404	六反相器
7405	六反相器（OC）
7414	六反相器（施密特触发）
7419	六反相器（施密特触发）

与门

7408	四 2 输入与门
7409	四 2 输入与门（OC）
7411	三 3 输入与门
7415	三 3 输入与门（OC）
7421	双 4 输入与门

与非门

7400	四 2 输入与非门
7401	四 2 输入与非门（OC）
7403	四 2 输入与非门（OC）
7410	三 3 输入与非门
7412	三 3 输入与非门（OC）
7413	双 4 输入与非门（施密特触发）
7418	双 4 输入与非门（施密特触发）
7420	双 4 输入与非门
7422	双 4 输入与非门（OC）
7424	四 2 输入与非门（施密特触发）
7430	8 输入与非门
74133	13 输入与非门

或门

7432	四 2 输入或门

或非门

7402	四 2 输入或非门

7423	可扩展双 4 输入或非门
7425	双 4 输入或非门（有选通）
7427	三 3 输入或非门
7428	四 2 输入或非缓冲器
7436	四 2 输入正或非门
74260	双 5 输入或非门

与或非门

7450	双二 2 - 2 输入与或非门
7451	2 路 2 - 2 输入、2 路 3 - 3 输入与或非门
7453	4 路 2 - 2 - 2 - 2 输入与或非门（可扩展）
7454	4 路 2 - 3 - 3 - 2 输入与或非门
7455	2 路 4 - 4 输入与或非门（可扩展）
7464	4 路 4 - 2 - 3 - 2 输入与或非门
7465	4 路 4 - 2 - 3 - 2 输入与或非门

异或门

7486	四 2 输入异或门
74135	四异或/异或非门
74136	四 2 输入异或门（OC）

编码器

74147	10 - 4 线优先编码器（BCD 码输入）
74148	8 - 3 线优先编码器
74348	8 - 3 线优先编码器（3S）

译码器

7442	4 - 10 译码器（BCD 输入）
7443	4 - 10 译码器（余 3 码输入）
74138	3 - 8 线译码/数据分配器
74139	双 2 线 - 4 线译码/数据分配器
74154	4 - 16 线译码/数据分配器
74155	双 2 线 - 4 线译码（公共地址输入）

74156　双 2 线 - 4 线译码(公共地址输入)

7446　BCD - 7 段译码驱动器(低电平输出)

7447　BCD - 7 段译码驱动器(低电平输出)

7448　BCD - 7 段译码驱动器(高电平输出)

7449　BCD - 7 段译码驱动器(高电平输出)

数据选择器

74150　16 选 1 数据选择器(选通输入、反码输出)

74151　8 选 1 数据选择器(选通输入、互补输出)

74152　8 选 1 数据选择器(反码输出)

74153　双 4 选 1 数据选择器(选通输入)

74157　四 2 选 1 数据选择器(公共地址输入)

74158　四 2 选 1 数据选择器(公共地址输入、反码输出)

74251　8 选 1 数据选择器(3S、互补输出)

74253　双 4 速 1 数据选择器(3S)

74257　四 2 选 1 数据选择器(3S)

74258　四 2 选 1 数据选择器(3S、反码输出)

算术运算器

7482　2 位二进制全加器

7483　4 位二进制全加器

7485　4 位数值比较器

74181　算术逻辑单元/函数产生器

74182　超前进位产生器

74183　双进位保留全加器

74283　4 位二进制超前进位全加器

触发器

74174　六 D 触发器(带清除)

74175　四 D 触发器(带清除)

74374　八 D 触发器

74574　八 D 触发器(3S)

7470　与输入正沿 JK 触发器

7471　与输入 RS 主从触发器

7472　与输入 JK 主从触发器

7473　双 JK 触发器(带清除、负触发)

7474　双上升沿 D 触发器(带置位复位)

7476　双 JK 触发器(带清除、预置)

7478　双 JK 触发器(带预置、公共清除、公共时钟)

74112　双 JK 边沿触发器(带清除、预置)

74113　双 JK 边沿触发器(带清除、预置)

单稳态触发器

74121　单稳态触发器(施密特触发)

74122　可重触发单稳态触发器(带清除)

74123　双可重触发单稳态触发器(带清除)

计数器

异步计数器

7490　二-五-十进制异步计数器(异步清 0、置 9)

74290　二-五-十进制异步计数器(异步清 0、置 9)

74196　二-五-十进制异步计数器(异步清 0、预置)

74197　二-八-十六进制异步计数器(异步清 0、预置)

74293　二-八-十六进制异步计数器(异步清 0)

74393　双四位二进制计数器(异步清 0)

同步计数器

74160　十进制计数器(异步清 0、同步预置)

74162　十进制计数器(同步清 0、同步预置)

74161　4 位二进制计数器(异步清 0、同步预置)

74168　4 位二进制计数器(同步清 0、同步预置)

74168　十进制加/减计数器(同步预置)

74190　十进制加/减计数器(异步预置)

74169　4 位二进制加/减计数器(同步预置)

74191　4 位二进制加/减计数器(异步预置)

74192　十进制加/减计数器(双时钟、异步预置)

74193　4 位二进制加/减计数器(双时钟、异步预置)

寄存器

74373　八 D 锁存器(3S 锁存允许输入)

74573　八 D 锁存器(3S 锁存允许输入)

74374　八 D 锁存器(3S 锁存时钟输入)

74574 八 D 锁存器(3S 锁存时钟输入)

74379 四 D 上升沿触发器

移位寄存器

74164 8 位单向移位寄存器(串入、串/并出)

74165 8 位单向移位寄存器(并入、串出)

74166 8 位单向移位寄存器(串/并入、串出)

74199 8 位单向移位寄存器(并行存取、JK 输入)

74195 4 位单向移位寄存器(并行存取、JK 输入)

74194 4 位双向移位寄存器(并行存取)

74198 8 位双向移位寄存器(并行存取)

74295 4 位双向通用移位寄存器

74299 4 位双向通用移位寄存器(3S)

附录三　常用逻辑符号对照表

名称	国标符号	IEEE/ANSI特定形符号	其它常见符号
与门	&		
或门	≥1		+
非门	1		
与非门	&		
或非门	≥1		+
与或非门	& ≥1 / &		+
异或门	=1		⊕
同或门	=		⊙
集电极开路的与门	&		
三态输出的非门	1 EN		

名称	国标符号	IEEE/ANSI特定形符号	其它常见符号
传输门	TG	TG	
半加器	Σ CO	Σ CO	HA
全加器	Σ CI CO	Σ CI CO	FA
基本RS触发器	S Q / R $\bar{Q}$	S Q / R $\bar{Q}$	S_D Q / R_D $\bar{Q}$
电平触发的RS触发器	S Q / CI / R $\bar{Q}$	S 1Q / CI / R 1$\bar{Q}$	S Q / CP / R $\bar{Q}$
边沿(上升沿)D触发器	S 1D / >C1 / R $\bar{Q}$	S 1D / >C1 / R 1$\bar{Q}$	D S_D Q / >CP / R_D $\bar{Q}$
边沿(下降沿)JK触发器	S 1J / >C1 / 1K $\bar{Q}$	S 1J / 1K / >C1 / R 1$\bar{Q}$	J R_D Q / >CP / K R_D $\bar{Q}$
正脉冲触发器(主从)JK触发器	S 1J / C1 / 1K 1$\bar{Q}$	S 1J / 1J / C1 / 1K 1$\bar{Q}$	J S_D Q / >CP / K R_D $\bar{Q}$
带施密特触发特性的与门	&		

附录四 部分 74LS 系列器件引脚图

TTL组合器件

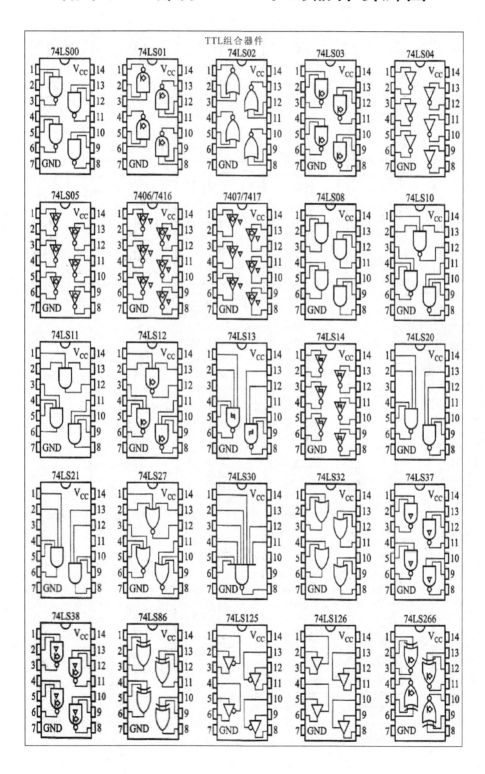

TTL组合器件

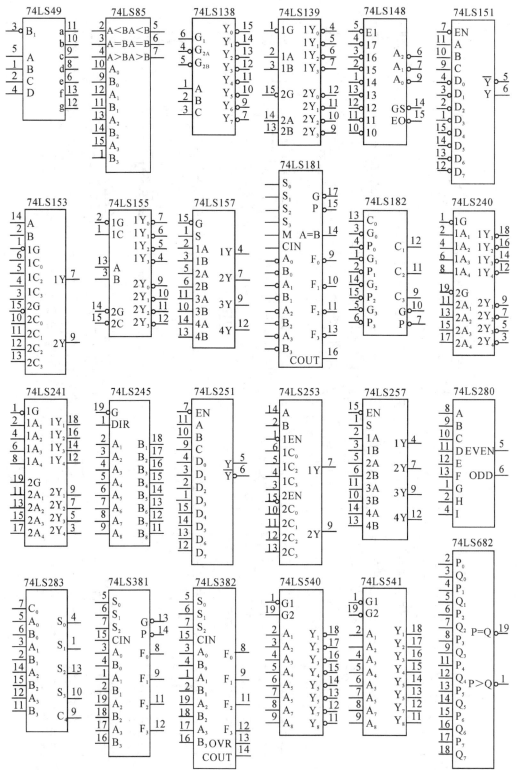

附录五 部分 PLD、ROM、RAM 器件引脚图

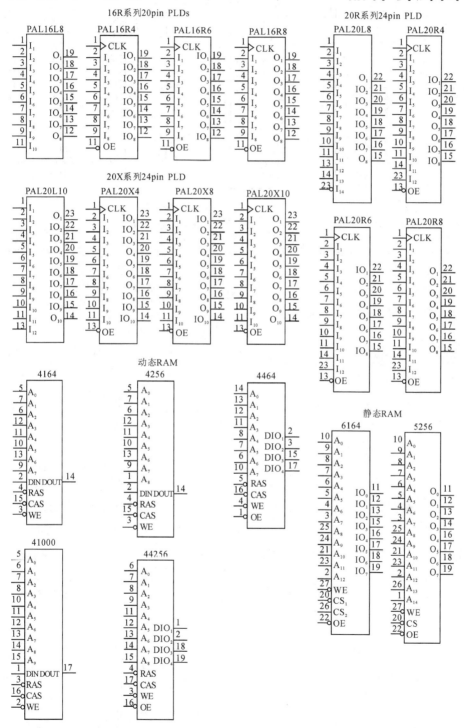

EPROM

2764	27128	27256	27512

2764

1	V_{PP}
27	PGM
10	A_0
9	A_1
8	A_2
7	A_3
6	A_4
5	A_5
4	A_6
3	A_7
25	A_8
24	A_9
21	A_{10}
23	A_{11}
2	A_{12}
20	CS
22	OE

O_1	11
O_2	12
O_3	13
O_4	15
O_5	16
O_6	17
	18
O_7	19

27128

1	V_{PP}
27	PGM
10	A_0
9	A_1
8	A_2
7	A_3
6	A_4
5	A_5
4	A_6
3	A_7
25	A_8
24	A_9
21	A_{10}
23	A_{11}
2	A_{12}
26	A_{13}
20	CS
22	OE

O_1	11
O_2	12
O_3	13
O_4	15
O_5	16
O_6	17
	18
O_7	19

27256

1	V_{PP}
10	A_0
9	A_1
8	A_2
7	A_3
6	A_4
5	A_5
4	A_6
3	A_7
25	A_8
24	A_9
21	A_{10}
23	A_{11}
2	A_{12}
26	A_{13}
27	A_{14}
20	CS
22	OE

O_0	11
O_1	12
O_2	13
O_3	15
O_4	16
O_5	17
O_6	18
O_7	19

27512

10	A_0
9	A_1
8	A_2
7	A_3
6	A_4
5	A_5
4	A_6
3	A_7
25	A_8
24	A_9
21	A_{10}
23	A_{11}
2	A_{12}
26	A_{13}
27	A_{14}
1	A_{15}
20	CS
22	OE/V_{PP}

O_0	11
O_1	12
O_2	13
O_3	15
O_4	16
O_5	17
O_6	18
O_7	19

参 考 文 献

[1]　杨颂华,冯毛官,孙万蓉,等.数字电子技术基础[M].3 版.西安:西安电子科技大学出版社,2016.

[2]　王尔乾,杨士强,巴林风. 数字逻辑与数字集成电路[M].2 版. 北京:清华大学出版社,2002.

[3]　邬春明,雷宇凌,李蕾. 数字电路与逻辑设计[M].北京:清华大学出版社,2015.

[4]　崔琛,王振宇,解明祥,等. 数字逻辑系统分析与设计[M].北京:机械工业出版社,2015.

[5]　江晓安,周慧鑫. 数字电子技术[M].4 版.西安:西安电子科技大学出版社,2016.

[6]　毛法尧. 数字逻辑[M].北京:高等教育出版社,2000.

[7]　江小安,朱贵宪. 数字逻辑简明教程[M].西安:西安电子科技大学出版社,2015.

[8]　康华光.电子技术基础:数字部分[M].4 版. 北京:高等教育出版社,2000.

[9]　白中英,方维. 数字逻辑与数字系统[M].6 版.北京:科学出版社,2020.

[10]　王毓银. 数字电路逻辑设计[M].4 版.北京:高等教育出版社,2005.

[11]　阎石.数字电子技术基础[M].5 版.北京:高等教育出版社,2006.

[12]　申忠如,谭亚丽. 数字电子技术基础[M]. 西安:西安交通大学出版社,2010.

[13]　 HOLDSWORTH B. 数字逻辑设计[M].4 版. 北京:人民邮电出版社,2006.

[14]　张雪平,赵娟,李双喜,等. 数字电子技术[M].2 版.北京:清华大学出版社,2017.

[15]　赵丽红,李景宏,王永军.数字逻辑与数字系统设计[M].2 版,北京:高等教育出版社,2019.

[16]　鲍家元,毛文林,张琴. 数字逻辑[M].3 版.北京:高等教育出版社,2011.

[17]　姜雪松,刘东升.硬件描述语言 VHDL 教程:基础篇·提高篇[M]. 西安:西安交通大学出版社,2004.

[18]　冯毛官,初秀琴,杨颂华. 数字电子技术基础教学指导[M].3 版. 西安:西安电子科技大学出版社,2018.

[19]　王娜,蔡良伟,梁松海.数字电路与逻辑设计学习指导与习题解答[M].3 版. 西安:西安电子科技大学出版社,2015.

[20]　BROWN S.数字逻辑基础与 VHDL 设计[M].北京:清华大学出版社,2011.

[21]　郑燕,赫建国. 基于 VHDL 语言与 QuartusⅡ软件的可编程逻辑器件应用与开发[M].北京:国防工业出版社,2007.

[22]　刘昌华. EDA 技术与应用——基于 QuartusⅡ和 VHDL[M].北京:北京航空航天大学出版社,2012.